冶金工业建设工程预算定额

（2012年版）

第三册　机械设备安装工程

（下册）

北　京
冶　金　工　业　出　版　社
2013

图书在版编目(CIP)数据

冶金工业建设工程预算定额:2012年版. 第三册,机械设备安装工程. 下册/冶金工业建设工程定额总站编. —北京:冶金工业出版社,2013.1

ISBN 978-7-5024-6115-7

Ⅰ.①冶…　Ⅱ.①冶…　Ⅲ.①冶金工厂—机械设备—建筑安装—建筑预算定额—中国　Ⅳ.①TU723.3

中国版本图书馆CIP数据核字(2012)第271326号

出 版 人　谭学余
地　　址　北京北河沿大街嵩祝院北巷39号,邮编100009
电　　话　(010)64027926　电子信箱　yjcbs@cnmip.com.cn
责任编辑　张　晶　美术编辑　彭子赫　版式设计　孙跃红
责任校对　王永欣　刘　倩　责任印制　牛晓波
ISBN 978-7-5024-6115-7
冶金工业出版社出版发行;各地新华书店经销;三河市双峰印刷装订有限公司印刷
2013年1月第1版,2013年1月第1次印刷
850mm×1168mm　1/32;17.125印张;459千字;529页
100.00元

冶金工业出版社投稿电话:(010)64027932　投稿信箱:tougao@cnmip.com.cn
冶金工业出版社发行部　电话:(010)64044283　传真:(010)64027893
冶金书店　地址:北京东四西大街46号(100010)　电话:(010)65289081(兼传真)

(本书如有印装质量问题,本社发行部负责退换)

冶金工业建设工程定额总站　文件

冶建定[2012]52 号

关于颁发《冶金工业建设工程预算定额》(2012 年版)的通知

为适应冶金工业建设工程的需要,规范冶金建筑安装工程造价计价行为,指导企业合理确定和有效控制工程造价,由总站组织冶金系统造价专业人员修编的《冶金工业建设工程预算定额》(2012 年版)已经完成。经审查,现予以颁发,自 2012 年 11 月 1 日起施行。原冶金工业建设工程定额总站颁发的《冶金工业建设工程预算定额》(2001 年版)(共十四册)同时停止执行。

本定额由冶金工业建设工程定额总站负责具体解释和日常管理。

冶金工业建设工程定额总站

二〇一二年九月十九日

综 合 组：张德清 林希琤 赵 波 陈 月 张连生 吴永钢 吴新刚 万 缨 乔锡凤 文 萃
孙旭东 陈国裕 郭绍君 付文东 郑 云 朱四宝 杨 明 徐战艰 张福山

主编单位：中国五冶集团有限公司

副主编单位：本溪钢铁（集团）有限公司 中冶南方工程技术有限公司 中国一冶集团有限公司

参编单位：中国二十冶集团有限公司 中国三冶集团有限公司

协编单位：鹏业软件股份有限公司

主 编：严洪军

副 主 编：陈 非 姜久荣 左卫军 程鄂英

参编人员：段吉兵 杨桂芳 王艳枫 何俊华 何仕红 欧汝君 刘福利 闵 睿 邹玉琴 朱晓磊
蒲晓春 杨美霞 赵敏玲 袁 源 李 丽 张秀丽 杨永莉 刘 虹 刘乙夫 钟红艳
李 明 黄一鸣 徐凤君 赵 敏 朱 莉 杨立红 王文涛 王 芬 周志远 王丽达
姚瑞艳 许洪莲

编辑排版：赖勇军

总 说 明

一、《冶金工业建设工程预算定额》(2012 年版)共分十四册,包括:

第一册《土建工程》(上、下册)

第二册《地基处理工程》

第三册《机械设备安装工程》(上、下册)

第四册《电气设备安装工程》

第五册《自动化控制仪表安装工程、消防及安全防范设备安装工程》

第六册《金属结构件制作与安装工程》

第七册《总图运输工程》

第八册《刷油、防腐、保温工程》

第九册《冶金炉窑砌筑工程》

第十册《工艺管道安装工程》

第十一册《给排水、采暖、通风、除尘管道安装工程》

第十二册《冶金施工机械台班费用定额》

第十三册《材料预算价格》

第十四册《冶金工厂建设建筑安装工程费用定额》

二、《冶金工业建设工程预算定额》（2012年版）（以下简称本定额）是完成规定计量单位分项工程计价所需的人工、材料、施工机械台班的指导性消耗量标准；是统一冶金建筑安装工程预算工程量计算规则、项目划分、计量单位的依据；是编制冶金建筑安装工程施工图预算、招标控制价、确定工程造价的依据；是编制概算定额（指标）、投资估算指标的基础；也可作为制定企业定额和投标报价的基础；其中建筑安装工程的工程量计算规则、项目划分、计量单位、工作内容等也可作为实行工程量清单计价、编制冶金建筑安装工程量清单的基础依据。

三、本定额适用于冶金工厂的生产车间和与之配套的辅助车间、附属生产车间的新建、扩建工程（包括技术改造工程）。

四、本定额是依据国家及冶金行业现行有关产品标准、设计规范、施工及验收规范、技术操作规程、质量评定标准和安全操作规程编制的，同时也参考了有代表性的工程设计、施工资料和其他资料。

五、本定额是按目前冶金施工企业普遍采用的施工方法、机械化装备程度、合理的工期、施工工艺和劳动组织条件，同时也参考了目前冶金建筑市场招投标工程的中标价格行情进行编制的，基本上反映了冶金建筑市场目前的投标价格水平。

六、本定额基价为2012年基期市场价格的水平，是建筑安装工程费用定额进行取费的基础。为维护冶金建筑市场正常秩序和参建各方的合法权益，本基价应根据冶金建筑安装工程市场要素（人工、材料、机械）价格的变化情况，进行动态管理。冶金行业各单位的工程造价管理部门，可根据社会发展和施工技术水平的进步，依据典型工程的测算，适时发布不同类型（别）工程的调整系数，对其进行调整，使之与冶金建筑市场的招投标价格行情基本上相适应。

七、本定额是按下列正常的施工条件进行编制的：

1. 设备、材料、成品、半成品、构件完整无损，符合质量标准和设计要求，附有合格证书、实验记录和技术说明书。

2. 安装工程和土建工程之间的交叉作业正常。如施工与生产同时进行时，其降效增加费按人工费的10%计取。

3. 正常的气候、地理条件和施工环境。如在特殊的自然地理条件下进行施工的工程，如高原、高寒、沙漠、沼泽地区以及洞库、水下工程，其增加费用应按省、自治区、直辖市的有关规定执行；如省、自治区、直辖市无规定时，可按有关部门的规定执行。

4. 如在有害身体健康的环境中施工时，其降效增加费按人工费的10%计取。

5. 水、电供应均满足建筑安装工程施工正常使用。

6. 安装地点、建筑物、设备基础、预留孔洞等均符合安装要求。

八、人工工日消耗量的确定：

1. 本定额的人工工日以综合工日表示，包括基本用工和其他用工。

2. 基价中的定额综合工日单价采用2011年市场调查综合取定。其中：建筑工程75元/工日，安装工程80元/工日，包括基本工资、辅助工资和工资性津贴等。

九、材料消耗量的确定：

1. 本定额中的材料消耗量包括直接消耗在建筑安装工作内容中的主要材料、辅助材料和零星材料等，并计入了相应损耗。其内容和范围包括：从工地仓库、现场集中堆放地点或现场加工地点到操作或安装地点的运输损耗、施工操作损耗、施工现场堆放损耗。

2. 凡定额中未注明单价的材料均为主材，本定额基价中不包括其价格，应按“( )”内所列的用量，向材料供应商询价、招标采购或按经建设单位批准认可的工程所在地的市场价格进行采购，计算工程招投标书中的材料价格。

3. 本定额基价的材料单价是采用《冶金工业建设工程预算定额》(2012 年版)第十三册《材料预算价格》取定的，不足部分予以补充。

4. 用量少、对定额基价影响很小的零星材料合并为其他材料费，按占定额基价中材料费的百分比计算，以“元”表示，其费用已计入材料费内。具体占材料费的百分数，详见各册说明。

5. 施工措施性消耗部分，周转性材料按不同施工方法、不同材质分别列出一次使用量和一次摊销量。

6. 主要材料损耗率见各册附录。

十、施工机械台班消耗量的确定：

1. 本定额的机械台班消耗量是按正常合理的机械配备和冶金施工企业的机械化装备程度综合取定的。

2. 凡单位价值在 2000 元以内、使用年限在两年以内的不构成固定资产的工具、用具等未进入定额，已在建筑安装工程费用定额中考虑。

3. 本定额基价中的施工机械使用费是采用《冶金工业建设工程预算定额》(2012 年版)第十二册《冶金施工机械台班费用定额》中的台班单价计算的。其中允许在公路上行走的机械,需要交纳车船使用税的机型,机械台班使用费单价中已包括车船使用税、保险费、年检费等其他费用。

4. 零星小型机械对定额影响不大的,合并为其他机械费,按占机械使用费的百分比计算,以"元"表示,其费用已计入机械使用费内。具体占机械费的百分数,详见各册说明。

十一、施工仪器仪表台班消耗量的确定:

1. 本定额的施工仪器仪表消耗量是按冶金施工企业的现场校验仪器仪表配备情况综合取定的,实际与定额不符时,除各章另有说明外,均不作调整。

2. 凡单位价值在 2000 元以内、使用年限在两年以内的不构成固定资产的施工仪器仪表等未进入定额,已在建筑安装工程费用定额中考虑。

3. 施工仪器仪表台班单价,是按 2000 年建设部颁发的《全国统一安装工程施工仪器仪表台班费用定额》计算的。

十二、关于水平和垂直运输:

1. 设备:包括自安装现场指定堆放地点运至安装地点的水平和垂直运输。

2. 材料、成品、半成品:包括自施工单位现场仓库或现场指定堆放地点运至建筑安装地点的水平和垂直运输。

3. 垂直运输基准面:室内以室内地平面为基准面,室外以安装现场地平面为基准面。

十三、本定额适用于海拔高程2000m以下、地震烈度七度以下的地区，超过上述情况时，可结合具体情况，由建设单位与施工单位在合同中约定。

十四、本定额中注有“XXX以内”或“XXX以下”者均包括XXX本身，“XXX以外”或“XXX以上”者均不包括XXX本身。

十五、本说明未尽事宜，详见各册和各章、节的说明。

目　录

上　篇　说　明 …………………………………… 1

第十四章　中压锅炉设备安装

说　　明 ………………………………………… 5

一、锅炉本体 …………………………………… 19

1. 钢结构安装……………………………………… 19

2. 汽包安装………………………………………… 21

3. 水冷系统安装…………………………………… 23

4. 过热系统安装…………………………………… 26

5. 省煤器安装……………………………………… 30

6. 空气预热器安装(管式) ……………………… 33

7. 本体管路系统安装……………………………… 35

8. 吹灰器管路吹洗………………………………… 39

9. 各种金属结构安装……………………………… 40

10. 本体平台扶梯安装 …………………………… 42

11. 炉排安装、燃烧装置安装……………………… 44

12. 除灰装置安装 ………………………………… 47

13. 水压试验 ……………………………………… 49

14. 本体油漆 ……………………………………… 51

15. 风压试验 ……………………………………… 52

16. 烘炉、煮炉、蒸汽严密性试验 ………………… 53

二、锅炉附属机械 ……………………………… 55

1. 磨煤机安装……………………………………… 55

2. 给煤机安装……………………………………… 62

3. 叶轮给粉机、螺旋输粉机安装 ………………… 66

4. 碎渣机、离心式引风机安装 …………………… 68

5. 离心式送风机、排粉机安装 …………………… 71

三、锅炉专用辅助设备 ………………………… 74

1. 烟、风、煤管道安装…………………………… 74
2. 测粉装置安装………………………………… 80
3. 煤粉分离器安装……………………………… 81
4. 除尘器安装…………………………………… 85
5. 排污扩容器…………………………………… 89
6. 疏水扩容器、排汽消声器、暖风器安装……… 91

第十五章　燃料供应设备安装

说　　明……………………………………………… 97
一、皮带运输机安装……………………………… 101
二、输煤转运站落煤设备安装…………………… 104
三、配仓皮带机安装……………………………… 105
四、卸煤机安装…………………………………… 107
1. 斗链式卸煤机 ……………………………… 107
2. 抓斗、龙门式卸煤机………………………… 109
五、斗链提升机安装……………………………… 111
六、电磁分离器安装……………………………… 113
七、破碎机安装…………………………………… 115
八、共振筛、电动卸料车、犁式卸料机安装……… 118
九、皮带秤安装…………………………………… 120
十、油过滤器安装………………………………… 122
十一、燃油加热器安装…………………………… 123

第十六章　水处理专用设备安装

说　　明 ……………………………………………… 127
一、钢筋混凝土池类工艺流程装置………………… 131
1. 澄清池安装 ………………………………… 131
2. 虹吸式滤池、重力式无阀滤池安装………… 133
二、澄清设备……………………………………… 135
1. 澄清器、压力式混合器安装………………… 135
2. 重力式双阀滤池、钢制重力式
多阀滤池安装 ……………………………… 137
三、机械过滤器…………………………………… 139
1. 单流式过滤器安装 ………………………… 139

2. 双流式过滤器安装 …………………………… 141
四、电渗析器安装…………………………………… 143
五、软化器………………………………………………… 144
1. 钠离子软化器安装 …………………………… 144
2. 食盐溶解过滤器安装 ……………………… 146
六、衬胶离子交换器………………………………… 148
1. 阴阳离子交换器安装 ……………………… 148
2. 体外再生罐安装 ……………………………… 150
3. 树脂贮存罐安装 ……………………………… 152
七、水箱安装………………………………………… 154
八、除二氧化碳器安装……………………………… 158
九、其他水处理设备………………………………… 160
1. 酸碱贮存罐安装 ……………………………… 160
2. 溶液箱、计量箱、搅拌器、喷射器安装……… 162
3. 吸收器、树脂捕捉器安装……………………… 164
4. 贮气罐、取样设备安装………………………… 166
十、油处理设备安装………………………………… 168
十一、水处理设备系统试运……………………………… 172

第十七章　炉墙砌筑

说　　明 ……………………………………………… 179
一、敷管式及膜式水冷壁炉墙砌筑……………………… 182
二、框架式炉墙砌筑………………………………………… 186
三、敷管及框架式炉顶炉墙砌筑………………………… 188
四、炉墙中局部耐火混凝土、耐火塑料及
保温混凝土浇灌………………………………………… 190
五、炉墙填料填塞…………………………………………… 192
六、送粉管道弯头防磨及冲灰沟内衬砌筑……… 193
七、文丘里管、捕滴筒内衬 ………………………… 194

第十八章　工业与民用锅炉安装

说　　明 ……………………………………………… 199
一、锅炉本体安装…………………………………………… 206
1. 常压、立式锅炉本体安装…………………………… 206

2. 快装锅炉成套设备安装 …………………… 210
3. 组装锅炉本体安装 …………………… 212
4. 散装锅炉本体安装 …………………… 214
5. 整装燃油(气)锅炉本体安装 …………………… 218
6. 散装燃油(气)锅炉本体安装 …………………… 222
二、锅炉附属及辅助设备安装 …………………… 226
1. 旋风除尘器安装 …………………… 226
(1)单筒干式旋风除尘器 …………………… 226
(2)多筒干式旋风除尘器 …………………… 228
(3)多管干式旋风除尘器 …………………… 230
2. 锅炉水处理设备安装 …………………… 232
(1)浮动床钠离子交换器 …………………… 232
(2)组合式水处理设备 …………………… 234
3. 板式换热器安装 …………………… 236
4. 输煤设备安装 …………………… 240
5. 除渣设备安装 …………………… 242
(1)螺旋除渣机 …………………… 242
(2)刮板除渣机 …………………… 244
(3)链条除渣机 …………………… 246
(4)重型链条除渣机 …………………… 248
6. 双辊齿式破碎机安装 …………………… 250

下　篇　说　明 …………………… 253

第十九章　烧结设备安装

说　　明 …………………… 259
一、烧结机安装 …………………… 260
二、混合机安装 …………………… 261
三、冷却设备安装 …………………… 262
四、焙烧机、翻车机、链算机、辊磨机、辊压机安装 …………………… 263
五、圆盘造球机、布料机安装 …………………… 264
六、碾粉机、水封拉链机安装 …………………… 266
七、破碎机设备安装 …………………… 267

八、球磨机、棒磨机、自磨机安装………………… 271
九、筛分设备安装………………………………… 273
十、分级机安装…………………………………… 275
十一、给料机安装………………………………… 276
十二、其他辅助设备……………………………… 279

第二十章 炼焦及化学回收设备安装

说　　明 ………………………………………… 285
一、堆取煤机安装………………………………… 287
二、焦炉炉体设备安装…………………………… 288
三、焦炉加热炉设备安装………………………… 291
四、焦炉集气设备安装…………………………… 294
五、焦炉专用车安装……………………………… 296
六、焦炉湿法熄焦设备安装……………………… 299
七、干熄焦设备安装……………………………… 300
八、冷凝设备安装………………………………… 303
九、硫氨设备安装………………………………… 305
十、无水氨设备安装……………………………… 307
十一、溶剂脱酚设备安装………………………… 309
十二、洗涤设备安装……………………………… 313
十三、粗苯蒸馏塔安装…………………………… 315
十四、焦油设备安装……………………………… 318
十五、工业苯设备安装…………………………… 320
十六、煤气脱硫设备安装………………………… 321
十七、精苯系统设备安装(苯加氢系统设备) … 324
　1. 精苯系统 ……………………………………… 324
　2. 苯加氢系统 …………………………………… 326
十八、古马隆系统设备安装……………………… 328
十九、管式热交换器……………………………… 329

第二十一章 耐火材料设备安装

说　　明 ………………………………………… 333
一、搅拌设备安装………………………………… 334
二、成球设备安装………………………………… 335

三、炉窑设备安装……………………………… 337
四、碾泥、挤泥、打泥设备安装………………… 339
五、出料、定量设备安装 ………………………… 341
六、消化成型设备安装…………………………… 343
七、阀门、升降机、运输机安装………………… 344
八、推车机安装…………………………………… 346
九、磨类、加料钟空气分水器安装 ……………… 348
十、出灰机、压密机、洗石机安装……………… 349

第二十二章　炼铁设备安装

说　　明 ………………………………………… 353
一、炼铁设备……………………………………… 355
二、高炉炉体设备安装…………………………… 360
三、高炉炉顶设备安装…………………………… 367
四、高炉斜桥及卷扬机室设备安装……………… 377
五、高炉斜车坑设备安装………………………… 379
六、高炉粗煤气及煤气清洗系统设备安装……… 381
七、高炉热风炉系统设备安装…………………… 384
八、铸铁机安装…………………………………… 386

第二十三章　炼钢设备安装

说　　明 ………………………………………… 391
一、混铁炉及脱硫装置安装……………………… 393
二、转炉设备安装………………………………… 394
三、电弧炼钢炉设备安装………………………… 399
四、铁合金电炉设备安装………………………… 401
五、连续铸钢设备安装…………………………… 402
六、冶金铸造设备………………………………… 406

第二十四章　轧钢设备安装

说　　明 ………………………………………… 411
一、轧钢工业炉设备安装………………………… 412
二、型、板材轧制设备安装 ……………………… 415
三、钢管轧制设备安装…………………………… 417

四、带钢设备安装……………………………… 420
五、金属制品设备安装…………………………… 423
六、辊道设备安装……………………………… 425
七、台架及运输设备安装………………………… 427
八、剪切、锯切、打印、定尺设备安装 ………… 430
九、矫直、精整、成品堆垛设备安装…………… 431
十、称量及检测设备安装………………………… 435
十一、酸洗、镀锌、镀锡设备安装……………… 437
十二、轧钢车间辅助设备安装…………………… 440

第二十五章　制氧设备安装

说　　明 ……………………………………… 445
一、空气压缩机、低温液体泵安装 …………… 446
二、氧气压缩机安装……………………………… 447
三、空气分馏塔安装……………………………… 448
四、空气冷却塔安装……………………………… 452
五、空气过滤器、消声器、排放系统安装……… 454
六、液氧贮槽、蒸发器安装 …………………… 455
七、干燥器、加热器、透平膨胀机安装………… 456
八、解冻设备、分子筛设备安装 ……………… 458
九、设备填充…………………………………… 460

第二十六章　鼓风设备安装

说　　明 ……………………………………… 463
一、透平鼓风机安装……………………………… 464
二、煤气鼓风机、大型离心鼓风机安装 ……… 465

第二十七章　余热锅炉及除尘器安装

说　　明 ……………………………………… 469
一、余热锅炉设备安装…………………………… 470
二、电除尘器…………………………………… 473
三、布袋除尘器安装……………………………… 474
四、多管除尘器安装……………………………… 475
五、旋风除尘器安装……………………………… 476

第二十八章　起重设备及皮带运输机安装

说　　明 …………………………………… 479
一、冶金起重设备安装…………………………… 480
二、皮带运输机安装及皮带接头胶结………… 482
三、高炉无料钟炉顶主上料钢芯皮带机安装…… 484
四、钢芯皮带胶接………………………………… 485

第二十九章　液压设备及液压管道安装

说　　明 …………………………………… 489
一、液压站、液压缸、电磁换向阀安装………… 490
二、在线循环酸洗液压管道安装
　（碳钢低、中压）…………………………… 494
三、在线循环酸洗液压管道安装（碳钢高压） … 496
四、离线酸洗液压管道安装
　（碳钢低、中压）…………………………… 498
五、离线酸洗液压管道安装（碳钢高压） ……… 500

第三十章　润滑设备及管道安装

说　　明 …………………………………… 505
一、稀油站及管道安装…………………………… 506
二、干油站及管道安装…………………………… 510

第三十一章　零星设备安装

说　　明 …………………………………… 515
一、小型设备和其他设备安装
　（在其他设备上） …………………………… 516
二、小型设备和其他设备安装
　（在设备基础上） …………………………… 518
三、设备支架、底座安装 ……………………… 520
四、座浆垫板安装………………………………… 521

附　录

附表一、主要消耗材料综合单价取定表………… 525
附表二、主要施工机械综合单价取定表………… 528

上 篇 说 明

一、第三册《机械设备安装工程》(下册上篇)适用于新建、扩建项目中 130t/h 以下锅炉设备的安装工程。

二、本篇定额若用于旧设备安装时,旧设备的拆除费用,保护性拆除按相应安装定额的 50% 计算。非保护性拆除按相应安装定额的 30% 计算。

三、本篇定额主要依据的标准、规范有:

1.《蒸汽锅炉安全技术监察规程》(1996 年)。

2.《热水锅炉安全技术监察规程》(1991 年)。

3.《压力容器安全技术监察规程》(1999 年)。

4.《现场设备、工业管道焊接工程施工规范》GB 50236—2011。

5.《现场设备、工业管道焊接工程施工质量验收规范》GB 50683—2011。

6.《机械设备安装工程施工及验收规范》GB 50231—2009。

7.《锅炉安装工程施工及验收规范》GB 50273—2009。

8.《电力建设安全工作规程(火力发电厂部分)》DL 5009.1—2002。

9.《电力建设施工及验收技术规范》(锅炉机组篇)DL/T 5047—1995。

10.《电力建设施工及验收技术规范》(汽轮机组篇)DL/T 5011—1992。

11.《火力发电厂焊接技术规程》DL/T 869—2004。

12.《电力建设施工及验收技术规范 第 4 部分:电厂化学》DL/T 5190.4—2004。

13.《电力工业技术管理法规》(1980 年)。

14.《电力建设质量评定标准》。

15.《火力发电工程施工组织设计导则(试行)》(2002 年)。

16.《火力发电厂设计技术规定》。

17.《全国统一施工机械台班费用编制规则》(2001 年)。

18.《全国统一安装工程基础定额》(2006 年)。

19.《全国建设工程劳动定额》(2009 年)。

四、本篇定额的工作内容详见各章说明。

五、关于脚手架费用的计取:脚手架搭拆费按下列系数计算,其中人工工资占 25%:

1. 第十四至十七章按安装人工费的 10% 计算。

2. 第十八章按安装人工费的 5% 计算。

第十四章　中压锅炉设备安装

说　　明

一、锅炉本体：

（一）工作内容：

1. 设备开箱、清理、搬运、校正、组合、点焊（焊接或螺栓连接）、起吊安装、找正固定。

2. 管件、管材及焊缝的无损检验（X 射线、γ 射线、超声波、光谱）。在施工过程中，受热面焊缝质量的抽查和补焊工作，焊缝无损检验过程中需要安装人员配合的工作。

3. 合金钢管件焊前的预热及焊后的热处理。

4. 校管平台、组合支架或平台的搭拆。

5. 组合或起吊中临时构件和加强铁结构的制作。

6. 设备本体油漆。

7. 整体试验和试运。

（二）不包括的工作内容：

1. 露天电站锅炉的特殊防护措施。

2. 炉墙砌筑、保温及保温表面的油漆。

（三）安装定额计量单位"吨（t）"，应以锅炉本体图纸上的金属重量为准，不包括设备的包装材料、临时加固铁构件及炉墙、保温等的重量。

（四）地震区锅炉防震结构安装应按定额另行计算。

（五）钢结构安装：

1. 工程范围：锅炉本体燃烧室及尾部对流井的立柱、横梁及其连接件的安装。

2. 工作内容：

(1)基础清理、检查、验收、划线、垫铁配置、立柱和横梁的编号、测量校正、组合、加固、吊装、找正及固定；

(2)组合平台的搭拆，临时梯子、平台、硬支撑及加固铁构件的制作、安装及拆除。

(六) 汽包安装：

1. 工作范围：汽包及其内部装置、汽包底座的安装。

2. 工作内容：

(1)汽包的检查、划线、起吊、安装，内部装置的拆除，汽包底座的检修、安装，人孔门的研磨、封闭。

(2)汽包底座、临时加固件的制作、安装及拆除。

(3)膨胀指示器的安装及支架的配制。

3. 不包括膨胀指示器的制作(按设备供货考虑)。

4. 双汽包安装按相同项目乘以系数1.4。

(七) 水冷壁、过热器、省煤器安装：

1. 工程范围：

(1)水冷壁：普通水冷壁组件及联箱、降水管、集中降水母管(大直径下降管)、汽水引出管、管系支吊架、联箱支座或吊杆、水冷壁固定装置的安装；

(2)过热器：蛇形管排及组件、联箱、减温器、蒸汽联络管、联箱支座或吊杆、管排定位或支架铁件、防磨装置、管系支吊架的安装；

(3)省煤器：蛇形管排及管段、联箱、水联络管、联箱支座或吊杆、管排支吊铁件、防磨装置、管系支吊架的安装。

2．工作内容：

(1)组合支架及校管平台的搭拆，管子或管排在校管平台上划线、检查、校正，安装时管子的通球试验，联箱的检查、清理、划线，管子对口焊接、组合，组件的水压试验，组件或管排吊装、找正、固定以及安装后的整体外形尺寸的检查调整；

(2)蛇形管排地面单排水压试验，表面式减温器抽芯检查、水压试验，混合式减温器的内部清理；

(3)组件起吊加固铁构件及桁架、水冷壁冷拉垫铁的制作、安装及拆除；

(4)炉膛四周、顶棚管、穿墙管处铁件及密封铁板的密封焊接；

(5)膨胀指示器的安装及其支架的配制。

3．不包括膨胀指示器的制作(按设备供货考虑)。

（八）空气预热器安装：

1．工程范围：管式预热器本体(管箱)、框架、护板、伸缩节、连通箱及连接法兰、本体烟道挡板及其操作装置、防磨套管及密封结构的安装。

2．工作内容：

(1)管箱、框架及连通箱等的检查、组装、连接(螺栓或焊接)、吊装、找正、固定；

(2)管箱本体的渗油试验及一般性缺陷处理。

3．不包括管箱上防磨套管间的塑料浇灌工作(另执行本册第七章相应定额)。

（九）本体管路系统安装：

1．工程范围：由制造厂定型设计并随炉供货的省煤器至汽包的给水管、事故放水管、再循环管、定期排污、连续排污、汽水取样、加药、联箱疏水、放水及冲洗管、放空气管、减温水管、启动加热管、安全门、水位计、汽水阀门及传动装置、法兰孔板、过滤器、取样冷却器、压力表等及其管路支吊架的安装。

2. 工作内容：

(1)管子的煨弯、切割配制、坡口加工、对口焊接，管路及管路附件、阀门、支吊架的安装；

(2)阀门、安全门及水位计的检查、研磨、水压试验，取样冷却器检查及水压试验，脉冲安全门支架、取样冷却器水槽及支架的配制、安装；

(3)蒸汽吹灰器及振动吹灰器的安装调整(包括管路、阀门及支吊架的安装)。

3. 不包括的工作内容：

(1)重油或轻油点火管路、阀门及油枪的安装；

(2)安全门排汽管、点火排汽管及消声器的安装；

(3)制造厂供货的给水操作平台阀门及管件的安装；

(4)吹灰器管路的蒸汽吹洗。

(十)各种金属结构安装：

1. 工程范围：钢架拉条、护板、框架、桁架、金属内外墙皮、密封条、联箱罩壳、炉顶罩壳、灰斗、连接烟(风)道，省煤器支撑梁，各类门孔、炉墙零件(托砖架、瓦斯管等)及其他零星小件的安装。

2. 工作内容：

(1)钢架拉条、护板及框架的校正、组合、安装；

(2)墙皮及罩壳框架的组合安装，上墙皮及罩壳；

(3)灰斗及连接烟、风道的组合、安装；

(4)各类门孔及防爆门引出管的安装；

(5)组件加固铁构件的安装、拆除。

3. 不包括的工作内容:

(1)省煤器支撑梁的通风管制作、安装及支撑梁耐火塑料的浇灌(耐火塑料的浇灌见第五章相应项目);

(2)炉墙砌筑用的小型铁件(炉墙拉钩、耐火塑料的挂钩)的安装。

(十一)本体平台扶梯安装:

1. 工程范围:锅炉本体所属平台、扶梯、栏杆及围板的安装。

2. 工作内容:平台支撑、平台、扶梯的编号、组合、安装及焊接,全炉平台扶梯栏杆的工艺性校正。

3. 不包括相邻锅炉之间及锅炉与主厂房之间的连接平台扶梯的安装。

(十二)炉排安装:

1. 工程范围:35t/h 锅炉的炉排安装。

2. 工作内容:炉排、传动机(包括轨道、风室、煤闸门及挡灰装置等)的检查、组合、安装、试转及调整。

(十三)燃烧装置安装:

1. 工程范围及工作内容:煤粉燃烧器及其支架、托架、平衡装置的检查、组合、安装,点火油枪的检查、安装。

2. 不包括燃油燃烧器的检查、组合、安装。

(十四)除灰装置安装:

1. 煤粉炉除灰设备安装的工程范围及工作内容:

(1)灰渣室:护板框架结构、除渣槽、除灰门、浇渣喷嘴、水封槽的检查、组合、安装;

(2)灰渣斗:碎渣机的检查、组合、安装。

2. 链条炉除灰设备安装的工程范围及工作内容:马丁式碎渣机、螺旋输灰机的检查、安装。

(十五)水压试验:

1. 工程范围：
(1)锅炉本体汽、水系统的水压试验；
(2)水压试验用临时管路的安装；
(3)水压试验前，进行一次0.2～0.3MPa的气压试验。
2. 工作内容：
(1)临时上水、放水、升压、加药、加热管路的安装及拆除；
(2)上水、冲洗，汽、水系统水压，加药保护，汽包材质对水温有特殊要求的炉水加热；
(3)水压试验后对水压中发现的一般缺陷进行处理。
(十六)本体油漆：
1. 工程范围：钢架、各种结构、平台扶梯及金属外墙皮的油漆。
2. 工作内容：表面清理，油漆调配，刷漆及喷漆。
(十七)风压试验：
1. 工程范围：锅炉本体燃烧室及尾部烟道(包括空气预热器)的风压试验。
2. 工作内容：
(1)试验前的准备工作，炉膛内部的清理检查，孔门封闭；
(2)风压试验；
(3)试验后的缺陷处理。
(十八)烘、煮炉、蒸汽严密性试验：
1. 工程范围：
(1)砌砖炉墙的烘炉，中压锅炉的碱煮炉；

(2)点火、升压、蒸汽严密性试验,安全门调整。

2. 工作内容:

(1)点火前的准备工作,烘炉燃料及煮炉药品的运搬;

(2)临时加药箱及管路、临时炉箅的制作、安装、拆除;

(3)烘炉测温及取样点的设置、检查;

(4)蠕胀测点及膨胀指示器的检查、调整、记录;

(5)点火前的水压试验;

(6)点火、烘炉、煮炉换水冲洗、蒸汽严密性试验及安全门调整;

(7)停炉检修及缺陷消除工作。

3. 不包括的工作内容:

(1)给水管路的冲洗,附属机械的静态、动态联动试验;

(2)锅炉配合蒸汽管路的冲洗工作。

(十九)35～130t/h锅炉机组压力在8MPa以上时应增加下列无损检验探伤人工、材料、机械:

无损检验探伤人工、材料、机械增加量

子目名称	人工(%)	材料(%)	机械(%)
水冷壁系统安装	10	47	47
过热器系统安装	10	49	49
省煤器系统安装	10	49	49
本体管路系统安装	10	120	120

注:1. 材料指子目中的软胶片,增感屏等21种探伤用材料乘以上表系数;

2. 机械指子目中的X光探伤机机械乘以上表系数;

3. 人工指子目中总人工费乘以上表系数。

二、锅炉附属机械设备：

（一）工作内容：

1. 基础验收，铲平，基础框架安装；

2. 设备开箱，清点，运搬，检查，安装，分部试运；

3. 垫铁、定位销、对轮保护罩等的配制、安装；

4. 设备及金属表面油漆；

5. 配合二次灌浆。

（二）凡定额中包括的配制工作，均已将配制所需主材计算在定额内。

（三）不包括的工作内容：

1. 电动机的检查，干燥，电气检查，接线与空载试转；

2. 整套设备的电气联锁试验；

3. 平台、扶梯、栏杆、基础框架及地脚螺丝的配制。

（四）带有油循环系统的润滑油量，按设备供货考虑，未计入定额，但定额中已包括滤油损耗，无循环系统的轴承箱用油已按正常装油量和分部试运消耗量包括在定额内。

（五）不包括的费用：

1. 轴承等设备冷却水管、油管的主材费；

2. 电动机吸风筒的制作材料费。

（六）磨煤机安装：

1. 钢球磨煤机安装的工程范围及工作内容：

（1）主轴承检修平台搭拆，平台板、球面台板研磨及组装，传动机、减速机检查及组装，端盖与筒体组装，主轴承研刮、检查及水压试验；

(2)台板、罐体、大牙轮、传动机、减速机及电动机安装；

(3)筒体内钢瓦、出入口短管及密封装置的安装；

(4)罐体隔音罩、固定隔音罩、牙轮罩、平台、扶梯及栏杆的安装；

(5)油箱、油泵、滤油器、冷油器、随设备供应的油管路及附件的清洗、检查、安装及油过滤；

(6)轴承冷却水管安装，二次灌浆后的复查，装钢球，二次紧钢瓦螺丝；

(7)主轴承二次刮瓦。

2. 风扇磨煤机安装的工程范围及工作内容：

(1)轴承箱检修，机壳固定，风轮装配，电动机安装；

(2)油泵检修，冷油器水压试验及安装；

(3)伸缩节、煤粉分离器挡板调整及安装；

(4)轴承、冷油器的冷却水管安装。

3. 中速磨煤机安装的工程范围及工作内容：

(1)减速机检查及组装；

(2)机座、磨盘、磨棍检查，弹簧装置及安装；

(3)减速机及电动机安装；

(4)煤粉分离器及附件安装。

4. 不包括油管路酸洗(另套“工业管道”有关章节)。

(七)给煤机安装：

工程范围及工作内容：

1. 电磁振动给煤机：给煤簸箕与电磁振动器组装；

2. 圆盘给煤机：减速机检查、组装，机体及电动机安装；

3. 刮板给煤机：减速机及刮板检查、组装，机体、减速机及电动机安装；

4. 皮带给煤机：皮带构架安装，前后滚筒、托辊、减速机及拉紧装置检查安装，皮带敷设及胶接，导煤槽、减速机及电动机安装。

（八）叶轮给粉机安装：

工程范围及工作内容：机体检查、组装及电动机安装。

（九）螺旋输粉机安装：

1. 工程范围及工作内容：

（1）减速机检查组装，机体及转子安装，吊瓦研刮安装；

（2）减速机、电动机、落粉管、闸板及盖板安装。

2. 输粉机整台定额按长度 10m 考虑，实际长度不同时，可按螺旋输粉机长度调整。

（十）碎渣机安装：

工程范围及工作内容：

1. 减速机检查，轴瓦研刮及组装。

2. 机体、减速机、电动机、水灰箱、金属分离器及附件安装。

（十一）离心式引、送、排粉风机安装：

1. 工程范围及工作内容：

（1）轴承检查、组装，轴承水室水压试验；

（2）叶轮装置、风壳、轴承、转子、喇叭口及电动机的安装，调整挡板检查及安装；

(3)冷却水管及电动机吸风筒安装,平台、扶梯及栏杆的安装;
(4)转子静平衡检查。
2. 本定额也适用于烟气再循环风机的安装。
三、锅炉专用辅助设备:
(一)工作内容:
1. 设备运搬、开箱、清点、检查、找正、加垫、组合、起吊、焊接及固定。
2. 基础检查、划线、测量标高。
3. 垫铁制作及安装。
4. 就地一次仪表安装。
5. 设备水位表安装及水位计保护罩的制作安装。
6. 配合二次灌浆。
(二)锅炉辅助设备的定额中只包括安装工作,配制工作按有关定额另行计算。
(三)不包括的工作内容:
1. 设备的周围平台、扶梯、栏杆、撑架及防雨罩的配制、组合、安装;
2. 设备的附件、支吊架、风门、人孔门等的配制;
3. 不随设备供货而与设备连接的各种管道的安装;
4. 设备保温及保温面的油漆;
5. 基础的二次灌浆。
(四)一次仪表的表计、表管、玻璃管、阀门等均按设备成套供货考虑。
(五)烟、风、煤管道安装:

1. 工程范围：各种管道、防爆门、人孔门、伸缩节、各种挡板闸门、锁气器、传动操作装置、木块及木屑分离器、配风箱、法兰、补偿器、混合器及支架等的安装。

2. 工作内容：管道及支吊架的组合、焊接、安装，各种门类及操作装置的检查安装及开度指示的校定，防磨罩壳的配制安装，管道安装焊缝的渗油试验，烟、风、煤粉管道的风压试验及缺陷消除。

3. 不包括的工作内容：

(1)烟、风、煤管道、附件及支架的配制；

(2)保温，保温面或金属面油漆；

(3)管道内部防腐衬里及防磨罩壳内混凝土或铸石板的砌筑；

(4)混凝土或砖烟、风道的砌筑；

(5)制粉系统的蒸汽消防管道安装；

(6)煤粉仓煤粉放空管道安装。

4. 安装工程量“吨(t)”指管道、支吊架、操作装置及各种管件的重量，不包括安装用的焊条、垫片等消耗材料的重量。

5. 方、圆、异型管道、配风箱及与管道一起配制的法兰，安装时不计施工损耗。无缝钢管、瓦斯管按设计重量加3.5%的施工损耗，管道连接用螺栓按设计数量加2%的施工损耗。

(六)测粉装置安装：

1. 工程范围：标尺、绞车、滑轮、浮漂等手动测粉装置的安装。

2. 工作内容：手摇绞车、粉位刻度标尺、滑轮组、浮漂及支吊架的安装，平台打洞，穿绳套管固定，钢丝绳结扣，浮漂高度的调整，标尺刻度标定，保险绳安装。

3. 钢丝绳需用量及费用已计入定额。

4. 本定额也适用于粉煤灰综合利用中的煤灰测量装置安装。

（七）煤粉分离器安装：

1. 工程范围：设备本体、操作装置、防爆门及人孔门安装。

2. 工作内容：设备检查，组合焊接，吊装就位固定，调节挡板或套筒的调整，开度指示标定，人孔门加垫，防爆门加膜片。

3. 不包括防爆门引出管及防雨罩的配制安装。

（八）除尘器安装：

1. 工程范围及工作内容：

（1）水膜式除尘器：金属外壳、进口短管的组装、淋水喷嘴、冲洗喷嘴、窥视孔、阀门、环形铁件、挡水板、导水槽、支架、防爆门、人孔门、生铁件、隔板及磁棒等的安装，水膜及漏风试验，试验后的缺陷消除；

（2）文丘里式除尘器：文丘里管、入口弯头、蜗壳及捕滴筒的组装，环行喷嘴、板喷嘴、冲洗喷嘴、窥视孔、阀门、环形管、挡水板、导水槽、支架、防爆门及人孔门的安装，水膜及漏风试验，试验后的缺陷消除；

（3）多管式除尘器：设备本体、芯子、框架、灰斗支撑梁、护板框架、上下搭板及密封铁板的组合安装；

（4）旋风子除尘器：蜗壳、分离筒、导烟管、顶盖、排灰筒及支座的组合安装；

（5）除尘器其他附件安装：灰斗下方的锁气器、导向挡板、落灰管及箱式冲灰器的组合安装。

2. 不包括的工作内容：

（1）水膜式、文丘里式除尘器内衬的砌筑；

（2）混凝土或砖砌水膜式、文丘里式除尘器筒体的砌筑；

（3）多管式除尘器上下部密封填料的浇灌；

（4）旋风子除尘器内衬的灌砌。

(九)定期排污扩容器、连续排污扩容器、疏水扩容器安装:

1. 工程范围:连续排污、定期排污及疏水扩容器本体及随本体供货的附件安装。

2. 工作内容:

(1)基础划线,垫铁配制,本体吊装、固定。

(2)内部清理,孔盖加垫封闭,阀门、水位计研磨检查及其他附件的安装、调整。

(十)排汽消声器安装:

1. 工程范围及工作内容:多次转折型消声器及其支架的组合安装。

2. 不包括消声器本体及支架的制作。

(十一)暖风器安装:

1. 工程范围:暖风器及附件安装。

2. 工作内容:暖风器检修、水压试验、与框架组合、安装及密封。

3. 不包括管路系统安装。

4. 暖风器以“只”为单位(3 ~5 只为一组)。

一、锅炉本体

1. 钢结构安装

单位:t

定额编号				3-14-1	3-14-2	3-14-3	3-14-4
项目				链条炉（t/h）	煤粉炉（t/h）		
				35		75	130
基价（元）				**2156.10**	**2451.03**	**1885.62**	**1586.14**
其中	人工费（元）			1015.28	1131.52	793.60	669.84
	材料费（元）			478.84	503.26	439.23	306.61
	机械费（元）			661.98	816.25	652.79	609.69
名称		单位	单价(元)	数量			
人工	综合工日	工日	80.00	12.691	14.144	9.920	8.373
材料	氧气	m^3	3.60	8.900	9.900	7.800	6.200
	乙炔气	m^3	25.20	2.940	3.270	2.570	2.050
	电焊条 结 422 ϕ2.5	kg	5.04	9.200	12.410	7.200	5.610
	型钢综合	kg	4.00	38.000	39.000	47.000	19.000
	圆钢 ϕ10～14	kg	4.10	6.320	6.300	5.200	8.650
	热轧中厚钢板 δ=4.5～10	kg	3.90	26.000	23.800	17.000	18.000
	镀锌铁丝 8～12 号	kg	5.36	2.010	2.200	1.500	0.700

续前　　　　单位：t

定额编号				3-14-1	3-14-2	3-14-3	3-14-4
项目				链条炉（t/h）	煤粉炉（t/h）		
				35		75	130
材料	破布	kg	4.50	0.100	–	–	–
	煤油	kg	4.20	0.200	–	–	–
	花篮螺栓 M16×250	套	12.00	0.250	0.150	0.180	0.070
	麻绳	kg	8.50	0.100	–	–	–
	尼龙砂轮片 ϕ100	片	7.60	1.170	1.630	0.880	0.890
	扒钉	kg	6.00	1.380	1.230	0.800	0.400
	其他材料费	元	–	13.950	14.660	12.790	8.930
机械	交流弧焊机 32kV·A	台班	96.61	1.764	1.458	0.774	0.873
	直流弧焊机 20kW	台班	84.19	–	0.981	0.540	0.468
	门座吊 30t	台班	1470.51	–	–	–	0.126
	履带式起重机 15t	台班	966.34	0.405	0.441	0.369	0.243
	汽车式起重机 5t	台班	546.38	0.090	0.234	0.252	0.027
	载货汽车 8t	台班	619.25	0.054	0.045	0.045	0.072
	电动卷扬机(单筒慢速) 50kN	台班	145.07	–	0.027	0.045	0.018
	电动卷扬机(单筒慢速) 30kN	台班	137.62	0.090	–	–	–
	电焊条烘干箱 60×50×75cm^3	台班	28.84	0.180	0.243	0.135	0.135

2. 汽包安装

单位:套

定额编号				3-14-5	3-14-6	3-14-7
项目				煤粉炉 (t/h)		
				35	75	130
基价 (元)				**8151.28**	**12127.85**	**13704.88**
其中	人工费 (元)			4547.20	6263.52	6859.20
	材料费 (元)			895.59	1082.00	1087.22
	机械费 (元)			2708.49	4782.33	5758.46
名称		单位	单价(元)	数量		
人工	综合工日	工日	80.00	56.840	78.294	85.740
材料	氧气	m^3	3.60	14.500	19.000	19.300
	乙炔气	m^3	25.20	4.790	6.270	6.370
	电焊条 结 422 ϕ2.5	kg	5.04	7.010	6.940	6.910
	型钢综合	kg	4.00	28.660	48.110	48.980
	热轧中厚钢板 δ=4.5~10	kg	3.90	3.600	4.100	4.100
	镀锌铁丝 8~12 号	kg	5.36	2.400	5.800	5.900
	破布	kg	4.50	1.730	1.740	1.830
	铁砂布 0~2 号	张	1.68	13.000	12.000	12.000
	石棉橡胶板 低压 0.8~1.0	kg	13.20	3.000	3.800	3.800
	石棉橡胶板 高压 0.5	kg	36.10	1.200	1.220	1.300

续前

单位:套

定额编号				3-14-5	3-14-6	3-14-7
项目				煤粉炉（t/h）		
				35	75	130
材料	橡胶板 各种规格	kg	9.68	6.800	7.650	7.650
	黑铅粉	kg	1.10	1.500	1.500	1.500
	酚醛调和漆（各种颜色）	kg	18.00	0.650	0.650	1.000
	花篮螺栓 M16×250	套	12.00	2.000	3.000	2.000
	钢丝刷	把	2.00	2.000	2.000	2.000
	道木 250×200×2500	根	200.00	1.500	1.500	1.500
	其他材料费	元	–	26.090	31.510	31.670
机械	交流弧焊机 32kV·A	台班	96.61	4.374	4.257	4.590
	门座吊 30t	台班	1470.51	–	–	2.025
	履带式起重机 15t	台班	966.34	1.215	0.900	0.981
	履带式起重机 25t	台班	1086.59	–	1.800	–
	汽车式起重机 16t	台班	1071.52	0.225	0.279	0.279
	载货汽车 5t	台班	507.79	0.270	0.405	0.450
	电动卷扬机(单筒慢速) 50kN	台班	145.07	1.125	2.340	2.700
	电动卷扬机(单筒慢速) 30kN	台班	137.62	0.900	1.890	–
	内燃空气压缩机 $6m^3/min$	台班	524.78	0.558	0.549	0.585
	轴流风机 7.5kW	台班	42.81	3.294	3.294	3.501
	电焊条烘干箱 $60\times50\times75cm^3$	台班	28.84	0.441	0.423	0.459

3. 水冷系统安装

单位：t

定额编号				3-14-8	3-14-9	3-14-10	3-14-11
项目				链条炉（t/h）	煤粉炉（t/h）		
				35		75	130(DG)
基价（元）				**6667.52**	**7650.40**	**6676.92**	**5718.03**
其中	人工费（元）			3143.68	3612.88	3211.68	2604.40
	材料费（元）			1166.16	1612.48	1384.29	1046.51
	机械费（元）			2357.68	2425.04	2080.95	2067.12
名称		单位	单价(元)	数量			
人工	综合工日	工日	80.00	39.296	45.161	40.146	32.555
材料	水	t	4.00	0.450	0.460	0.650	0.400
	电	kW·h	0.85	5.940	6.380	6.360	7.350
	氧气	m^3	3.60	14.800	19.900	18.100	13.900
	乙炔气	m^3	25.20	5.620	7.560	6.880	5.280
	电焊条 结422 ϕ2.5	kg	5.04	9.400	11.300	9.900	16.500
	碳钢气焊条	kg	5.85	0.070	0.070	0.060	0.040
	氩气	m^3	15.00	–	1.740	1.500	0.540
	氩弧焊丝	kg	11.25	–	0.390	0.330	0.120
	钍钨棒	g	0.42	–	39.000	33.000	12.000
	型钢综合	kg	4.00	34.500	97.500	91.800	35.000
	无缝钢管综合	kg	5.80	2.220	2.210	3.340	2.240
	热轧薄钢板 2.2～2.8	kg	4.67	13.700	15.800	6.950	25.700
	镀锌铁丝 8～12号	kg	5.36	4.340	4.580	5.870	2.380
	破布	kg	4.50	0.250	0.260	0.250	0.080
	铁砂布 0～2号	张	1.68	4.580	4.670	3.840	1.010
	花篮螺栓 M16×250	套	12.00	0.260	0.530	0.250	0.170

续前 单位:t

定额编号				3-14-8	3-14-9	3-14-10	3-14-11
项目				链条炉（t/h）	煤粉炉（t/h）		
				35		75	130(DG)
材料	双头精制螺栓带帽 M16×100~125	10套	23.63	0.300	0.300	0.300	0.100
	紫铜管 ϕ4~13	kg	77.70	0.270	0.270	0.120	0.120
	麻绳	kg	8.50	0.690	0.570	0.470	0.260
	尼龙砂轮片 ϕ100	片	7.60	3.160	3.600	3.460	4.070
	钢锯条	根	0.89	5.000	5.000	4.000	4.000
	道木 250×200×2500	根	200.00	0.080	0.200	0.130	0.080
	软胶片 80×300	张	6.00	17.600	18.140	14.940	11.840
	增感屏 80×300	副	10.00	0.880	0.910	0.750	0.590
	硫代硫酸钠	g	0.03	303.600	312.920	257.720	204.240
	米吐尔	g	0.11	1.860	1.920	1.580	1.250
	无水亚硫酸钠	g	0.01	79.700	84.140	67.650	53.620
	对苯二酚	g	40.00	7.420	7.650	6.300	4.990
	溴化钾	g	0.02	3.370	3.480	2.860	2.270
	冰醋酸 98%	mL	0.08	31.620	32.590	26.840	21.270
	硼酸	g	0.09	9.490	9.780	8.060	6.380
	硫酸铝钾	g	0.02	18.980	19.560	16.110	12.770
	无水碳酸钠	g	0.01	40.480	41.720	34.360	27.230
	医用白胶布	m^2	18.00	0.180	0.180	0.150	0.120
	医用输血胶管 ϕ8	m	4.00	0.850	0.880	0.720	0.570
	阿拉伯铅号码	套	30.00	0.560	0.570	0.470	0.380
	英文铅号码	套	65.00	0.560	0.570	0.470	0.380
	醇酸调和漆 综合	kg	15.20	0.180	0.180	0.150	0.120
	像质计	个	39.00	0.850	0.880	0.720	0.570

续前 单位:t

定额编号				3-14-8	3-14-9	3-14-10	3-14-11
项目				链条炉（t/h）	煤粉炉（t/h）		
				35		75	130(DG)
材料	贴片磁铁	副	1.50	0.340	0.350	0.290	0.230
	铅板 80×300×3	块	11.70	0.560	0.570	0.470	0.380
	压敏胶粘带	m	1.38	10.120	10.430	8.590	6.810
	塑料暗袋 80×300	副	14.00	0.850	0.880	0.720	0.570
	其他材料费	元	–	33.970	46.970	40.320	30.480
机械	交流弧焊机 32kV·A	台班	96.61	3.654	1.800	2.484	2.124
	直流弧焊机 20kW	台班	84.19	1.080	3.600	2.700	3.987
	门座吊 30t	台班	1470.51	–	–	–	0.207
	履带式起重机 15t	台班	966.34	0.540	0.612	0.513	0.441
	汽车式起重机 8t	台班	728.19	0.513	–	–	–
	汽车式起重机 5t	台班	546.38	–	0.495	0.369	–
	载货汽车 8t	台班	619.25	0.261	–	–	0.108
	载货汽车 5t	台班	507.79	–	0.252	0.189	0.216
	电动卷扬机(单筒慢速) 30kN	台班	137.62	0.180	0.504	0.153	0.045
	内燃空气压缩机 $6m^3/min$	台班	524.78	0.396	0.396	0.432	0.351
	空气锤 150kg	台班	194.89	–	0.063	–	–
	空气锤 400kg	台班	335.16	–	–	0.054	0.009
	试压泵 60MPa	台班	154.06	0.063	0.063	0.054	0.054
	X 射线探伤机 2505	台班	267.10	2.142	2.214	1.818	1.440
	X 光胶片脱水烘干机 ZTH-340	台班	100.00	0.153	0.153	0.126	0.099
	普通车床 400mm×1000mm	台班	145.61	0.018	0.180	0.153	0.036
	立式钻床 φ25mm	台班	118.20	0.090	0.090	0.090	–
	电焊条烘干箱 $60\times50\times75cm^3$	台班	28.84	0.477	0.540	0.522	0.612

4. 过热系统安装

单位：t

定额编号				3-14-12	3-14-13	3-14-14	3-14-15
项目				链条炉（t/h）	煤粉炉（t/h）		
				35		75	130
基价（元）				**3636.47**	**4611.67**	**3454.47**	**3793.24**
其中	人工费（元）			1944.80	2484.72	1774.80	1868.64
	材料费（元）			756.11	950.02	688.47	762.59
	机械费（元）			935.56	1176.93	991.20	1162.01
名称		单位	单价(元)	数量			
人工	综合工日	工日	80.00	24.310	31.059	22.185	23.358
材料	水	t	4.00	0.130	0.170	0.100	0.120
	电	kW·h	0.85	0.630	0.830	0.500	0.590
	氧气	m^3	3.60	11.600	16.900	10.000	10.400
	乙炔气	m^3	25.20	4.410	6.420	3.800	3.950
	电焊条 结 422 ϕ2.5	kg	5.04	3.300	4.000	3.110	2.620
	碳钢气焊条	kg	5.85	1.260	1.640	0.680	0.840
	铬不锈钢电焊条	kg	47.25	–	–	–	0.880
	氩气	m^3	15.00	1.000	1.000	0.590	0.740
	氩弧焊丝	kg	11.25	0.220	0.220	0.130	0.170
	钍钨棒	g	0.42	22.000	22.000	13.000	16.000
	型钢综合	kg	4.00	22.000	22.300	17.300	14.900
	无缝钢管综合	kg	5.80	2.700	2.340	2.060	2.000

续前　　　　　　　　　　　　　　　　　　　　　　　　　　单位:t

定额编号				3-14-12	3-14-13	3-14-14	3-14-15
项目				链条炉（t/h）	煤粉炉（t/h）		
				35		75	130
材料	热轧中厚钢板 δ=4.5~10	kg	3.90	5.950	5.880	4.650	0.700
	镀锌铁丝 8~12 号	kg	5.36	1.790	1.870	2.590	1.760
	破布	kg	4.50	0.120	0.120	0.100	0.100
	铁砂布 0~2 号	张	1.68	3.070	4.010	2.350	2.650
	石棉布 各种规格 烧失量 3	kg	41.30	–	–	1.260	1.720
	石棉橡胶板 高压 0.5	kg	36.10	0.310	0.380	0.130	–
	花篮螺栓 M16×250	套	12.00	0.150	0.190	0.080	0.020
	双头精制螺栓带帽 M16×100~125	10 套	23.63	0.110	0.150	0.100	0.100
	紫铜管 ϕ4~13	kg	77.70	0.120	0.140	0.120	0.090
	麻绳	kg	8.50	0.200	0.200	0.100	0.100
	石棉扭绳 ϕ4~5 烧失量 24%	kg	18.95	–	–	0.610	0.880
	增感屏 80×300	副	10.00	0.500	0.670	0.400	0.470
	硫代硫酸钠	g	0.03	172.850	229.770	137.480	163.530
	米吐尔	g	0.11	1.060	1.410	0.840	1.000
	无水亚硫酸钠	g	0.01	45.370	60.320	39.090	42.930
	对苯二酚	g	40.00	4.230	5.620	3.360	4.000
	溴化钾	g	0.02	1.920	2.550	1.530	1.820
	冰醋酸 98%	mL	0.08	18.000	23.930	14.320	17.030
	硼酸	g	0.09	5.400	7.180	4.300	5.110

续前

单位:t

定额编号				3-14-12	3-14-13	3-14-14	3-14-15
项目				链条炉（t/h）	煤粉炉（t/h）		
				35		75	130
材料	硫酸铝钾	g	0.02	10.810	14.360	8.590	10.220
	无水碳酸钠	g	0.01	23.050	30.640	18.330	21.800
	医用白胶布	m^2	18.00	0.100	0.130	0.080	0.090
	医用输血胶管 $\phi8$	m	4.00	0.480	0.640	0.390	0.460
	阿拉伯铅号码	套	30.00	0.320	0.420	0.250	0.300
	英文铅号码	套	65.00	0.320	0.420	0.250	0.300
	醇酸调和漆 综合	kg	15.20	0.100	0.130	0.080	0.090
	像质计	个	39.00	0.480	0.640	0.390	0.460
	贴片磁铁	副	1.50	0.190	0.260	0.150	0.180
	铅板 80×300×3	块	11.70	0.320	0.420	0.250	0.300
	压敏胶粘带	m	1.38	5.760	7.660	4.580	5.450
	塑料暗袋 80×300	副	14.00	0.480	0.640	0.390	0.460
	尼龙砂轮片 $\phi100$	片	7.60	0.780	0.900	1.080	1.080
	道木 250×200×2500	根	200.00	0.180	0.190	0.090	0.020
	软胶片 80×300	张	6.00	10.020	13.320	7.970	9.480
	扒钉	kg	6.00	0.530	0.510	0.400	0.340
	镍铬电阻丝 $\phi3.2$	kg	120.00	–	–	0.180	0.200
	其他材料费	元	–	22.020	27.670	20.050	22.210
机械	交流弧焊机 32kV · A	台班	96.61	1.134	1.368	0.477	0.468

续前 单位:t

定额编号				3-14-12	3-14-13	3-14-14	3-14-15
项目				链条炉（t/h）	煤粉炉（t/h）		
				35		75	130
机械	直流弧焊机 20kW	台班	84.19	–	–	1.116	1.152
	门座吊 30t	台班	1470.51	–	–	–	0.090
	履带式起重机 15t	台班	966.34	0.171	0.216	0.252	0.279
	汽车式起重机 8t	台班	728.19	0.126	0.063	–	–
	汽车式起重机 5t	台班	546.38	–	0.126	0.117	–
	载货汽车 8t	台班	619.25	0.063	0.063	–	–
	载货汽车 5t	台班	507.79	–	–	0.054	0.054
	电动卷扬机(单筒慢速) 50kN	台班	145.07	–	–	–	0.108
	电动卷扬机(单筒慢速) 30kN	台班	137.62	0.414	0.504	0.369	–
	电动葫芦(单速) 2t	台班	51.76	0.549	0.189	0.333	–
	电动葫芦(单速) 3t	台班	54.90	–	–	–	0.378
	内燃空气压缩机 $6m^3/min$	台班	524.78	0.162	0.252	0.216	0.234
	空气锤 150kg	台班	194.89	0.027	0.027	0.027	0.027
	试压泵 60MPa	台班	154.06	0.072	0.081	0.027	0.216
	自控热处理机	台班	406.00	–	–	0.117	0.162
	X 射线探伤机 2505	台班	267.10	1.224	1.620	0.972	1.152
	X 光胶片脱水烘干机 ZTH－340	台班	100.00	0.090	0.117	0.072	0.081
	普通车床 630mm×1400mm	台班	180.71	–	0.027	0.036	–
	普通车床 400mm×1000mm	台班	145.61	0.027	–	–	0.036
	牛头刨床 650m	台班	132.71	–	–	–	0.009
	电焊条烘干箱 $60\times50\times75cm^3$	台班	28.84	0.117	0.135	0.162	0.162

5. 省煤器安装

单位：t

定额编号				3-14-16	3-14-17	3-14-18	3-14-19
项目				链条炉（t/h）	煤粉炉（t/h）		
				35		75	130
基价（元）				2690.81	4283.13	2736.50	3935.70
其中	人工费（元）			1313.76	2171.28	1401.52	1989.04
	材料费（元）			459.88	732.82	463.31	744.63
	机械费（元）			917.17	1379.03	871.67	1202.03
名称		单位	单价(元)	数量			
人工	综合工日	工日	80.00	16.422	27.141	17.519	24.863
材料	水	t	4.00	0.240	0.310	0.330	0.320
	电	kW·h	0.85	0.280	0.500	0.330	0.470
	氧气	m^3	3.60	8.570	12.990	10.540	12.410
	乙炔气	m^3	25.20	3.260	4.940	4.010	4.720
	电焊条 结422 ϕ2.5	kg	5.04	3.180	6.440	3.320	5.510
	碳钢气焊条	kg	5.85	0.160	0.160	0.360	1.050
	氩气	m^3	15.00	0.290	0.530	0.340	0.210
	氩弧焊丝	kg	11.25	0.060	0.110	0.070	0.050
	钍钨棒	g	0.42	8.000	14.000	9.000	5.000
	型钢综合	kg	4.00	10.400	13.880	12.000	25.200
	无缝钢管综合	kg	5.80	3.190	6.850	0.950	0.100
	热轧中厚钢板 $\delta=10\sim16$	kg	3.70	7.450	16.220	4.400	22.700
	镀锌铁丝 8~12号	kg	5.36	1.070	2.200	1.040	1.560
	破布	kg	4.50	0.090	0.180	0.050	0.140
	铁砂布 0~2号	张	1.68	1.260	2.180	1.540	4.460
	石棉橡胶板 高压0.5	kg	36.10	0.100	0.140	0.070	0.080

续前

单位:t

定额编号				3-14-16	3-14-17	3-14-18	3-14-19
项目				链条炉（t/h）	煤粉炉（t/h）		
				35		75	130
材料	酚醛调和漆（各种颜色）	kg	18.00	0.060	0.130	0.050	0.080
	花篮螺栓 M16×250	套	12.00	0.230	0.510	0.190	0.330
	双头精制螺栓带帽 M16×100～125	10套	23.63	0.030	0.030	0.040	0.130
	紫铜管 ϕ4～13	kg	77.70	0.100	0.100	0.050	0.100
	增感屏 80×300	副	10.00	0.230	0.400	0.270	0.380
	硫代硫酸钠	g	0.03	77.450	137.830	92.290	130.240
	米吐尔	g	0.11	0.480	0.850	0.570	0.800
	无水亚硫酸钠	g	0.01	20.330	36.180	24.320	34.190
	对苯二酚	g	40.00	1.890	3.370	2.260	3.180
	溴化钾	g	0.02	0.860	1.530	1.030	1.450
	冰醋酸 98%	mL	0.08	8.070	14.360	9.610	13.570
	硼酸	g	0.09	2.420	4.310	2.890	4.070
	硫酸铝钾	g	0.02	4.840	8.620	5.770	8.500
	无水碳酸钠	g	0.01	10.330	18.380	12.310	17.370
	医用输血胶管 ϕ8	m	4.00	0.220	0.390	0.260	0.370
	医用白胶布	m^2	18.00	0.050	0.080	0.050	0.080
	阿拉伯铅号码	套	30.00	0.140	0.250	0.170	0.240
	英文铅号码	套	65.00	0.140	0.250	0.170	0.240
	醇酸调和漆 综合	kg	15.20	0.050	0.080	0.050	0.080
	像质计	个	39.00	0.220	0.390	0.260	0.370
	贴片磁铁	副	1.50	0.090	0.150	0.100	0.150
	铅板 80×300×3	块	11.70	0.140	0.250	0.170	0.240
	压敏胶粘带	m	1.38	2.580	4.590	3.080	4.340

续前

单位:t

定额编号				3-14-16	3-14-17	3-14-18	3-14-19
项目				链条炉（t/h）	煤粉炉（t/h）		
				35		75	130
材料	塑料暗袋 80×300	副	14.00	0.220	0.390	0.260	0.370
	尼龙砂轮片 ϕ100	片	7.60	0.870	1.740	1.050	1.500
	道木 250×200×2500	根	200.00	0.230	0.150	0.070	0.230
	软胶片 80×300	张	6.00	4.490	7.990	5.350	7.550
	扒钉	kg	6.00	0.190	0.330	0.240	0.250
	其他材料费	元	–	13.390	21.340	13.490	21.690
机械	交流弧焊机 32kV·A	台班	96.61	1.305	2.628	1.557	2.232
	门座吊 30t	台班	1470.51	–	–	–	0.099
	履带式起重机 15t	台班	966.34	0.297	0.387	0.315	0.270
	汽车式起重机 8t	台班	728.19	0.108	–	–	–
	载货汽车 8t	台班	619.25	–	–	0.090	0.090
	载货汽车 5t	台班	507.79	0.090	0.090	–	0.090
	电动卷扬机(单筒慢速) 30kN	台班	137.62	–	0.234	–	–
	电动葫芦(单速) 2t	台班	51.76	0.261	0.333	0.216	0.126
	内燃空气压缩机 $6m^3/min$	台班	524.78	0.297	0.567	0.243	0.315
	空气锤 150kg	台班	194.89	–	–	–	0.018
	试压泵 60MPa	台班	154.06	0.279	0.477	0.153	0.252
	X 射线探伤机 2505	台班	267.10	0.549	0.972	0.657	0.918
	X 光胶片脱水烘干机 ZTH－340	台班	100.00	0.036	0.072	0.045	0.063
	普通车床 400mm×1000mm	台班	145.61	0.018	–	0.018	0.027
	牛头刨床 650m	台班	132.71	–	–	0.009	0.018
	立式钻床 ϕ25mm	台班	118.20	0.090	0.090	0.090	–
	电焊条烘干箱 $60\times50\times75cm^3$	台班	28.84	0.135	0.261	0.153	0.225

6. 空气预热器安装(管式)

单位:t

定额编号				3-14-20	3-14-21	3-14-22	3-14-23
项目				链条炉(t/h)	煤粉炉(t/h)		
				35		75	130
基价(元)				1369.19	814.01	841.42	811.15
其中	人工费(元)			717.44	401.92	365.84	321.68
	材料费(元)			202.03	115.53	126.66	95.87
	机械费(元)			449.72	296.56	348.92	393.60
	名称	单位	单价(元)	数量			
人工	综合工日	工日	80.00	8.968	5.024	4.573	4.021
材料	氧气	m^3	3.60	6.450	3.550	3.950	2.550
	乙炔气	m^3	25.20	2.450	1.350	1.500	0.970
	电焊条 结422 ϕ2.5	kg	5.04	6.310	4.810	4.360	4.230
	碳钢气焊条	kg	5.85	0.240	0.080	0.100	0.100
	型钢综合	kg	4.00	3.680	4.160	3.930	2.750
	圆钢 ϕ5.5~9	kg	4.10	1.200	0.580	0.280	0.100
	热轧中厚钢板 δ=4.5~10	kg	3.90	6.320	2.220	2.550	2.230

续前　　　　　　　　　　　　　　　　　　　　　　　　　　　　　　　　　　　单位:t

定　额　编　号				3-14-20	3-14-21	3-14-22	3-14-23
项　　目				链条炉（t/h）	煤粉炉（t/h）		
				35		75	130
材料	镀锌铁丝 8~12 号	kg	5.36	0.550	0.410	0.450	0.750
	铅油	kg	8.50	0.430	0.170	0.310	0.310
	花篮螺栓 M16×250	套	12.00	0.100	0.050	–	0.020
	石棉扭绳 ϕ4~5 烧失量 24%	kg	18.95	0.100	0.250	0.450	0.240
	道木 250×200×2500	根	200.00	0.120	0.020	0.040	0.030
	其他材料费	元	–	5.880	3.360	3.690	2.790
机械	交流弧焊机 32kV·A	台班	96.61	1.665	1.197	0.918	1.575
	门座吊 30t	台班	1470.51	–	–	–	0.045
	履带式起重机 15t	台班	966.34	0.216	0.135	0.225	0.117
	汽车式起重机 5t	台班	546.38	0.054	0.036	0.027	0.036
	载货汽车 5t	台班	507.79	0.090	0.054	0.045	0.054
	电动卷扬机(单筒慢速) 50kN	台班	145.07	–	–	0.018	0.072
	电焊条烘干箱 60×50×75cm^3	台班	28.84	0.171	0.117	0.090	0.162

7. 本体管路系统安装

单位:t

定额编号				3-14-24	3-14-25	3-14-26	3-14-27
项目				链条炉（t/h）	煤粉炉（t/h）		
				35		75	130
基价（元）				**8812.83**	**8948.83**	**7907.59**	**7830.93**
其中	人工费（元）			5306.72	5442.72	4839.60	4538.32
	材料费（元）			1731.85	1731.85	1304.10	1359.32
	机械费（元）			1774.26	1774.26	1763.89	1933.29
名称		单位	单价(元)	数量			
人工	综合工日	工日	80.00	66.334	68.034	60.495	56.729
材料	水	t	4.00	0.110	0.110	0.080	0.090
	电	kW·h	0.85	27.940	27.940	61.740	32.400
	氧气	m^3	3.60	30.400	30.400	19.800	21.400
	乙炔气	m^3	25.20	11.550	11.550	7.520	8.130
	电焊条 结422 ϕ2.5	kg	5.04	10.600	10.600	17.100	14.300
	碳钢气焊条	kg	5.85	3.420	3.420	1.780	2.350
	铬不锈钢电焊条	kg	47.25	0.550	0.550	0.370	0.210
	氩气	m^3	15.00	1.700	1.700	1.000	1.550
	氩弧焊丝	kg	11.25	0.380	0.380	0.220	0.340
	钍钨棒	g	0.42	38.000	38.000	22.000	34.000
	型钢综合	kg	4.00	127.000	127.000	64.400	98.800
	镀锌铁丝 8～12号	kg	5.36	4.510	4.510	2.780	3.680
	破布	kg	4.50	1.640	1.640	1.220	0.990

续前 单位:t

定额编号				3-14-24	3-14-25	3-14-26	3-14-27
项目				链条炉（t/h）	煤粉炉（t/h）		
				35		75	130
材料	铁砂布 0～2 号	张	1.68	6.120	6.120	6.150	4.600
	石棉布 各种规格 烧失量 3%	kg	41.30	1.100	1.100	1.540	0.980
	裸铜线 不分规格	kg	38.32	–	–	1.360	0.980
	石棉橡胶板 高压 0.5	kg	36.10	1.190	1.190	0.350	0.450
	黄干油 钙基酯	kg	9.78	0.290	0.290	–	–
	汽轮机油（各种规格）	kg	8.80	0.780	0.780	0.700	0.570
	煤油	kg	4.20	1.640	1.640	1.240	1.030
	酚醛调和漆（各种颜色）	kg	18.00	0.250	0.250	0.270	0.210
	精制六角带帽螺栓 M6×30	10 套	1.54	2.000	2.000	–	–
	精制六角带帽螺栓 M8×30	10 套	3.50	–	–	2.000	2.000
	麻绳	kg	8.50	–	–	0.220	0.250
	石棉扭绳 ϕ4～5 烧失量 24%	kg	18.95	1.190	1.190	0.710	0.630
	木柴	kg	0.95	10.600	10.600	10.000	9.000
	海砂	t	55.00	0.110	0.110	0.100	0.090
	增感屏 80×300	副	10.00	0.450	0.450	0.330	0.380
	硫代硫酸钠	g	0.03	155.080	155.080	112.640	130.240
	米吐尔	g	0.11	0.950	0.950	0.690	0.800
	无水亚硫酸钠	g	0.01	40.710	40.710	29.570	34.190
	对苯二酚	g	40.00	3.790	3.790	2.750	3.180

续前 单位:t

定额编号				3-14-24	3-14-25	3-14-26	3-14-27
项目				链条炉（t/h）	煤粉炉（t/h）		
				35		75	130
材料	溴化钾	g	0.02	1.720	1.720	1.250	1.450
	冰醋酸 0.98	mL	0.08	16.150	16.150	11.730	13.570
	硼酸	g	0.09	4.850	4.850	3.520	4.070
	硫酸铝钾	g	0.02	9.690	9.690	7.040	8.140
	无水碳酸钠	g	0.01	20.680	20.680	15.020	17.370
	医用白胶布	m^2	18.00	0.090	0.090	0.070	0.080
	医用输血胶管 $\phi8$	m	4.00	0.440	0.440	0.320	0.370
	阿拉伯铅号码	套	30.00	0.290	0.290	0.210	0.240
	英文铅号码	套	65.00	0.290	0.290	0.210	0.240
	醇酸调和漆 综合	kg	15.20	0.090	0.090	0.070	0.080
	像质计	个	39.00	0.440	0.440	0.320	0.370
	贴片磁铁	副	1.50	0.170	0.170	0.130	0.150
	铅板 80×300×3	块	11.70	0.290	0.290	0.210	0.240
	压敏胶粘带	m	1.38	5.170	5.170	3.750	4.340
	塑料暗袋 80×300	副	14.00	0.440	0.440	0.320	0.370
	尼龙砂轮片 $\phi100$	片	7.60	2.810	2.810	3.490	3.010
	油浸石棉盘根 编制 $\phi6\sim10$ 250℃	kg	17.84	0.790	0.790	0.770	0.600
	钢锯条	根	0.89	28.500	28.500	25.080	20.600
	金属齿形垫（综合）	片	19.74	0.300	0.300	0.800	0.700

续前　　　　　　　　　　　　　　　　　　　　　　　　　　　　　单位:t

定额编号				3-14-24	3-14-25	3-14-26	3-14-27
项目				链条炉（t/h）	煤粉炉（t/h）		
				35		75	130
材料	焦炭	kg	1.50	40.000	40.000	38.000	–
	软胶片 80×300	张	6.00	8.990	8.990	6.530	7.550
	其他材料费	元	–	50.440	50.440	37.980	39.590
机械	交流弧焊机 32kV·A	台班	96.61	4.212	4.212	5.229	4.518
	直流弧焊机 20kW	台班	84.19	0.288	0.288	0.270	0.270
	门座吊 30t	台班	1470.51	–	–	–	0.315
	履带式起重机 15t	台班	966.34	0.126	0.126	0.216	0.171
	汽车式起重机 5t	台班	546.38	0.108	0.108	0.333	–
	载货汽车 5t	台班	507.79	0.126	0.126	0.171	0.171
	电动卷扬机(单筒慢速) 30kN	台班	137.62	0.189	0.189	0.198	0.036
	电动葫芦(单速) 3t	台班	54.90	0.423	0.423	1.080	0.864
	内燃空气压缩机 $6m^3/min$	台班	524.78	1.044	1.044	0.333	0.405
	试压泵 60MPa	台班	154.06	0.450	0.450	0.738	0.504
	自控热处理机	台班	406.00	–	–	0.081	0.054
	X 射线探伤机 2505	台班	267.10	1.098	1.098	0.792	0.918
	X 光胶片脱水烘干机 ZTH–340	台班	100.00	0.081	0.081	0.054	0.063
	普通车床 400mm×1000mm	台班	145.61	0.315	0.315	0.405	0.450
	立式钻床 ϕ25mm	台班	118.20	0.450	0.450	0.450	0.450
	坡口机 2.8kW	台班	39.79	0.099	0.099	0.162	0.279
	鼓风机 $18m^3/min$	台班	213.04	0.072	0.072	–	–
	电焊条烘干箱 $60\times50\times75cm^3$	台班	28.84	0.423	0.423	0.522	0.450

8. 吹灰器管路吹洗

单位：t

定额编号				3-14-28
项目				吹灰器管路吹洗
基价（元）				**105.15**
其中	人工费（元）			82.96
	材料费（元）			11.37
	机械费（元）			10.82
名称		单位	单价(元)	数量
人工	综合工日	工日	80.00	1.037
材料	蒸汽	t	–	(0.700)
	氧气	m^3	3.60	0.050
	乙炔气	m^3	25.20	0.030
	电焊条 结 422 ϕ2.5	kg	5.04	0.120
	镀锌铁丝 8～12 号	kg	5.36	0.120
	无缝钢管综合	kg	5.80	0.840
	热轧中厚钢板 $\delta=10\sim16$	kg	3.70	0.420
	石棉橡胶板 低压 0.8～1.0	kg	13.20	0.030
	双头精制螺栓带帽 M16×100～125	10 套	23.63	0.100
机械	交流弧焊机 32kV·A	台班	96.61	0.090
	立式钻床 ϕ25mm	台班	118.20	0.018

9. 各种金属结构安装

单位:t

定额编号				3-14-29	3-14-30	3-14-31	3-14-32
项目				链条炉(t/h)	煤粉炉(t/h)		
				35		75	130
基价(元)				2458.17	2237.70	2168.03	2490.11
其中	人工费(元)			1326.00	1266.16	1232.16	1168.24
	材料费(元)			383.63	324.39	347.21	395.20
	机械费(元)			748.54	647.15	588.66	926.67
名称		单位	单价(元)	数量			
人工	综合工日	工日	80.00	16.575	15.827	15.402	14.603
材料	氧气	m^3	3.60	12.550	10.170	10.090	11.390
	乙炔气	m^3	25.20	4.140	3.360	3.330	3.760
	电焊条 结422 ϕ2.5	kg	5.04	19.820	14.000	11.610	10.960
	型钢综合	kg	4.00	8.510	7.330	19.410	27.290
	圆钢 ϕ10~14	kg	4.10	1.180	0.850	–	–
	热轧中厚钢板 δ=4.5~10	kg	3.90	6.600	4.500	13.100	5.500
	镀锌铁丝 8~12号	kg	5.36	1.860	1.960	1.800	1.500

续前 单位:t

定额编号				3-14-29	3-14-30	3-14-31	3-14-32
项目				链条炉（t/h）	煤粉炉（t/h）		
				35		75	130
材料	铅油	kg	8.50	1.150	1.470	0.430	0.720
	花篮螺栓 M16×250	套	12.00	0.330	0.490	0.180	0.460
	石棉扭绳 ϕ4～5 烧失量 24%	kg	18.95	1.200	1.470	0.430	0.760
	道木 250×200×2500	根	200.00	0.060	0.080	0.030	0.140
	其他材料费	元	–	11.170	9.450	10.110	11.510
机械	交流弧焊机 32kV·A	台班	96.61	4.419	3.186	3.294	2.547
	门座吊 30t	台班	1470.51	–	–	–	0.180
	履带式起重机 15t	台班	966.34	0.234	0.243	0.108	0.315
	汽车式起重机 5t	台班	546.38	0.027	0.045	0.072	–
	载货汽车 5t	台班	507.79	0.036	0.054	0.054	0.108
	电动卷扬机(单筒慢速) 50kN	台班	145.07	–	0.171	0.522	0.180
	电动卷扬机(单筒慢速) 30kN	台班	137.62	0.243	–	–	–
	电动葫芦(单速) 2t	台班	51.76	0.315	0.360	0.270	0.450
	电焊条烘干箱 60×50×75cm^3	台班	28.84	0.441	0.315	0.333	0.252

10. 本体平台扶梯安装

单位:t

定额编号				3-14-33	3-14-34	3-14-35	3-14-36
项目				链条炉(t/h)	煤粉炉(t/h)		
				35		75	130
基价(元)				**2827.35**	**2714.03**	**2732.08**	**3186.12**
其中	人工费(元)			1484.48	1398.08	1363.44	1300.88
	材料费(元)			506.69	459.46	443.20	457.74
	机械费(元)			836.18	856.49	925.44	1427.50
名称		单位	单价(元)	数量			
人工	综合工日	工日	80.00	18.556	17.476	17.043	16.261
材料	电	kW·h	0.85	2.750	2.520	2.430	3.020
	氧气	m^3	3.60	19.070	17.510	17.080	15.410
	乙炔气	m^3	25.20	7.250	6.650	6.490	5.860
	电焊条 结422 ϕ2.5	kg	5.04	13.220	12.900	12.810	14.320
	碳钢气焊条	kg	5.85	0.240	0.240	0.200	0.350
	型钢综合	kg	4.00	7.580	7.760	7.700	9.260
	圆钢 ϕ10~14	kg	4.10	1.250	0.720	1.070	1.580

续前

单位:t

定额编号				3-14-33	3-14-34	3-14-35	3-14-36
项目				链条炉（t/h）	煤粉炉（t/h）		
				35		75	130
材料	热轧中厚钢板 δ=4.5~10	kg	3.90	10.210	10.110	10.270	10.000
	镀锌钢管 DN25	m	9.91	5.080	3.880	4.000	4.290
	镀锌铁丝 8~12 号	kg	5.36	0.330	0.350	0.420	0.450
	麻绳	kg	8.50	0.200	0.200	0.200	0.200
	尼龙砂轮片 φ100	片	7.60	2.780	2.560	2.450	3.070
	道木 250×200×2500	根	200.00	0.100	0.060	–	0.060
	其他材料费	元	–	14.760	13.380	12.910	13.330
机械	交流弧焊机 32kV·A	台班	96.61	4.176	3.843	3.681	4.599
	门座吊 30t	台班	1470.51	–	–	–	0.369
	履带式起重机 15t	台班	966.34	0.297	0.423	0.486	0.351
	汽车式起重机 5t	台班	546.38	0.153	0.036	0.072	0.036
	载货汽车 5t	台班	507.79	0.036	0.027	0.036	0.072
	立式钻床 φ25mm	台班	118.20	0.270	0.270	0.270	0.270
	电焊条烘干箱 $60\times50\times75cm^3$	台班	28.84	0.414	0.387	0.369	0.459

11. 炉排安装、燃烧装置安装

单位:台(个)

定额编号				3-14-37	3-14-38	3-14-39	3-14-40
项目				链条炉(t/h)	缝隙式		
				35	1 以下	5 以下	10 以下
基价(元)				**26385.66**	**2442.91**	**6596.37**	**8174.53**
其中	人工费(元)			17482.80	1463.36	3741.36	4538.32
	材料费(元)			5109.36	314.90	631.02	730.60
	机械费(元)			3793.50	664.65	2223.99	2905.61
名称		单位	单价(元)	数量			
人工	综合工日	工日	80.00	218.535	18.292	46.767	56.729
材料	电	kW·h	0.85	319.740	–	–	–
	氧气	m^3	3.60	52.800	11.040	23.250	25.850
	乙炔气	m^3	25.20	17.420	4.200	8.840	9.820
	电焊条 结 422 ϕ2.5	kg	5.04	16.000	10.500	20.500	24.500
	型钢综合	kg	4.00	45.000	6.500	10.500	11.000
	热轧中厚钢板 $\delta=4.5\sim10$	kg	3.90	210.000	8.000	13.000	16.000
	镀锌铁丝 8~12 号	kg	5.36	5.000	5.380	10.040	11.540
	白布 0.9m	m^2	8.54	1.000	–	–	–
	破布	kg	4.50	5.000	–	–	1.000
	棉纱头	kg	6.34	10.000	–	–	–
	塑料布	kg	18.80	3.000	–	–	–

续前

单位:台(个)

定额编号				3-14-37	3-14-38	3-14-39	3-14-40
项目				链条炉(t/h)	缝隙式		
				35	1 以下	5 以下	10 以下
材料	铁砂布 0~2 号	张	1.68	30.000	–	–	–
	黄干油 钙基酯	kg	9.78	17.000	–	–	–
	汽轮机油(各种规格)	kg	8.80	75.000	–	–	–
	航空汽油	kg	11.25	20.000	–	–	–
	煤油	kg	4.20	10.000	–	–	–
	铅油	kg	8.50	5.000	0.500	1.200	2.000
	青壳纸 0.15~0.5mm	kg	22.00	2.000	–	–	–
	酚醛调和漆(各种颜色)	kg	18.00	1.000	–	–	–
	紫铜皮 各种规格	kg	72.90	0.400	–	–	–
	石棉扭绳 $\phi4\sim5$ 烧失量 24%	kg	18.95	10.000	0.500	1.500	2.000
	碳钢气焊条	kg	5.85	–	0.250	0.250	0.250
	羊毛毡	m^2	60.00	0.300	–	–	–
	花篮螺栓 M16×250	套	12.00	–	0.500	1.000	–
	尼龙砂轮片 $\phi100$	片	7.60	4.800	–	–	–
	圆钢 $\phi10\sim14$	kg	4.10	–	–	–	2.500
	机加工垫铁	kg	6.17	200.000	–	–	–
	密封胶	支	5.89	8.000	–	–	–

续前

单位:台(个)

定额编号				3-14-37	3-14-38	3-14-39	3-14-40
项目				链条炉(t/h)	缝隙式		
				35	1 以下	5 以下	10 以下
材料	麻绳	kg	8.50	–	–	0.500	0.700
	其他材料费	元	–	148.820	9.170	18.380	21.280
机械	载货汽车 5t	台班	507.79	0.720	0.072	–	–
	载货汽车 8t	台班	619.25	–	–	0.360	0.378
	汽车式起重机 5t	台班	546.38	–	0.072	0.387	0.360
	汽车式起重机 16t	台班	1071.52	0.900	–	–	–
	履带式起重机 15t	台班	966.34	0.729	0.306	0.666	0.747
	龙门式起重机 30t	台班	805.28	–	–	–	0.396
	门座吊 30t	台班	1470.51	–	–	0.270	0.405
	电动卷扬机(单筒慢速) 30kN	台班	137.62	6.300	–	–	–
	电动卷扬机(单筒慢速) 50kN	台班	145.07	–	–	1.800	1.800
	普通车床 400mm×1000mm	台班	145.61	0.225	–	–	–
	电动空气压缩机 0.6m³/min	台班	130.54	0.180	–	–	–
	电焊条烘干箱 60×50×75cm³	台班	28.84	0.720	0.252	0.486	0.576
	牛头刨床 650m	台班	132.71	0.900	–	–	–
	试压泵 60MPa	台班	154.06	–	0.045	0.045	0.045
	立式钻床 φ25mm	台班	118.20	–	0.270	–	–
	交流弧焊机 32kV·A	台班	96.61	7.200	2.556	4.833	5.733

12. 除灰装置安装

单位：t

定额编号				3-14-41	3-14-42	3-14-43	3-14-44
项目				链条炉(t/h) 台	煤粉炉(t/h)		
				35		75	130
基价（元）				**5936.38**	**2388.38**	**2046.05**	**2149.10**
其中	人工费（元）			3768.56	1476.32	1245.12	1226.08
	材料费（元）			1412.53	304.40	279.44	325.86
	机械费（元）			755.29	607.66	521.49	597.16
名称		单位	单价(元)	数量			
人工	综合工日	工日	80.00	47.107	18.454	15.564	15.326
材料	电	kW·h	0.85	123.000	–	–	–
	氧气	m^3	3.60	9.000	13.840	12.300	14.210
	乙炔气	m^3	25.20	3.420	5.260	4.670	5.400
	电焊条 结 422 ϕ2.5	kg	5.04	4.000	8.700	8.640	10.860
	碳钢气焊条	kg	5.85	0.800	–	–	–
	型钢综合	kg	4.00	16.000	4.780	4.570	2.990
	镀锌薄钢板 $\delta=0.5\sim0.9$	kg	5.25	1.400	–	–	–
	热轧中厚钢板 $\delta=4.5\sim10$	kg	3.90	50.000	3.800	4.020	2.910
	镀锌铁丝 8～12 号	kg	5.36	5.000	0.540	1.060	1.440
	破布	kg	4.50	4.000	–	–	–
	铁砂布 0～2 号	张	1.68	8.000	–	–	–
	耐油石棉橡胶板 $\delta=1$	kg	43.67	1.500	–	–	–
	红丹粉	kg	12.00	0.400	–	–	–
	黄干油 钙基酯	kg	9.78	2.500	–	–	–
	汽轮机油（各种规格）	kg	8.80	26.000	–	–	–

续前 单位:t

定额编号				3-14-41	3-14-42	3-14-43	3-14-44
项目				链条炉(t/h)台	煤粉炉(t/h)		
				35	35	75	130
材料	航空汽油	kg	11.25	16.000	–	–	–
	煤油	kg	4.20	8.000	–	–	–
	铅油	kg	8.50	3.000	1.100	0.870	0.870
	喷漆	kg	19.00	0.130	–	–	–
	酚醛调和漆(各种颜色)	kg	18.00	4.620	–	–	–
	酚醛防锈漆(各种颜色)	kg	15.60	0.500	–	–	–
	松香水	kg	12.00	1.880	–	–	–
	紫铜皮 各种规格	kg	72.90	0.400	–	–	–
	石棉扭绳 $\phi4\sim5$ 烧失量 24%	kg	18.95	2.000	1.220	0.990	1.160
	羊毛毡	m^2	60.00	0.100	–	–	–
	密封胶	支	5.89	8.000	–	–	–
	道木 250×200×2500	根	200.00	–	–	–	0.070
	其他材料费	元	–	41.140	8.870	8.140	9.490
机械	交流弧焊机 32kV·A	台班	96.61	2.340	2.736	2.637	2.871
	门座吊 30t	台班	1470.51	–	–	–	0.027
	履带式起重机 15t	台班	966.34	–	0.261	0.171	0.189
	汽车式起重机 5t	台班	546.38	0.450	–	0.090	–
	载货汽车 5t	台班	507.79	0.225	0.063	–	0.072
	电动卷扬机(单筒慢速) 30kN	台班	137.62	0.450	0.135	0.135	0.144
	内燃空气压缩机 $6m^3/min$	台班	524.78	0.090	–	–	–
	普通车床 400mm×1000mm	台班	145.61	–	0.225	0.180	0.225
	立式钻床 $\phi25mm$	台班	118.20	0.450	–	–	–
	电焊条烘干箱 $60\times50\times75cm^3$	台班	28.84	0.234	0.270	0.261	0.288

13. 水压试验

单位：台

定额编号				3-14-45	3-14-46	3-14-47
项目				锅炉出力（t/h）		
				35	75	130
基价（元）				**6891.58**	**9214.09**	**12899.93**
其中	人工费（元）			3387.12	4172.48	5896.96
	材料费（元）			2619.26	3908.86	5382.64
	机械费（元）			885.20	1132.75	1620.33
名称		单位	单价（元）	数量		
人工	综合工日	工日	80.00	42.339	52.156	73.712
材料	水	t	4.00	19.000	36.000	52.000
	软化水	t	20.00	29.000	54.000	78.000
	电	kW·h	0.85	86.430	126.630	171.410
	氧气	m^3	3.60	15.530	19.200	26.320
	乙炔气	m^3	25.20	5.900	7.300	10.000
	电焊条 结422 ϕ2.5	kg	5.04	7.930	9.480	13.250
	碳钢气焊条	kg	5.85	0.900	1.120	1.510
	铜焊条 铜107 ϕ3.2	kg	63.00	0.020	0.020	0.020
	铜焊粉 气剂301 瓶装	kg	32.40	0.010	0.010	0.010
	型钢综合	kg	4.00	92.400	131.400	175.200

续前

单位:台

定额编号				3-14-45	3-14-46	3-14-47
项目				锅炉出力（t/h）		
				35	75	130
材料	无缝钢管综合	kg	5.80	63.000	92.400	132.000
	钢板平焊法兰 1.6MPaDN50	片	46.78	2.000	2.000	2.000
	热轧中厚钢板 δ=4.5~10	kg	3.90	4.000	6.000	8.000
	镀锌钢管 DN25	m	9.91	15.550	18.050	24.360
	法兰截止阀 J41T-16 DN50	个	88.20	1.000	1.000	1.000
	镀锌铁丝 8~12 号	kg	5.36	3.260	4.560	6.280
	耐油石棉橡胶板 δ=1	kg	43.67	3.560	3.810	4.230
	氨水	kg	1.20	44.000	81.000	117.000
	联氨 0.4	kg	4.58	44.000	81.000	117.000
	紫铜管 φ4~13	kg	77.70	0.280	0.280	0.360
	石棉盘根 φ6~10	kg	7.70	1.000	1.000	1.400
	尼龙砂轮片 φ100	片	7.60	2.490	2.680	4.480
	其他材料费	元	-	76.290	113.850	156.780
机械	交流弧焊机 32kV·A	台班	96.61	3.735	4.023	6.723
	内燃空气压缩机 $6m^3/min$	台班	524.78	0.450	0.603	0.756
	试压泵 60MPa	台班	154.06	1.800	2.700	3.600
	电焊条烘干箱 $60\times50\times75cm^3$	台班	28.84	0.378	0.405	0.675

14. 本体油漆

单位:台

定额编号				3-14-48	3-14-49	3-14-50	3-14-51
项目				链条炉(t/h)	煤粉炉(t/h)		
				35		75	130
基价(元)				26167.14	44367.61	47930.88	56655.30
其中	人工费(元)			6354.64	11317.28	11740.88	14383.36
	材料费(元)			11321.55	17770.21	18715.38	22899.84
	机械费(元)			8490.95	15280.12	17474.62	19372.10
	名称	单位	单价(元)	数量			
人工	综合工日	工日	80.00	79.433	141.466	146.761	179.792
材料	电	kW·h	0.85	2.960	4.440	4.650	5.540
	镀锌薄钢板 $\delta=0.5\sim0.9$	kg	5.25	–	4.000	4.000	4.000
	镀锌铁丝 8~12 号	kg	5.36	2.000	3.020	3.120	3.500
	破布	kg	4.50	21.000	32.000	33.150	39.500
	铁砂布 0~2 号	张	1.68	392.500	704.200	793.010	970.800
	航空汽油	kg	11.25	7.200	12.600	13.030	15.960
	酚醛调和漆(各种颜色)	kg	18.00	496.570	756.670	785.570	961.930
	松香水	kg	12.00	91.550	163.550	182.710	223.730
	钢丝刷	把	2.00	26.000	38.000	40.000	49.000
	毛刷	把	2.00	16.000	25.000	26.000	30.000
	尼龙砂轮片 $\phi100$	片	7.60	3.000	4.500	4.710	5.610
	其他材料费	元	–	329.750	517.580	545.110	666.990
机械	内燃空气压缩机 $3m^3/min$	台班	388.27	21.645	38.907	44.559	49.446
	机动翻斗车 1t	台班	193.00	0.450	0.900	0.900	0.900

15. 风压试验

单位:台

定额编号				3-14-52	3-14-53	3-14-54
项目				锅炉出力(t/h)		
				35	75	130
基价(元)				3319.12	4715.84	6928.82
其中	人工费(元)			1513.68	1927.12	2133.20
	材料费(元)			1618.44	2384.34	4347.77
	机械费(元)			187.00	404.38	447.85
名称		单位	单价(元)	数量		
人工	综合工日	工日	80.00	18.921	24.089	26.665
材料	电	kW·h	0.85	1600.000	2380.000	4560.000
	氧气	m^3	3.60	4.500	6.000	7.000
	乙炔气	m^3	25.20	1.710	2.280	2.660
	电焊条 结422 ϕ2.5	kg	5.04	4.000	7.000	8.000
	碳钢气焊条	kg	5.85	0.200	0.250	0.300
	热轧薄钢板 2.2~2.8	kg	4.67	3.000	3.500	4.000
	镀锌铁丝 8~12号	kg	5.36	1.500	2.500	3.000
	滑石粉	kg	0.40	100.000	160.000	200.000
	铅油	kg	8.50	2.500	3.000	3.500
	石棉扭绳 ϕ4~5 烧失量24%	kg	18.95	2.500	3.000	3.500
	其他材料费	元	–	47.140	69.450	126.630
机械	交流弧焊机 32kV·A	台班	96.61	1.800	4.050	4.500
	普通车床 400mm×1000mm	台班	145.61	0.090	0.090	0.090

16. 烘炉、煮炉、蒸汽严密性试验

单位:台

定额编号				3-14-55	3-14-56	3-14-57
项目				锅炉出力(t/h)		
				35	75	130
基价(元)				**57380.12**	**87553.97**	**111228.26**
其中	人工费(元)			17485.52	20760.40	12506.56
	材料费(元)			36181.43	62227.05	95498.67
	机械费(元)			3713.17	4566.52	3223.03
名称		单位	单价(元)	数量		
人工	综合工日	工日	80.00	218.569	259.505	156.332
材料	重油	t	–	(24.300)	(57.300)	(117.600)
	电	kW·h	0.85	14680.000	24050.000	47210.000
	氧气	m^3	3.60	48.100	56.300	47.100
	乙炔气	m^3	25.20	18.280	21.390	17.900
	电焊条 结422 ϕ2.5	kg	5.04	37.850	45.650	35.000
	碳钢气焊条	kg	5.85	1.200	1.500	1.500
	镀锌铁丝 8~12号	kg	5.36	4.500	5.000	5.000
	石棉橡胶板 中压 0.8~1.0	kg	17.00	2.800	3.200	3.500
	油浸石棉盘根 编制 ϕ6~10 250℃	kg	17.84	2.790	2.900	3.000
	型钢综合	kg	4.00	220.000	295.000	110.000
	无缝钢管综合	kg	5.80	82.000	98.000	110.000
	热轧中厚钢板 δ=4.5~10	kg	3.90	313.000	416.000	420.000

续前　　　　单位：台

定　额　编　号				3-14-55	3-14-56	3-14-57
项　　目				锅炉出力（t/h）		
				35	75	130
材料	棉纱头	kg	6.34	2.100	2.500	3.200
	铁砂布 0~2 号	张	1.68	6.000	7.000	8.000
	氨水	kg	1.20	2.290	5.030	8.770
	联氨 0.4	kg	4.58	0.720	1.570	2.740
	汽轮机油（各种规格）	kg	8.80	2.400	3.300	4.200
	木柴	kg	0.95	5000.000	7000.000	–
	钢锯条	根	0.89	12.000	15.000	15.000
	氢氧化钠	kg	3.30	373.000	533.000	854.000
	磷酸三钠	kg	2.30	120.900	170.300	287.700
	水位计玻璃板	块	20.00	3.000	3.000	3.000
	软化水	t	20.00	573.000	1258.000	2192.000
	水	t	4.00	320.000	346.000	360.000
	其他材料费	元	–	1053.830	1812.440	2781.510
机械	交流弧焊机 32kV·A	台班	96.61	16.650	18.810	15.750
	门座吊 30t	台班	1470.51	–	–	0.369
	履带式起重机 15t	台班	966.34	0.180	0.270	–
	载货汽车 5t	台班	507.79	2.700	3.600	0.720
	内燃空气压缩机 $6m^3/min$	台班	524.78	0.900	1.080	1.350
	电焊条烘干箱 $60\times50\times75cm^3$	台班	28.84	1.665	1.881	1.575
	普通车床 400mm×1000mm	台班	145.61	0.270	0.270	0.270

二、锅炉附属机械

1. 磨煤机安装

单位：台

定额编号				3-14-58	3-14-59	3-14-60
项目				钢球磨煤机		
				210/260	210/330	250/390
基价（元）				**76247.55**	**81092.68**	**87304.62**
其中	人工费（元）			42034.24	45415.20	48907.68
	材料费（元）			24097.55	24939.31	26943.71
	机械费（元）			10115.76	10738.17	11453.23
名称		单位	单价（元）	数量		
人工	综合工日	工日	80.00	525.428	567.690	611.346
材料	水	t	4.00	3.600	3.600	3.600
	电	kW·h	0.85	932.000	1094.000	2101.000
	氧气	m^3	3.60	144.000	156.000	168.000
	乙炔气	m^3	25.20	54.720	59.280	63.840
	电焊条 结422 ϕ2.5	kg	5.04	30.000	32.000	34.000
	碳钢气焊条	kg	5.85	2.400	2.400	2.400
	铜焊条 铜107 ϕ3.2	kg	63.00	0.200	0.200	0.200
	型钢综合	kg	4.00	160.000	170.000	180.000
	镀锌薄钢板 δ=0.5～0.9	kg	5.25	6.000	6.000	6.000

续前

单位:台

定额编号				3-14-58	3-14-59	3-14-60
项目				钢球磨煤机		
				210/260	210/330	250/390
材料	热轧薄钢板 3.0~4.0	kg	4.67	1171.000	1180.000	1193.000
	镀锌铁丝 8~12 号	kg	5.36	18.000	18.000	18.000
	白布 0.9m	m^2	8.54	6.000	6.000	6.000
	破布	kg	4.50	18.300	18.800	19.400
	棉纱头	kg	6.34	25.000	25.500	26.000
	塑料布	kg	18.80	4.500	4.700	5.000
	铁砂布 0~2 号	张	1.68	70.000	78.000	86.000
	橡胶板 各种规格	kg	9.68	0.900	0.900	1.000
	耐油石棉橡胶板 $\delta=1$	kg	43.67	2.000	2.000	2.000
	红丹粉	kg	12.00	2.600	2.700	2.900
	黄干油 钙基酯	kg	9.78	13.000	13.000	13.000
	汽轮机油 各种规格	kg	8.80	379.000	390.000	400.000
	煤油	kg	4.20	31.000	32.000	33.000
	汽油 93 号	kg	10.05	45.300	45.800	46.400
	铅油	kg	8.50	3.000	3.000	3.000
	青壳纸 0.15~0.5mm	kg	22.00	0.800	0.900	1.000
	喷漆	kg	19.00	1.000	1.000	1.200

续前 单位:台

定额编号				3-14-58	3-14-59	3-14-60
项目				钢球磨煤机		
				210/260	210/330	250/390
材料	酚醛磁漆（各种颜色）	kg	16.50	3.000	3.000	3.000
	酚醛调和漆（各种颜色）	kg	18.00	40.000	47.000	55.000
	酚醛防锈漆（各种颜色）	kg	15.60	7.300	8.800	10.600
	松香水	kg	12.00	4.900	6.000	7.200
	信那水 硝基漆稀释剂	kg	13.00	0.800	0.900	1.000
	紫铜棒 各种规格	kg	72.30	4.000	4.000	4.000
	紫铜皮 各种规格	kg	72.90	1.900	1.900	1.900
	绝缘垫 $\delta=2$	m^2	42.00	2.800	3.100	3.400
	麻绳	kg	8.50	5.000	5.000	5.000
	石棉扭绳 $\phi6\sim10$ 烧失量 24%	kg	18.95	3.000	3.000	3.000
	羊毛毡	m^2	60.00	2.320	2.320	2.320
	钢丝 $\phi0.1\sim0.5$	kg	6.28	0.400	0.400	0.400
	钢丝刷	把	2.00	4.000	4.000	4.000
	尼龙砂轮片 $\phi100$	片	7.60	1.000	1.000	1.000
	机加工垫铁	kg	6.17	780.000	780.000	795.000
	钢锯条	根	0.89	45.000	47.000	50.000
	道木 250×200×2500	根	200.00	8.500	9.000	10.500

续前　　　　　　　　　　　　　　　　　　　　　　　　　　　　　　　　　　　　　　　单位:台

定额编号				3-14-58	3-14-59	3-14-60
项目				钢球磨煤机		
				210/260	210/330	250/390
材料	细铜网	m^2	75.69	1.000	1.000	1.000
	粗砂	m^3	60.00	1.500	1.500	1.500
	密封胶	支	5.89	15.000	15.000	15.000
	脱化剂	kg	14.50	9.000	9.000	9.000
	石油沥青 10 号	kg	3.80	30.000	35.000	40.000
	密封塑料带	kg	0.07	2.200	2.200	2.400
	滤油纸 600×600	张	0.74	1000.000	1000.000	1100.000
	其他材料费	元	–	701.870	726.390	784.770
机械	交流弧焊机 32kV·A	台班	96.61	9.900	10.800	11.700
	直流弧焊机 20kW	台班	84.19	1.800	1.800	1.800
	龙门式起重机 30t	台班	805.28	1.350	1.440	1.530
	履带式起重机 15t	台班	966.34	1.620	1.755	1.935
	汽车式起重机 5t	台班	546.38	0.900	0.900	0.990
	平板拖车组 30t	台班	1562.31	0.810	0.900	0.990
	载货汽车 5t	台班	507.79	1.800	1.890	1.980
	电动卷扬机(单筒慢速) 50kN	台班	145.07	12.150	13.140	14.130
	电动空气压缩机 $10m^3/min$	台班	519.44	1.350	1.350	1.350
	电动空气压缩机 $0.6m^3/min$	台班	130.54	0.900	0.900	0.900
	滤油机 LX100 型	台班	131.96	8.100	8.100	8.100
	电焊条烘干箱 $60\times50\times75cm^3$	台班	28.84	1.170	1.260	1.350

单位:台

定额编号				3-14-61	3-14-62	3-14-63	3-14-64
项目				风扇磨煤机		中速磨煤机	
				1000×260	1000×400	PZM1000	PZM1400
基价(元)				**6612.27**	**7816.06**	**22779.57**	**33745.63**
其中	人工费(元)			2608.48	2866.88	15315.68	22582.80
	材料费(元)			2907.24	3758.38	4744.84	7307.21
	机械费(元)			1096.55	1190.80	2719.05	3855.62
名称		单位	单价(元)	数量			
人工	综合工日	工日	80.00	32.606	35.836	191.446	282.285
材料	水	t	4.00	11.400	11.500	–	–
	电	kW·h	0.85	482.700	643.600	515.000	1064.000
	氧气	m^3	3.60	25.000	28.000	27.000	39.000
	乙炔气	m^3	25.20	8.250	9.240	8.910	12.870
	电焊条 结422 $\phi2.5$	kg	5.04	2.500	2.500	7.000	11.000
	型钢综合	kg	4.00	30.000	30.000	10.000	15.000
	镀锌薄钢板 $\delta=0.5\sim0.9$	kg	5.25	0.500	0.500	0.700	1.000
	热轧薄钢板 3.0~4.0	kg	4.67	70.000	70.000	70.000	100.000
	镀锌铁丝 8~12号	kg	5.36	1.800	1.800	3.000	4.000
	破布	kg	4.50	–	–	0.800	1.200
	棉纱头	kg	6.34	4.500	4.700	2.000	3.000

单位:台

定额编号				3-14-61	3-14-62	3-14-63	3-14-64
项目				风扇磨煤机		中速磨煤机	
				1000×260	1000×400	PZM1000	PZM1400
材料	塑料布	kg	18.80	1.000	1.000	1.400	2.000
	铁砂布 0~2 号	张	1.68	9.000	10.000	7.000	10.000
	裸铜线 不分规格	kg	38.32	–	–	0.200	0.200
	石棉纸	kg	9.00	–	–	1.500	2.400
	耐油石棉橡胶板 $\delta=1$	kg	43.67	0.350	0.350	–	–
	红丹粉	kg	12.00	–	–	0.200	0.200
	黄干油 钙基酯	kg	9.78	–	–	2.800	4.000
	汽轮机油 各种规格	kg	8.80	35.000	100.000	227.500	350.000
	煤油	kg	4.20	3.500	3.500	2.800	4.000
	汽油 93 号	kg	10.05	5.000	5.500	6.000	9.000
	铅油	kg	8.50	1.800	1.800	1.700	2.500
	青壳纸 0.15~0.5mm	kg	22.00	0.300	0.300	0.200	0.300
	喷漆	kg	19.00	1.150	1.150	1.000	1.500
	酚醛磁漆（各种颜色）	kg	16.50	0.350	0.350	0.500	0.500
	酚醛调和漆（各种颜色）	kg	18.00	2.500	2.600	9.440	13.880
	酚醛防锈漆（各种颜色）	kg	15.60	2.800	2.900	2.700	4.000

续前

单位:台

定额编号				3-14-61	3-14-62	3-14-63	3-14-64
项目				风扇磨煤机		中速磨煤机	
				1000×260	1000×400	PZM1000	PZM1400
材料	松香水	kg	12.00	0.400	0.420	1.300	2.240
	信那水 硝基漆稀释剂	kg	13.00	0.950	0.950	0.800	1.200
	紫铜皮 各种规格	kg	72.90	0.200	0.200	0.200	0.300
	石棉扭绳 ϕ6~10 烧失量24%	kg	18.95	2.200	2.200	2.000	3.000
	羊毛毡	m^2	60.00	0.080	0.090	0.070	0.100
	钢丝 ϕ0.1~0.5	kg	6.28	0.070	0.070	–	–
	机加工垫铁	kg	6.17	140.000	150.000	140.000	200.000
	细铜网	m^2	75.69	0.400	0.500	–	–
	密封胶	支	5.89	6.000	6.000	7.000	7.000
	密封塑料带	kg	0.07	0.350	0.350	–	–
	其他材料费	元	–	84.680	109.470	138.200	212.830
机械	交流弧焊机 32kV·A	台班	96.61	1.350	1.440	3.150	4.950
	龙门式起重机 30t	台班	805.28	–	–	0.270	0.450
	汽车式起重机 5t	台班	546.38	0.675	0.720	1.350	1.800
	载货汽车 5t	台班	507.79	0.675	0.720	1.350	1.800
	电动卷扬机(单筒慢速) 50kN	台班	145.07	1.080	1.260	4.950	7.200
	电动空气压缩机 0.6m^3/min	台班	130.54	0.720	0.810	0.360	0.450
	电焊条烘干箱 60×50×75cm^3	台班	28.84	0.135	0.144	0.315	0.495

2. 给煤机安装

单位:台

定额编号				3-14-65	3-14-66	3-14-67	3-14-68
项目				电磁振动式		圆盘式	
				20t/h92A	50t/h95A	600/5~10	800/20~30
基价(元)				**1215.69**	**1314.22**	**2577.82**	**2939.69**
其中	人工费(元)			784.72	868.40	1583.04	1744.88
	材料费(元)			122.13	130.79	529.06	626.31
	机械费(元)			308.84	315.03	465.72	568.50
名称		单位	单价(元)	数量			
人工	综合工日	工日	80.00	9.809	10.855	19.788	21.811
材料	电	kW·h	0.85	3.840	4.320	22.400	22.400
	氧气	m^3	3.60	3.000	3.000	3.000	3.000
	乙炔气	m^3	25.20	1.000	1.000	1.000	1.000
	电焊条 结 422 ϕ2.5	kg	5.04	1.000	1.000	1.000	1.000
	型钢综合	kg	4.00	10.000	12.000	–	–
	镀锌薄钢板 $\delta=0.5\sim0.9$	kg	5.25	–	–	0.700	0.800
	热轧薄钢板 3.0~4.0	kg	4.67	–	–	12.000	12.000
	均热不锈钢板 1Cr18Ni9Ti $\delta>8$	kg	28.00	–	–	–	2.000
	破布	kg	4.50	0.300	0.300	2.000	2.000
	棉纱头	kg	6.34	–	–	0.500	0.500
	铁砂布 0~2 号	张	1.68	1.500	1.500	4.000	4.000
	耐油石棉橡胶板 $\delta=1$	kg	43.67	–	–	0.400	0.600

续前

单位：台

定额编号				3-14-65	3-14-66	3-14-67	3-14-68
项目				电磁振动式		圆盘式	
				20t/h92A	50t/h95A	600/5～10	800/20～30
材料	汽轮机油 各种规格	kg	8.80	–	–	7.200	9.600
	汽油 93 号	kg	10.05	–	–	7.000	9.000
	铅油	kg	8.50	1.000	1.000	1.000	1.500
	青壳纸 0.15～0.5mm	kg	22.00	–	–	0.600	0.800
	喷漆	kg	19.00	0.040	0.040	0.240	0.360
	酚醛调和漆（各种颜色）	kg	18.00	0.100	0.100	0.250	0.380
	信那水 硝基漆稀释剂	kg	13.00	0.030	0.030	0.200	0.300
	紫铜皮 各种规格	kg	72.90	–	–	0.020	0.020
	石棉扭绳 ϕ6～10 烧失量 24%	kg	18.95	1.000	1.000	1.500	–
	羊毛毡	m^2	60.00	–	–	0.030	0.060
	机加工垫铁	kg	6.17	–	–	20.000	20.000
	密封胶	支	5.89	–	–	6.000	6.000
	其他材料费	元	–	3.560	3.810	15.410	18.240
机械	交流弧焊机 32kV·A	台班	96.61	0.450	0.450	0.450	0.450
	汽车式起重机 5t	台班	546.38	0.180	0.180	0.288	0.315
	载货汽车 5t	台班	507.79	0.180	0.180	0.288	0.315
	电动卷扬机（单筒慢速）30kN	台班	137.62	0.540	0.585	0.810	1.350
	电动空气压缩机 0.6m^3/min	台班	130.54	–	–	0.045	0.045
	电焊条烘干箱 60×50×75cm^3	台班	28.84	0.045	0.045	0.045	0.045

单位:台

定额编号				3-14-69	3-14-70	3-14-71	3-14-72
项目				刮板式给煤机		皮带式给煤机	
				SMS16	SMS25	$B=500$	$B=650$
基价(元)				**6911.89**	**7944.81**	**7111.96**	**7995.31**
其中	人工费(元)			4327.52	4973.52	4148.00	4797.44
	材料费(元)			1531.23	1753.73	1709.91	1886.66
	机械费(元)			1053.14	1217.56	1254.05	1311.21
名称		单位	单价(元)	数量			
人工	综合工日	工日	80.00	54.094	62.169	51.850	59.968
材料	电	kW·h	0.85	22.000	36.000	19.200	24.000
	氧气	m^3	3.60	20.000	22.000	21.000	24.000
	乙炔气	m^3	25.20	7.600	8.360	7.960	9.120
	电焊条 结422 $\phi2.5$	kg	5.04	4.000	4.000	5.000	6.000
	型钢综合	kg	4.00	30.000	35.000	40.000	40.000
	镀锌薄钢板 $\delta=0.5\sim0.9$	kg	5.25	0.500	0.600	0.700	0.700
	热轧薄钢板 3.0~4.0	kg	4.67	35.000	40.000	20.000	30.000
	破布	kg	4.50	2.000	2.000	2.500	2.500
	棉纱头	kg	6.34	2.000	2.000	2.000	3.000
	铁砂布 0~2号	张	1.68	7.000	8.000	7.000	8.000
	汽轮机油 各种规格	kg	8.80	14.000	18.000	15.600	15.600
	汽油 93号	kg	10.05	7.000	8.000	10.000	10.000
	煤油	kg	4.20	5.000	6.000	6.000	6.000
	铅油	kg	8.50	–	2.800	0.500	0.500
	青壳纸 0.15~0.5mm	kg	22.00	0.800	0.900	1.600	2.000
	喷漆	kg	19.00	0.050	0.050	0.050	0.060
	黄干油 钙基酯	kg	9.78	4.000	4.000	2.000	2.000

续前

单位:台

定额编号				3-14-69	3-14-70	3-14-71	3-14-72
项目				刮板式给煤机		皮带式给煤机	
				SMS16	SMS25	$B=500$	$B=650$
材料	航空汽油	kg	11.25	–	–	6.710	7.000
	松香水	kg	12.00	0.210	0.220	1.500	1.950
	碳钢气焊条	kg	5.85	0.400	0.400	0.400	0.400
	酚醛防锈漆(各种颜色)	kg	15.60	–	–	0.500	0.500
	电炉丝 220V 2000W	条	4.10	–	–	1.000	1.000
	钢丝刷	把	2.00	–	–	1.000	1.000
	牛皮纸	m^2	1.05	–	–	2.000	2.000
	生胶	kg	12.46	–	–	1.300	1.500
	酚醛磁漆(各种颜色)	kg	16.50	0.400	0.400	–	–
	酚醛调和漆(各种颜色)	kg	18.00	2.600	2.700	8.700	11.310
	紫铜皮 各种规格	kg	72.90	0.150	0.180	0.200	0.200
	石棉扭绳 $\phi6\sim10$ 烧失量 24%	kg	18.95	3.500	4.000	1.000	1.000
	羊毛毡	m^2	60.00	0.030	0.030	0.050	0.060
	机加工垫铁	kg	6.17	65.000	72.000	60.000	60.000
	塑料布	kg	18.80	1.000	1.000	–	–
	密封胶	支	5.89	6.000	6.000	6.000	6.000
	其他材料费	元	–	44.600	51.080	49.800	54.950
机械	交流弧焊机 32kV·A	台班	96.61	1.800	2.250	1.800	2.250
	汽车式起重机 5t	台班	546.38	0.630	0.720	0.900	0.900
	载货汽车 5t	台班	507.79	0.630	0.720	0.900	0.900
	电动卷扬机(单筒慢速) 30kN	台班	137.62	1.440	1.620	0.900	0.990
	电动空气压缩机 $0.6m^3/min$	台班	130.54	0.090	0.090	0.018	0.018
	电焊条烘干箱 $60\times50\times75cm^3$	台班	28.84	0.180	0.225	0.180	0.225

3. 叶轮给粉机、螺旋输粉机安装

单位：台(台/10m)

定额编号				3-14-73	3-14-74	3-14-75	3-14-76	3-14-77	3-14-78
项目				叶轮给粉机		整台机		长度调整 10m	
				DX－1A	DX－2A	GX－ϕ200	GX－ϕ300	GX－ϕ200	GX－ϕ300
基价（元）				**1432.05**	**1672.31**	**4937.83**	**5571.36**	**1452.89**	**1731.23**
其中	人工费（元）			1078.48	1267.52	2557.52	3013.76	958.80	1176.40
	材料费（元）			234.83	257.56	1186.96	1238.42	272.51	308.08
	机械费（元）			118.74	147.23	1193.35	1319.18	221.58	246.75
名称		单位	单价(元)	数量					
人工	综合工日	工日	80.00	13.481	15.844	31.969	37.672	11.985	14.705
材料	电	kW·h	0.85	10.560	10.560	36.000	48.000	–	–
	氧气	m^3	3.60	1.000	1.000	6.000	7.000	3.000	4.000
	乙炔气	m^3	25.20	0.380	0.380	2.280	2.660	1.140	1.520
	电焊条 结 422 ϕ2.5	kg	5.04	1.000	1.000	4.000	4.000	2.000	2.000
	碳钢气焊条	kg	5.85	–	–	0.400	0.400	–	–
	热轧薄钢板 3.0～4.0	kg	4.67	–	–	20.000	22.000	20.000	22.000
	镀锌薄钢板 δ=0.5～0.9	kg	5.25	0.500	0.600	0.750	0.750	–	–
	破布	kg	4.50	1.200	1.200	2.000	2.000	1.000	1.000
	塑料布	kg	18.80	–	–	1.000	1.000	–	–
	铁砂布 0～2 号	张	1.68	3.000	4.000	6.000	6.000	3.000	3.000
	石棉纸	kg	9.00	2.000	2.000	–	–	–	–
	汽轮机油（各种规格）	kg	8.80	7.200	8.400	31.200	31.200	0.500	0.500
	汽油 93 号	kg	10.05	2.500	2.500	10.000	10.000	1.000	1.000
	煤油	kg	4.20	–	–	5.000	5.000	–	–

续前

单位:台(台/10m)

定额编号				3-14-73	3-14-74	3-14-75	3-14-76	3-14-77	3-14-78
项目				叶轮给粉机		整台机		长度调整 10m	
				DX－1A	DX－2A	GX－ϕ200	GX－ϕ300	GX－ϕ200	GX－ϕ300
材料	铅油	kg	8.50	0.800	0.800	0.500	0.500	0.500	0.500
	青壳纸 0.15～0.5mm	kg	22.00	0.400	0.600	–	–	–	–
	喷漆	kg	19.00	0.060	0.060	0.100	0.100	–	–
	酚醛调和漆（各种颜色）	kg	18.00	0.060	0.130	2.340	2.600	1.950	2.160
	信那水 硝基漆稀释剂	kg	13.00	0.050	0.050	–	–	–	–
	紫铜皮 各种规格	kg	72.90	0.100	0.150	0.220	0.220	0.020	0.020
	石棉扭绳 ϕ6～10 烧失量 24%	kg	18.95	1.000	1.000	0.500	0.500	0.500	0.500
	羊毛毡	m^2	60.00	0.020	0.020	0.100	0.100	–	–
	密封胶	支	5.89	6.000	6.000	6.000	6.000	–	–
	型钢综合	kg	4.00	–	–	26.000	28.000	10.000	12.000
	黄干油 钙基酯	kg	9.78	–	–	0.800	0.800	0.500	0.500
	酚醛磁漆（各种颜色）	kg	16.50	–	–	0.500	0.500	–	–
	松香水	kg	12.00	–	–	0.230	0.260	0.200	0.220
	机加工垫铁	kg	6.17	–	–	40.000	40.000	–	–
	绝缘垫 $\delta=2$	m^2	42.00	–	–	0.100	0.200	–	–
	其他材料费	元	–	6.840	7.500	34.570	36.070	7.940	8.970
机械	交流弧焊机 32kV·A	台班	96.61	0.450	0.450	1.800	1.800	0.900	0.900
	汽车式起重机 5t	台班	546.38	0.027	0.027	0.810	0.900	0.090	0.108
	载货汽车 5t	台班	507.79	0.027	0.027	0.810	0.900	0.090	0.108
	电动卷扬机(单筒慢速) 30kN	台班	137.62	0.288	0.495	1.080	1.305	0.270	0.315
	电动空气压缩机 0.6m^3/min	台班	130.54	0.045	0.045	0.090	0.090	–	–
	电焊条烘干箱 60×50×75cm^3	台班	28.84	0.045	0.045	0.180	0.180	0.090	0.090

4. 碎渣机、离心式引风机安装

单位：台

定额编号				3-14-79	3-14-80	3-14-81	3-14-82	3-14-83
项目				碎渣机安装	离心式引风机			
				SZJ	Y4－73－11 №8D	Y4－73－11 №10D	Y4－73－11 №12D	Y4－73－11 №14D
基价（元）				**6784.41**	**3948.49**	**4788.21**	**8623.59**	**10227.21**
其中	人工费（元）			3859.04	1591.20	1768.00	4437.68	5189.76
	材料费（元）			2474.93	1809.98	2416.78	3416.76	4103.88
	机械费（元）			450.44	547.31	603.43	769.15	933.57
名称		单位	单价（元）	数量				
人工	综合工日	工日	80.00	48.238	19.890	22.100	55.471	64.872
材料	水	t	4.00	14.400	6.000	6.000	7.000	7.000
	电	kW·h	0.85	158.400	176.000	440.000	660.000	900.000
	氧气	m^3	3.60	12.000	7.000	8.000	18.000	20.000
	乙炔气	m^3	25.20	3.960	2.660	3.040	6.840	7.600
	电焊条 结 422 ϕ2.5	kg	5.04	2.000	1.800	2.000	4.000	5.000
	碳钢气焊条	kg	5.85	–	0.900	1.000	1.500	1.800
	型钢综合	kg	4.00	12.000	70.000	90.000	120.000	150.000
	镀锌薄钢板 δ=0.5～0.9	kg	5.25	1.000	–	–	–	–
	热轧薄钢板 3.0～4.0	kg	4.67	70.000	40.000	50.000	68.000	80.000

续前　　　　　　　　　　　　　　　　　　　　　　　　　　　　　　　　　　单位：台

定额编号				3-14-79	3-14-80	3-14-81	3-14-82	3-14-83
项目				碎渣机安装	离心式引风机			
				SZJ	Y4－73－11 №8D	Y4－73－11 №10D	Y4－73－11 №12D	Y4－73－11 №14D
材料	破布	kg	4.50	4.300	0.900	1.000	1.500	1.800
	塑料布	kg	18.80	2.000	1.500	2.000	2.000	2.000
	铁砂布 0～2 号	张	1.68	7.000	6.000	8.000	8.000	9.000
	钢锯条	根	0.89	–	6.000	8.000	8.000	9.000
	石棉纸	kg	9.00	3.500	0.400	0.500	0.700	0.900
	红丹粉	kg	12.00	0.200	–	–	–	–
	黄干油 钙基酯	kg	9.78	3.000	0.800	1.000	1.500	1.800
	汽轮机油（各种规格）	kg	8.80	13.700	28.000	30.000	38.000	42.000
	煤油	kg	4.20	4.000	–	–	–	–
	汽油 93 号	kg	10.05	4.700	4.000	5.000	6.000	7.000
	铅油	kg	8.50	1.000	2.000	3.000	3.000	3.000
	青壳纸 0.15～0.5mm	kg	22.00	0.400	0.900	1.000	1.200	1.400
	喷漆	kg	19.00	0.200	0.800	1.000	1.100	1.200
	酚醛磁漆（各种颜色）	kg	16.50	0.500	0.300	0.400	0.400	0.400
	酚醛调和漆（各种颜色）	kg	18.00	25.710	1.200	1.500	1.600	1.800

续前　　　　单位：台

定额编号				3-14-79	3-14-80	3-14-81	3-14-82	3-14-83
项目				碎渣机安装	离心式引风机			
				SZJ	Y4－73－11 №8D	Y4－73－11 №10D	Y4－73－11 №12D	Y4－73－11 №14D
材料	酚醛防锈漆（各种颜色）	kg	15.60	15.120	－	－	－	－
	石棉扭绳 $\phi6\sim10$ 烧失量 24%	kg	18.95	－	2.500	4.000	4.000	4.000
	松香水	kg	12.00	7.130	0.200	0.230	0.250	0.280
	信那水 硝基漆稀释剂	kg	13.00	0.150	0.900	1.000	1.100	1.200
	紫铜皮 各种规格	kg	72.90	0.200	0.080	0.100	0.120	0.140
	羊毛毡	m^2	60.00	0.030	0.040	0.040	0.060	0.060
	机加工垫铁	kg	6.17	80.000	80.000	100.000	150.000	180.000
	密封胶	支	5.89	6.000	3.000	3.000	6.000	6.000
	棉纱头	kg	6.34	－	0.800	1.000	1.500	1.800
	其他材料费	元	－	72.090	52.720	70.390	99.520	119.530
机械	交流弧焊机 32kV·A	台班	96.61	0.900	0.900	1.350	1.800	2.250
	汽车式起重机 5t	台班	546.38	0.270	0.270	0.270	0.360	0.450
	载货汽车 5t	台班	507.79	0.270	0.270	0.270	0.360	0.450
	电动卷扬机（单筒慢速）30kN	台班	137.62	0.450	1.260	1.350	1.530	1.710
	电动空气压缩机 $0.6m^3/min$	台班	130.54	0.090	－	－	－	－
	电焊条烘干箱 $60\times50\times75cm^3$	台班	28.84	0.180	0.081	0.090	0.180	0.225

5. 离心式送风机、排粉机安装

单位:台

定额编号				3-14-84	3-14-85	3-14-86	3-14-87	3-14-88	3-14-89
项目				离心式送风机 G4 - 73 - 11				排粉机 7 - 29 - 11	
				№8D	№10D	№12D	№14D	№11	№13
基价(元)				**4586.53**	**5410.82**	**7109.18**	**8582.67**	**8013.71**	**9557.07**
其中	人工费(元)			1607.52	1942.08	3198.72	3876.00	3896.40	4331.60
	材料费(元)			2419.05	2880.07	3315.60	4077.17	3169.80	4130.11
	机械费(元)			559.96	588.67	594.86	629.50	947.51	1095.36
名称		单位	单价(元)	数量					
人工	综合工日	工日	80.00	20.094	24.276	39.984	48.450	48.705	54.145
材料	水	t	4.00	6.000	6.000	7.000	7.000	8.080	8.080
	电	kW·h	0.85	176.000	440.000	660.000	1188.000	900.000	1620.000
	氧气	m^3	3.60	14.000	15.000	17.000	18.000	24.000	27.000
	乙炔气	m^3	25.20	4.620	4.950	5.610	5.940	7.920	8.910
	电焊条 结 422 ϕ2.5	kg	5.04	2.000	2.500	2.500	3.000	4.000	5.000
	型钢综合	kg	4.00	120.000	130.000	140.000	160.000	130.000	150.000
	镀锌薄钢板 δ=0.5~0.9	kg	5.25	0.500	0.500	0.500	0.500	0.500	0.500
	热轧薄钢板 3.0~4.0	kg	4.67	50.000	60.000	70.000	80.000	80.000	90.000
	镀锌铁丝 8~12 号	kg	5.36	2.000	2.000	2.500	2.500	-	-
	破布	kg	4.50	0.500	0.600	0.800	1.000	1.500	2.000

续前 单位：台

定额编号				3-14-84	3-14-85	3-14-86	3-14-87	3-14-88	3-14-89
项目				离心式送风机 G4－73－11				排粉机 7－29－11	
				№8D	№10D	№12D	№14D	№11	№13
材料	棉纱头	kg	6.34	1.000	1.100	1.300	1.500	1.500	2.000
	塑料布	kg	18.80	1.000	1.000	1.000	1.000	2.000	2.000
	铁砂布 0～2 号	张	1.68	6.000	7.000	8.000	10.000	6.000	8.000
	黄干油 钙基酯	kg	9.78	1.000	1.000	1.200	1.200	1.500	1.500
	煤油	kg	4.20	–	–	–	–	2.000	2.000
	汽轮机油 各种规格	kg	8.80	25.000	30.000	32.000	38.000	1.000	1.000
	汽油 93 号	kg	10.05	4.000	4.500	5.000	6.000	5.000	6.000
	铅油	kg	8.50	2.500	2.500	3.000	3.000	1.000	1.000
	青壳纸 0.15～0.5mm	kg	22.00	1.000	1.000	1.200	1.200	1.200	1.400
	喷漆	kg	19.00	0.600	0.650	0.700	0.800	0.950	0.960
	酚醛磁漆（各种颜色）	kg	16.50	0.300	0.350	0.400	0.500	0.500	0.500
	酚醛调和漆（各种颜色）	kg	18.00	3.000	3.200	3.400	4.000	0.120	0.130
	松香水	kg	12.00	0.480	0.550	0.600	0.650	0.200	0.200
	信那水 硝基漆稀释剂	kg	13.00	0.500	0.500	0.500	0.500	0.700	0.800
	酚醛防锈漆（各种颜色）	kg	15.60	–	–	–	–	1.250	1.250
	紫铜皮 各种规格	kg	72.90	0.100	0.120	0.160	0.200	0.200	0.200

续前　　单位:台

定额编号				3-14-84	3-14-85	3-14-86	3-14-87	3-14-88	3-14-89
项目				离心式送风机 G4-73-11				排粉机 7-29-11	
				№8D	№10D	№12D	№14D	№11	№13
材料	石棉扭绳 ϕ6~10 烧失量 24%	kg	18.95	3.500	3.500	4.000	4.000	1.500	1.500
	羊毛毡	m^2	60.00	0.030	0.030	0.040	0.050	0.040	0.070
	石棉纸	kg	9.00	–	–	–	–	0.400	0.500
	机加工垫铁	kg	6.17	120.000	130.000	140.000	150.000	120.000	140.000
	钢锯条	根	0.89	5.000	6.000	7.000	8.000	4.000	5.000
	密封胶	支	5.89	3.000	3.000	3.000	3.000	6.000	6.000
	橡胶板 各种规格	kg	9.68	–	–	–	–	0.500	0.600
	绝缘垫 $\delta=2$	m^2	42.00	–	–	–	–	0.100	0.100
	密封塑料带	kg	0.07	–	–	–	0.300	0.300	0.300
	其他材料费	元	–	70.460	83.890	96.570	118.750	92.320	120.290
机械	交流弧焊机 32kV·A	台班	96.61	0.900	1.125	1.125	1.350	1.980	2.250
	载货汽车 5t	台班	507.79	0.270	0.270	0.270	0.270	0.270	0.360
	汽车式起重机 5t	台班	546.38	0.270	0.270	0.270	0.270	0.270	0.360
	履带式起重机 15t	台班	966.34	–	–	–	–	0.270	0.270
	电动卷扬机(单筒慢速) 30kN	台班	137.62	1.350	1.395	1.440	1.530	–	–
	电动卷扬机(单筒慢速) 50kN	台班	145.07	–	–	–	–	1.170	1.350
	电动空气压缩机 0.6m^3/min	台班	130.54	–	–	–	–	0.270	0.270
	电焊条烘干箱 60×50×75cm^3	台班	28.84	0.090	0.117	0.117	0.135	0.198	0.225

三、锅炉专用辅助设备

1. 烟、风、煤管道安装

单位:t

定额编号				3-14-90	3-14-91	3-14-92	3-14-93
项目				冷风道 锅炉出力(t/h)		热风道 锅炉出力(t/h)	
				75 以下	130	75 以下	130
基价(元)				**1523.60**	**1345.79**	**2888.51**	**1842.25**
其中	人工费(元)			693.60	605.92	1414.40	979.20
	材料费(元)			234.83	210.79	268.76	211.77
	机械费(元)			595.17	529.08	1205.35	651.28
名称		单位	单价(元)	数量			
人工	综合工日	工日	80.00	8.670	7.574	17.680	12.240
材料	热轧薄钢板 3.0～4.0	kg	4.67	4.030	3.210	2.840	2.410
	镀锌薄钢板 $\delta=0.5\sim0.9$	kg	5.25	–	–	0.070	0.060
	镀锌铁丝 8～12 号	kg	5.36	2.340	2.000	1.940	1.850
	圆钢 $\phi5.5\sim9$	kg	4.10	0.580	0.510	2.000	1.850
	电焊条 结 422 $\phi2.5$	kg	5.04	9.240	8.530	9.800	7.900
	氧气	m^3	3.60	6.460	5.960	7.540	6.420
	乙炔气	m^3	25.20	2.130	1.970	2.490	2.120

续前

单位:t

定额编号				3-14-90	3-14-91	3-14-92	3-14-93
项目				冷风道 锅炉出力（t/h）		热风道 锅炉出力（t/h）	
				75 以下	130	75 以下	130
材料	型钢综合	kg	4.00	9.140	8.620	8.300	7.020
	黄干油 钙基酯	kg	9.78	0.120	0.100	0.120	0.040
	汽轮机油（各种规格）	kg	8.80	0.080	0.060	0.050	0.040
	煤油	kg	4.20	0.630	0.600	1.020	0.610
	铅油	kg	8.50	0.540	0.450	1.310	0.640
	石棉扭绳 $\phi3$ 烧失量 24%	kg	18.95	0.690	0.550	1.540	0.810
	道木 250×200×2500	根	200.00	0.060	0.050	0.050	0.040
	其他材料费	元	–	6.840	6.140	7.830	6.170
机械	载货汽车 5t	台班	507.79	0.063	0.063	0.666	0.162
	履带式起重机 15t	台班	966.34	0.234	0.144	0.153	0.162
	汽车式起重机 5t	台班	546.38	0.072	–	0.666	–
	交流弧焊机 32kV·A	台班	96.61	1.863	1.611	2.628	2.025
	门座吊 30t	台班	1470.51	–	0.090	–	0.099
	电动卷扬机(单筒慢速) 50kN	台班	145.07	0.774	0.450	0.648	0.450
	电焊条烘干箱 60×50×75cm^3	台班	28.84	0.189	0.162	0.261	0.207

单位:t

定额编号				3-14-94	3-14-95	3-14-96	3-14-97	3-14-98	3-14-99
项目				制粉管道锅炉出力（t/h）		送粉管道锅炉出力（t/h）		烟道锅炉出力（t/h）	
				75 以下	130	75 以下	130	75 以下	130
基价（元）				**1667.79**	**1591.74**	**2875.90**	**2427.61**	**1401.87**	**1281.17**
其中	人工费（元）			898.96	782.72	1425.28	1159.44	710.64	650.80
	材料费（元）			257.10	233.95	820.79	588.94	208.75	178.84
	机械费（元）			511.73	575.07	629.83	679.23	482.48	451.53
名称		单位	单价(元)	数量					
人工	综合工日	工日	80.00	11.237	9.784	17.816	14.493	8.883	8.135
材料	电	kW·h	0.85	19.550	27.500	–	–	–	–
	氧气	m^3	3.60	6.850	6.070	12.300	10.070	6.260	5.530
	乙炔气	m^3	25.20	2.260	2.000	4.060	3.320	2.070	1.820
	电焊条 结 422 ϕ2.5	kg	5.04	10.550	9.710	15.350	12.400	10.140	8.130
	型钢综合	kg	4.00	7.290	6.030	2.640	2.260	6.890	6.580
	圆钢 ϕ5.5 ~9	kg	4.10	2.860	2.650	2.640	2.190	0.250	0.200
	镀锌薄钢板 δ=0.5 ~0.9	kg	5.25	0.630	0.520	0.080	0.070	–	–

续前 单位:t

定额编号				3-14-94	3-14-95	3-14-96	3-14-97	3-14-98	3-14-99
项目				制粉管道锅炉出力(t/h)		送粉管道锅炉出力(t/h)		烟道锅炉出力(t/h)	
				75 以下	130	75 以下	130	75 以下	130
材料	热轧薄钢板 3.0~4.0	kg	4.67	0.620	0.570	104.000	69.000	3.070	2.790
	镀锌铁丝 8~12 号	kg	5.36	2.330	2.000	1.960	1.860	1.440	1.060
	煤油	kg	4.20	0.380	0.360	0.280	0.180	0.560	0.530
	铅油	kg	8.50	0.760	0.610	0.610	0.180	0.440	0.370
	石棉扭绳 $\phi3$ 烧失量 24%	kg	18.95	0.980	0.780	1.930	1.610	0.640	0.510
	道木 250×200×2500	根	200.00	0.060	0.050	0.060	0.030	0.040	0.030
	其他材料费	元	-	7.490	6.810	23.910	17.150	6.080	5.210
机械	载货汽车 5t	台班	507.79	-	0.108	0.090	0.090	0.054	0.054
	汽车式起重机 5t	台班	546.38	-	-	0.081	-	0.054	-
	履带式起重机 15t	台班	966.34	0.216	0.135	0.117	0.126	0.153	0.072
	门座吊 30t	台班	1470.51	-	0.099	-	0.090	-	0.081
	交流弧焊机 32kV·A	台班	96.61	2.061	1.863	3.240	2.790	1.818	1.683
	电动卷扬机(单筒慢速) 50kN	台班	145.07	0.675	0.405	0.720	0.702	0.666	0.468
	电焊条烘干箱 60×50×75cm³	台班	28.84	0.207	0.189	0.324	0.279	0.189	0.171

单位:套

定额编号				3-14-100	3-14-101	3-14-102	3-14-103	3-14-104
项目				双曲线煤斗(t)		方煤斗(t)		
				2 以下	3 以下	1 以下	2 以下	3 以下
基价(元)				**6022.74**	**6819.57**	**2968.01**	**3754.14**	**4396.97**
其中	人工费(元)			3021.28	3340.88	1496.00	1802.72	2112.08
	材料费(元)			889.53	1023.82	389.91	469.81	550.00
	机械费(元)			2111.93	2454.87	1082.10	1481.61	1734.89
名称		单位	单价(元)	数量				
人工	综合工日	工日	80.00	37.766	41.761	18.700	22.534	26.401
材料	氧气	m^3	3.60	31.280	35.640	13.500	16.300	19.100
	乙炔气	m^3	25.20	10.320	11.760	4.460	5.380	6.300
	电焊条 结 422 $\phi2.5$	kg	5.04	56.400	64.330	15.200	18.300	21.400
	型钢综合	kg	4.00	15.750	18.900	7.620	9.180	10.740
	圆钢 $\phi5.5\sim9$	kg	4.10	3.500	3.600	3.700	4.450	5.210
	热轧薄钢板 3.0~4.0	kg	4.67	0.500	0.600	1.200	1.450	1.700
	镀锌铁丝 8~12 号	kg	5.36	8.000	8.700	4.500	5.400	6.320

续前

单位:套

定额编号				3-14-100	3-14-101	3-14-102	3-14-103	3-14-104
项目				双曲线煤斗 (t)		方煤斗(t)		
				2 以下	3 以下	1 以下	2 以下	3 以下
材料	黄干油 钙基酯	kg	9.78	0.480	0.480	0.500	0.600	0.700
	汽轮机油（各种规格）	kg	8.80	0.240	0.240	0.250	0.300	0.350
	煤油	kg	4.20	0.960	0.960	0.670	0.800	0.940
	铅油	kg	8.50	1.280	1.310	1.690	2.030	2.380
	石棉扭绳 $\phi3$ 烧失量 24%	kg	18.95	1.710	1.760	2.180	2.630	3.080
	道木 250×200×2500	根	200.00	0.150	0.250	–	–	–
	其他材料费	元	–	25.910	29.820	11.360	13.680	16.020
机械	交流弧焊机 32kV·A	台班	96.61	10.530	12.024	3.276	3.951	4.626
	门座吊 30t	台班	1470.51	0.261	0.333	0.198	0.234	0.279
	履带式起重机 15t	台班	966.34	0.288	0.324	0.180	0.342	0.396
	载货汽车 5t	台班	507.79	0.270	0.306	0.180	0.342	0.396
	电动卷扬机(单筒慢速) 50kN	台班	145.07	1.827	2.070	1.377	1.656	1.935
	电焊条烘干箱 60×50×75cm^3	台班	28.84	1.053	1.206	0.324	0.396	0.459

2. 测粉装置安装

单位:套

定额编号				3-14-105	3-14-106
项目				标尺比例	
				1∶1	1∶2
基价(元)				**4222.74**	**4529.52**
其中	人工费(元)			1959.12	2155.60
	材料费(元)			1395.92	1395.92
	机械费(元)			867.70	978.00
名称		单位	单价(元)	数量	
人工	综合工日	工日	80.00	24.489	26.945
材料	氧气	m^3	3.60	18.000	18.000
	乙炔气	m^3	25.20	5.940	5.940
	电焊条 结422 ϕ2.5	kg	5.04	10.000	10.000
	型钢综合	kg	4.00	145.000	145.000
	热轧薄钢板 3.0~4.0	kg	4.67	90.000	90.000
	镀锌铁丝 8~12号	kg	5.36	4.000	4.000
	黄干油 钙基酯	kg	9.78	0.300	0.300
	钢丝绳 单股 ϕ=4.2	kg	7.30	9.000	9.000
	其他材料费	元	–	40.660	40.660
机械	交流弧焊机 32kV·A	台班	96.61	4.500	4.950
	电动卷扬机(单筒慢速) 50kN	台班	145.07	0.270	0.270
	普通车床 400mm×1000mm	台班	145.61	2.250	2.700
	立式钻床 ϕ25mm	台班	118.20	0.450	0.450
	电焊条烘干箱 60×50×75cm^3	台班	28.84	0.450	0.495

3. 煤粉分离器安装

单位:台

定额编号				3-14-107	3-14-108	3-14-109
项目				粗粉分离器 直径(mm)		
				2000	2200	2800
基价(元)				**3918.78**	**4778.94**	**6049.46**
其中	人工费(元)			1978.80	2407.92	3077.04
	材料费(元)			454.57	529.52	700.93
	机械费(元)			1485.41	1841.50	2271.49
名称		单位	单价(元)	数量		
人工	综合工日	工日	80.00	24.735	30.099	38.463
材料	氧气	m^3	3.60	11.840	14.000	20.200
	乙炔气	m^3	25.20	3.910	4.620	6.670
	电焊条 结422 $\phi2.5$	kg	5.04	9.040	11.300	14.700
	型钢综合	kg	4.00	4.160	5.200	6.800
	圆钢 $\phi5.5\sim9$	kg	4.10	4.160	5.200	6.800
	镀锌薄钢板 $\delta=0.5\sim0.9$	kg	5.25	0.800	1.000	1.200

续前

单位：台

定额编号				3-14-107	3-14-108	3-14-109
项目				粗粉分离器 直径(mm)		
				2000	2200	2800
材料	热轧薄钢板 3.0～4.0	kg	4.67	6.720	8.400	12.600
	汽轮机油（各种规格）	kg	8.80	0.400	0.500	0.500
	煤油	kg	4.20	0.800	1.000	1.000
	铅油	kg	8.50	2.000	2.000	2.500
	酚醛调和漆（各种颜色）	kg	18.00	1.600	2.000	2.500
	石棉扭绳 $\phi3$ 烧失量 24%	kg	18.95	7.000	7.500	9.000
	其他材料费	元	–	13.240	15.420	20.420
机械	交流弧焊机 32kV·A	台班	96.61	2.304	2.880	3.870
	门座吊 30t	台班	1470.51	0.585	0.756	0.864
	履带式起重机 15t	台班	966.34	0.288	0.306	0.432
	载货汽车 5t	台班	507.79	0.216	0.270	0.360
	电动卷扬机(单筒慢速) 50kN	台班	145.07	0.054	0.072	0.108
	电焊条烘干箱 60×50×75cm^3	台班	28.84	0.234	0.288	0.387

单位:台

定额编号				3-14-110	3-14-111	3-14-112	3-14-113	3-14-114
项目				细粉分离器 直径(mm)				
				1450	1600	1850	2150	2350
基价(元)				**3164.82**	**3722.51**	**4069.88**	**4650.95**	**5710.52**
其中	人工费(元)			1500.80	1784.32	1937.36	2121.60	2301.12
	材料费(元)			321.42	366.62	401.74	450.75	489.17
	机械费(元)			1342.60	1571.57	1730.78	2078.60	2920.23
名称		单位	单价(元)	数量				
人工	综合工日	工日	80.00	18.760	22.304	24.217	26.520	28.764
材料	氧气	m^3	3.60	9.000	10.000	11.000	12.000	13.000
	乙炔气	m^3	25.20	2.970	3.300	3.630	3.960	4.290
	电焊条 结422 $\phi2.5$	kg	5.04	12.000	14.000	16.000	18.500	20.000
	型钢综合	kg	4.00	4.000	5.000	5.000	6.000	6.000
	圆钢 $\phi5.5\sim9$	kg	4.10	1.800	2.000	2.000	3.000	3.000
	镀锌薄钢板 $\delta=0.5\sim0.9$	kg	5.25	4.200	4.800	5.200	5.600	6.000

续前

单位:台

定额编号				3-14-110	3-14-111	3-14-112	3-14-113	3-14-114
项目				细粉分离器 直径(mm)				
				1450	1600	1850	2150	2350
材料	热轧薄钢板 3.0~4.0	kg	4.67	4.000	5.000	5.000	5.600	6.000
	镀锌铁丝 8~12 号	kg	5.36	3.800	4.500	5.500	6.000	6.500
	铅油	kg	8.50	0.800	1.000	1.100	1.300	1.500
	石棉扭绳 $\phi3$ 烧失量 24%	kg	18.95	2.800	3.000	3.200	3.500	4.000
	其他材料费	元	–	9.360	10.680	11.700	13.130	14.250
机械	交流弧焊机 32kV·A	台班	96.61	2.520	2.700	2.970	3.420	3.600
	龙门式起重机 30t	台班	805.28	–	–	–	–	0.243
	门座吊 30t	台班	1470.51	0.450	0.540	0.630	0.720	1.080
	履带式起重机 15t	台班	966.34	0.360	0.432	0.432	0.585	0.504
	载货汽车 5t	台班	507.79	0.162	0.180	0.180	0.225	0.504
	电动卷扬机(单筒慢速) 50kN	台班	145.07	–	–	–	–	0.243
	电焊条烘干箱 $60\times50\times75cm^3$	台班	28.84	0.252	0.270	0.297	0.342	0.360

4. 除尘器安装

单位:台

定额编号				3-14-115	3-14-116	3-14-117	3-14-118
项目				水膜式			
				金属筒体 ϕ2600	金属筒体 ϕ3100	混凝土筒体 ϕ2600	混凝土筒体 ϕ3100
基价（元）				**10829.35**	**12392.93**	**8166.02**	**9024.76**
其中	人工费（元）			5616.80	6424.64	4156.16	4660.08
	材料费（元）			1530.63	1713.16	1082.72	1192.02
	机械费（元）			3681.92	4255.13	2927.14	3172.66
名称		单位	单价（元）	数量			
人工	综合工日	工日	80.00	70.210	80.308	51.952	58.251
材料	水	t	4.00	5.000	–	–	–
	电	kW·h	0.85	278.000	282.000	278.000	282.000
	氧气	m^3	3.60	40.700	46.600	32.600	37.100
	乙炔气	m^3	25.20	13.430	15.380	10.760	12.240
	电焊条 结 422 ϕ2.5	kg	5.04	41.900	48.300	32.700	36.700
	碳钢气焊条	kg	5.85	1.400	1.500	1.900	2.000
	型钢综合	kg	4.00	15.200	20.400	10.500	14.500

续前　　　　　　　　　　　　　　　　　　　　　　　　　　　　　　　　　　　　　　单位:台

定　额　编　号				3-14-115	3-14-116	3-14-117	3-14-118
项　目				水膜式			
				金属筒体 ϕ2600	金属筒体 ϕ3100	混凝土筒体 ϕ2600	混凝土筒体 ϕ3100
材料	热轧薄钢板 3.0~4.0	kg	4.67	17.600	21.300	14.000	16.500
	镀锌铁丝 8~12 号	kg	5.36	13.000	14.250	9.200	9.350
	橡胶板 各种规格	kg	9.68	0.800	0.900	0.800	0.800
	铅油	kg	8.50	2.430	2.700	2.330	2.330
	石棉扭绳 ϕ3 烧失量 24%	kg	18.95	2.780	2.920	2.930	2.930
	钢锯条	根	0.89	12.000	13.000	12.000	12.000
	普通胶管 ϕ13	m	13.00	17.000	20.000	–	–
	其他材料费	元	–	44.580	49.900	31.540	34.720
机械	交流弧焊机 32kV·A	台班	96.61	10.197	11.340	8.595	9.270
	履带式起重机 15t	台班	966.34	0.207	0.234	0.153	0.171
	履带式起重机 20t	台班	1023.51	2.169	2.556	1.728	1.872
	载货汽车 5t	台班	507.79	0.405	0.468	0.306	0.333
	电动卷扬机(单筒慢速) 50kN	台班	145.07	0.288	0.324	–	–
	电焊条烘干箱 60×50×75cm^3	台班	28.84	1.017	1.134	0.864	0.927

单位:见表

定额编号				3-14-119	3-14-120	3-14-121	3-14-122	3-14-123
项目				旋风子式 直径(mm)		多管式	除尘器附件	文丘里式捕滴管
				900	1400			4000
单位				个		t		台
基价（元）				**1212.33**	**1633.30**	**1110.08**	**1612.06**	**18293.89**
其中	人工费（元）			371.28	527.04	576.64	1032.24	8463.28
	材料费（元）			125.04	169.33	180.09	232.67	2759.38
	机械费（元）			716.01	936.93	353.35	347.15	7071.23
名称		单位	单价(元)	数量				
人工	综合工日	工日	80.00	4.641	6.588	7.208	12.903	105.791
材料	水	t	4.00	–	–	–	–	10.000
	电	kW·h	0.85	16.000	25.000	–	–	195.000
	氧气	m^3	3.60	2.500	2.500	3.600	9.000	72.500
	乙炔气	m^3	25.20	0.830	0.830	1.190	2.970	23.930
	电焊条 结 422 φ2.5	kg	5.04	3.000	4.400	3.500	8.000	59.000
	型钢综合	kg	4.00	3.000	4.000	2.000	3.000	35.880

续前

单位:见表

定额编号				3-14-119	3-14-120	3-14-121	3-14-122	3-14-123
项目				旋风子式 直径(mm)		多管式	除尘器附件	文丘里式捕滴管
				900	1400			4000
材料	圆钢 $\phi5.5\sim9$	kg	4.10	–	–	–	–	18.200
	热轧薄钢板 3.0~4.0	kg	4.67	1.500	2.000	4.000	4.000	38.900
	镀锌铁丝 8~12 号	kg	5.36	0.250	0.250	–	2.000	18.880
	铅油	kg	8.50	1.200	2.000	2.500	1.000	7.200
	石棉扭绳 $\phi3$ 烧失量 24%	kg	18.95	1.700	2.500	3.500	1.500	8.109
	普通胶管 $\phi13$	m	13.00	–	–	–	–	42.000
	道木 250×200×2500	根	200.00	–	–	–	–	0.250
	其他材料费	元	–	3.640	4.930	5.250	6.780	80.370
机械	交流弧焊机 32kV·A	台班	96.61	0.657	1.026	1.080	1.980	14.220
	履带式起重机 15t	台班	966.34	0.054	0.054	0.108	–	4.401
	履带式起重机 20t	台班	1023.51	0.558	0.738	–	–	0.486
	载货汽车 5t	台班	507.79	0.054	0.054	0.090	0.090	0.702
	电动卷扬机(单筒慢速) 50kN	台班	145.07	–	–	0.657	0.720	3.789
	电焊条烘干箱 $60\times50\times75cm^3$	台班	28.84	0.063	0.099	0.126	0.198	1.422

5. 排污扩容器

单位：台

定额编号				3-14-124	3-14-125	3-14-126	3-14-127	3-14-128
项目				定期排污扩容器 直径（mm）		连续排污扩容器 直径（mm）		
				1500	2000	850	1200	1500
基价（元）				**2026.55**	**2681.92**	**2142.25**	**2993.00**	**3416.93**
其中	人工费（元）			888.08	1158.08	1404.24	1914.24	2222.96
	材料费（元）			123.22	167.54	160.07	210.77	257.91
	机械费（元）			1015.25	1356.30	577.94	867.99	936.06
名称		单位	单价(元)	数量				
人工	综合工日	工日	80.00	11.101	14.476	17.553	23.928	27.787
材料	热轧薄钢板 3.0～4.0	kg	4.67	1.500	2.000	2.000	2.500	3.000
	电焊条 结 422 φ2.5	kg	5.04	1.600	2.000	4.000	4.500	5.000
	铁砂布 0～2 号	张	1.68	–	–	3.000	4.000	5.000
	煤油	kg	4.20	–	–	1.000	1.500	1.500
	氧气	m^3	3.60	1.500	1.800	1.800	2.100	2.400
	乙炔气	m^3	25.20	0.500	0.590	0.590	0.690	0.790

续前 单位:台

定额编号				3-14-124	3-14-125	3-14-126	3-14-127	3-14-128
项目				定期排污扩容器 直径（mm）		连续排污扩容器 直径（mm）		
				1500	2000	850	1200	1500
材料	型钢综合	kg	4.00	1.500	2.000	1.000	1.500	1.500
	石棉橡胶板 高压 0.5	kg	36.10	–	–	1.000	1.300	1.700
	镀锌铁丝 8～12 号	kg	5.36	1.150	1.380	0.800	1.000	1.300
	石棉橡胶板 中压 0.8～1.0	kg	17.00	1.200	1.500	1.200	1.500	1.700
	油浸石棉盘根 编制 ϕ6～10 250℃	kg	17.84	–	–	0.400	0.500	0.600
	酚醛调和漆（各种颜色）	kg	18.00	3.000	4.500	1.300	2.200	3.000
	其他材料费	元	–	3.590	4.880	4.660	6.140	7.510
机械	载货汽车 5t	台班	507.79	0.198	0.234	0.090	0.153	0.198
	汽车式起重机 5t	台班	546.38	0.396	0.468	0.189	0.306	0.396
	履带式起重机 15t	台班	966.34	0.630	0.900	–	–	–
	交流弧焊机 32kV·A	台班	96.61	0.900	1.125	1.125	1.350	1.575
	门座吊 30t	台班	1470.51	–	–	0.180	0.288	0.270
	电动卷扬机(单筒慢速）50kN	台班	145.07	–	–	0.360	0.450	0.450
	电焊条烘干箱 60×50×75cm^3	台班	28.84	0.090	0.117	0.117	0.135	0.162

6. 疏水扩容器、排汽消声器、暖风器安装

单位：台

定额编号				3-14-129	3-14-130
项目				疏水扩容器容积(m^3)	
				≤1	≤2
基价（元）				**1242.52**	**1533.67**
其中	人工费（元）			604.56	725.60
	材料费（元）			68.97	83.65
	机械费（元）			568.99	724.42
名称		单位	单价(元)	数量	
人工	综合工日	工日	80.00	7.557	9.070
材料	型钢综合	kg	4.00	1.000	1.200
	电焊条 结 422 φ2.5	kg	5.04	1.200	1.560
	氧气	m^3	3.60	1.200	1.500
	乙炔气	m^3	25.20	0.400	0.500
	热轧薄钢板 3.0～4.0	kg	4.67	1.000	1.200
	石棉橡胶板 中压 0.8～1.0	kg	17.00	0.800	0.900
	汽轮机油（各种规格）	kg	8.80	0.300	0.300
	酚醛调和漆（各种颜色）	kg	18.00	1.200	1.500
	其他材料费	元	–	2.010	2.440
机械	载货汽车 5t	台班	507.79	0.072	0.090
	汽车式起重机 5t	台班	546.38	0.153	0.189
	交流弧焊机 32kV·A	台班	96.61	0.666	0.801
	履带式起重机 15t	台班	966.34	0.396	0.513
	电焊条烘干箱 60×50×75cm³	台班	28.84	0.063	0.081

单位:台

定额编号				3-14-131	3-14-132	3-14-133	3-14-134	3-14-135
项目				多孔多次转折式				暖风器
				中压级			高压级	(只)
				0.4t	0.5t	0.8t		
基价(元)				**1525.93**	**1877.11**	**2229.04**	**2492.36**	**770.81**
其中	人工费(元)			657.60	822.16	986.72	1127.44	498.48
	材料费(元)			153.12	179.92	213.14	255.41	119.83
	机械费(元)			715.21	875.03	1029.18	1109.51	152.50
名称		单位	单价(元)	数量				
人工	综合工日	工日	80.00	8.220	10.277	12.334	14.093	6.231
材料	无缝钢管综合价	kg	5.80	–	–	–	–	1.800
	镀锌铁丝 8~12 号	kg	5.36	0.800	1.000	1.200	1.500	0.430
	型钢综合	kg	4.00	4.000	5.000	6.000	7.000	2.000
	电焊条 结 422 ϕ2.5	kg	5.04	4.700	5.000	5.600	6.500	3.000
	氧气	m^3	3.60	2.800	3.000	3.600	5.000	2.100
	乙炔气	m^3	25.20	0.920	0.990	1.190	1.650	0.690
	铅油	kg	8.50	–	–	–	–	0.320
	道木 250×200×2500	根	200.00	–	–	–	–	0.070

续前 单位:台

定额编号				3-14-131	3-14-132	3-14-133	3-14-134	3-14-135
项目				多孔多次转折式				暖风器
				中压级			高压级	(只)
				0.4t	0.5t	0.8t		
材料	热轧薄钢板 3.0~4.0	kg	4.67	0.800	1.000	1.200	2.000	2.850
	石棉橡胶板 中压 0.8~1.0	kg	17.00	0.800	1.000	1.200	1.500	–
	石棉橡胶板 高压 0.5	kg	36.10	0.800	1.000	1.200	1.500	–
	石棉扭绳 $\phi3$ 烧失量 24%	kg	18.95	–	–	–	–	0.500
	酚醛调和漆(各种颜色)	kg	18.00	1.400	1.700	2.000	1.700	0.890
	其他材料费	元	–	4.460	5.240	6.210	7.440	3.490
机械	载货汽车 5t	台班	507.79	0.081	0.099	0.117	0.099	0.009
	汽车式起重机 5t	台班	546.38	0.153	0.189	0.225	0.189	–
	交流弧焊机 32kV·A	台班	96.61	1.152	1.440	1.728	2.025	0.738
	履带式起重机 15t	台班	966.34	–	–	–	–	0.027
	门座吊 30t	台班	1470.51	0.225	0.270	0.459	0.513	–
	龙门式起重机 30t	台班	805.28	0.180	0.225	–	–	–
	电焊条烘干箱 $60\times50\times75cm^3$	台班	28.84	0.117	0.144	0.171	0.207	0.072
	电动卷扬机(单筒慢速) 50kN	台班	145.07	–	–	–	–	0.162
	试压泵 60MPa	台班	154.06	–	–	–	–	0.162

第十五章　燃料供应设备安装

说　　明

一、工作内容和范围：

1. 工作内容：

(1)基础验收、铲平，基础框架的安装；

(2)设备开箱、清点、运搬、检查、安装，分部试运；

(3)垫铁、对轮保护罩(包括主材)的配制、安装；

(4)设备及金属表面的油漆；

(5)二次灌浆的配合工作。

2. 本章定额不包括电动机的检查、电气检查、接线及空载试转，输煤设备整套的联动试验，油罐、平台、扶梯、栏杆、基础框架及地脚螺栓的配制，大型设备的轨道安装。

二、皮带运输机中间构架安装：

1. 工程范围及工作内容：

(1)头部及尾部导向滚筒检查，减速机检查及安装；

(2)头部、尾部、减速机及电动机支架的安装，头部及尾部导向滚筒、减速机、电动机、制动器、清扫器及防尘帘的安装；

(3)中部标准金属构架、槽型托辊、调整托辊、平型托辊的安装；

(4)拉紧装置的构架、滑槽、滚筒、小车、固定滑轮、重锤、钢丝绳、弹簧及保护栅的安装；

(5)皮带敷设及胶接、导煤槽安装。

2. 皮带运输机整台机定额是按10m长度考虑的;实际长度不同时,可按本章皮带运输机中间构架定额进行调整。

3. 定额中已对皮带运输机的安装弧度及斜度作了综合考虑,使用时不再作调整。

4. 皮带运输机非标准中间构架均按设备成套供货考虑,当设计要求现场配制时,则另行计算材料、制作费用。

三、配仓皮带机安装:

1. 工程范围及工作内容:

(1)减速机、电动滚筒、车轮、传动滚筒、导向滚筒、槽行托辊、平型托辊的检查、组装;

(2)拉紧丝杆、头部小车架、尾部滚筒架、中间构架的安装;

(3)车轮、小车、电动滚筒、传动滚筒、导向滚筒、槽型托辊、平型托辊、减速机、电动机、传动链轮、链条、头部小车配重、清扫器及安全罩壳的安装。

2. 配仓皮带机是按整台机长度为10m考虑的,实际长度不同时,可按本章皮带运输机中间构架定额进行调整。

3. 轨道安装执行相应定额。

四、输煤转运站落煤管设备安装的工程范围及工作内容:落煤管及挡板的安装,但不包括配制工作。

五、卸煤机安装:

1. 斗链卸煤机安装的工程范围及工作内容:

(1)大车行走车轮、传动机构、链斗提升传动机构、胶带输送机传动机构及移动机构的检查;

(2)大车构架、腿梁、行走传动机构、斗链、链斗的传动提升装置、胶带输送机、胶带移动装置、刮板卷扬机、电缆卷筒、司机室及平台扶梯的安装。

2. 桥式抓斗机安装的工程范围及工作内容：

(1)大车及小车的车轮、减速机、抓斗卷筒的检查；

(2)车梁、行走机构、小车、小车轨道、抓斗、司机室、平台扶梯及其他附件安装；

(3)本定额中桥抓斗是起重量10t、跨距31.5m、双箱型大车梁、双轨小车结构。

3. 龙门式抓斗机安装的工程范围及工作内容：

(1)大车及小车的车轮、减速机、抓斗卷筒的检查；

(2)大车构架、腿梁、行走机构、小车、小车轨道、抓斗、司机室、平台扶梯以及其他附件的安装；

(3)本定额中桁架式龙门抓斗是两端悬臂、桁架构架、双轨小车结构；箱式龙门抓斗是两端悬臂、单箱型梁及支腿、单轨小车结构。

六、斗链提升机安装的工程范围及工作内容：

1. 减速机、滚筒、链轮制动装置的解体检查。

2. 上构架、下构架、链子、链轮、链斗、外壳、链轮制动装置、拉紧装置、减速机及电动机的安装。

七、破碎机安装：

1. 反击式破碎机安装的工程范围及工作内容：

(1)转子轴承、皮带轮支承座、反击板、锤击镶块的清扫、检查；

(2)上机体、下机体、进料斗、转子、皮带轮、锤击部件、格板及链条、皮带及电动机的安装。

2. 锤击式破碎机安装的工程范围及工作内容：

(1)转子轴承座、锤头的清扫、检查；

(2)上机壳、下机壳、进料斗、转子、锤头及电动机的安装。

八、共振筛安装：

1. 工程范围及工作内容:底座架、筛框、轴、板弹簧、弹簧座、轴承座、橡胶缓冲器及电动机安装。

2. 定额中 SZG 型为单箱。

九、电磁分离器安装:

1. 悬挂式电磁分离器安装的工程范围及工作内容:分离器本体的安装,单轨吊车的检查、安装。

2. 传动式电磁分离器安装的工程范围及工作内容:电动滚筒、改向滚筒、上托辊、下托辊的检查,分离器整体安装。

十、电动卸料车安装:

1. 工程范围及工作内容:

(1)减速机、滚筒的检查,轴瓦研刮;

(2)卸料车、减速机、电动机、三通落煤管及导煤槽的安装。

2. 定额中卸料车按轻型卸料车考虑,如采用重型卸料车时,乘以系数 1.5。

3. 轨道安装执行相应定额。

十一、皮带秤安装:

1. 机械皮带秤安装的工程范围及工作内容:机体、杠杆装置的检查,机体、杠杆及记录装置的安装。

2. 电子皮带秤安装的工程范围及工作内容:活动架、托辊的检查,活动架、底座、称量托辊、十字弹簧片、传感器、标准砝码秤框及平衡重块的安装。

3. 定额中未包括电子设备及其他电气装置的安装调试。

十二、犁式卸煤器安装的工程范围及工作内容:犁式卸煤器及犁式卸煤器落煤斗的安装。

十三、油过滤器、燃油加热器安装:

1. 工程范围及工作内容:设备解体、清理、组装、就位、固定、垫铁配制及表面油漆。

2. 不包括的内容:设备的制作和保温。

一、皮带运输机安装

单位:套/10m

定额编号				3-15-1	3-15-2
项目				整台皮带运输机	皮带长度调整(12m)
				650mm 以下	
基价(元)				**11082.24**	**1799.74**
其中	人工费(元)			5814.00	1110.48
	材料费(元)			3844.57	391.87
	机械费(元)			1423.67	297.39
名称		单位	单价(元)	数	量
人工	综合工日	工日	80.00	72.675	13.881
材料	电	kW·h	0.85	240.000	–
	氧气	m^3	3.60	35.000	3.000
	乙炔气	m^3	25.20	13.300	1.140
	电焊条 结422 ϕ2.5	kg	5.04	21.000	2.000
	碳钢气焊条	kg	5.85	2.000	–
	镀锌薄钢板 δ=0.5~0.9	kg	5.25	1.000	–
	热轧中厚钢板 δ=10~16	kg	3.70	50.000	10.000
	镀锌铁丝 8~12号	kg	5.36	13.000	–
	白布 0.9m	m^2	8.54	0.400	–

续前

单位:套/10m

定额编号				3-15-1	3-15-2
项目				整台皮带运输机	皮带长度调整（12m）
				650mm 以下	
材料	破布	kg	4.50	2.000	–
	棉纱头	kg	6.34	4.000	1.000
	塑料布	kg	18.80	1.000	–
	铁砂布 0～2 号	张	1.68	43.000	–
	耐油石棉橡胶板 $\delta=0.8$	kg	44.80	0.300	–
	面粉	kg	5.00	1.000	–
	黄干油 钙基酯	kg	9.78	5.500	1.500
	汽轮机油（各种规格）	kg	8.80	48.000	–
	航空汽油	kg	11.25	6.000	1.500
	煤油	kg	4.20	5.000	1.000
	汽油 93 号	kg	10.05	9.000	1.000
	青壳纸 0.15～0.5mm	kg	22.00	0.500	–
	喷漆	kg	19.00	0.320	–
	酚醛磁漆（各种颜色）	kg	16.50	0.500	0.200
	酚醛调和漆（各种颜色）	kg	18.00	52.000	11.600

续前 单位:套/10m

	定额编号			3-15-1	3-15-2
	项目			整台皮带运输机	皮带长度调整(12m)
				650mm 以下	
材料	松香水	kg	12.00	8.500	2.000
	信那水 硝基漆稀释剂	kg	13.00	0.270	–
	紫铜皮 各种规格	kg	72.90	0.200	–
	石棉扭绳 ϕ6~10 烧失量 24%	kg	18.95	1.000	–
	羊毛毡	m^2	60.00	0.130	–
	钢丝 ϕ0.1~0.5	kg	6.28	0.300	0.100
	机加工垫铁	kg	6.17	120.000	–
	密封胶	支	5.89	3.000	–
	描图纸	m^2	1.50	0.500	–
	生胶	kg	12.46	1.500	0.400
	其他材料费	元	–	111.980	11.410
机械	交流弧焊机 32kV·A	台班	96.61	5.670	0.900
	履带式起重机 15t	台班	966.34	0.360	–
	汽车式起重机 5t	台班	546.38	0.270	0.207
	载货汽车 8t	台班	619.25	0.270	0.117
	电动卷扬机(单筒慢速) 30kN	台班	137.62	1.431	0.162
	电焊条烘干箱 60×50×75cm^3	台班	28.84	0.567	0.090

二、输煤转运站落煤设备安装

单位:t

定额编号				3-15-3	3-15-4	3-15-5
项目				落煤设备		
				0.2t/套	0.5t/套	1.0t/套
基价（元）				**2369.22**	**1998.17**	**1615.35**
其中	人工费（元）			1498.08	1245.12	1007.12
	材料费（元）			449.32	394.97	309.33
	机械费（元）			421.82	358.08	298.90
名称		单位	单价(元)	数量		
人工	综合工日	工日	80.00	18.726	15.564	12.589
材料	氧气	m^3	3.60	12.000	12.000	9.000
	乙炔气	m^3	25.20	3.960	3.960	2.970
	电焊条 结 422 ϕ2.5	kg	5.04	6.000	5.000	4.000
	热轧中厚钢板 $\delta=10\sim16$	kg	3.70	40.000	30.000	20.000
	镀锌铁丝 8~12 号	kg	5.36	5.000	3.000	2.000
	酚醛调和漆（各种颜色）	kg	18.00	4.400	4.400	4.400
	松香水	kg	12.00	0.750	0.750	0.750
	其他材料费	元	-	13.090	11.500	9.010
机械	交流弧焊机 32kV·A	台班	96.61	2.700	2.250	1.800
	汽车式起重机 5t	台班	546.38	0.180	0.162	0.144
	载货汽车 5t	台班	507.79	0.108	0.090	0.081
	电焊条烘干箱 $60\times50\times75cm^3$	台班	28.84	0.270	0.225	0.180

三、配仓皮带机安装

单位:套/10m

定额编号				3-15-6
项目				整台机皮带宽度(mm)
				650
基价(元)				**7182.49**
其中	人工费(元)			4714.48
	材料费(元)			1593.62
	机械费(元)			874.39
名称		单位	单价(元)	数量
人工	综合工日	工日	80.00	58.931
材料	电	kW·h	0.85	48.000
	氧气	m^3	3.60	5.000
	乙炔气	m^3	25.20	1.650
	电焊条 结422 $\phi2.5$	kg	5.04	4.500
	镀锌薄钢板 $\delta=0.5\sim0.9$	kg	5.25	0.200
	热轧中厚钢板 $\delta=10\sim16$	kg	3.70	40.000
	白布 0.9m	m^2	8.54	0.200
	破布	kg	4.50	1.000
	棉纱头	kg	6.34	3.000
	耐油石棉橡胶板 $\delta=0.8$	kg	44.80	0.200
	黄干油 钙基酯	kg	9.78	2.000
	汽轮机油(各种规格)	kg	8.80	6.400

续前

单位:套/10m

定额编号				3-15-6
项目				整台机皮带宽度(mm)
				650
材料	航空汽油	kg	11.25	6.000
	煤油	kg	4.20	3.000
	汽油 93 号	kg	10.05	6.000
	青壳纸 0.15～0.5mm	kg	22.00	0.500
	酚醛磁漆(各种颜色)	kg	16.50	0.500
	酚醛调和漆(各种颜色)	kg	18.00	47.480
	松香水	kg	12.00	8.140
	紫铜皮 各种规格	kg	72.90	0.100
	电炉丝 220V 2000W	条	4.10	2.000
	羊毛毡	m^2	60.00	0.020
	密封胶	支	5.89	3.000
	生胶	kg	12.46	1.500
	其他材料费	元	–	46.420
机械	交流弧焊机 32kV·A	台班	96.61	1.350
	履带式起重机 15t	台班	966.34	0.270
	汽车式起重机 5t	台班	546.38	0.270
	载货汽车 8t	台班	619.25	0.270
	电动卷扬机(单筒慢速) 30kN	台班	137.62	1.170
	内燃空气压缩机 $6m^3/min$	台班	524.78	0.009
	电焊条烘干箱 $60\times50\times75cm^3$	台班	28.84	0.090

四、卸煤机安装

1. 斗链式卸煤机

单位：台

定额编号				3-15-7	3-15-8
项目				斗链式卸煤机	
				二排斗	四排斗
基价（元）				**37931.40**	**43239.00**
其中	人工费（元）			20982.08	23494.72
	材料费（元）			6709.25	7901.57
	机械费（元）			10240.07	11842.71
名称		单位	单价(元)	数量	
人工	综合工日	工日	80.00	262.276	293.684
材料	电	kW·h	0.85	196.000	436.000
	氧气	m^3	3.60	138.000	156.000
	乙炔气	m^3	25.20	45.540	51.480
	电焊条 结 422 ϕ2.5	kg	5.04	76.000	84.000
	型钢综合	kg	4.00	50.000	60.000
	镀锌薄钢板 $\delta=0.5\sim0.9$	kg	5.25	1.500	1.605
	热轧中厚钢板 $\delta=10\sim16$	kg	3.70	40.000	48.000
	镀锌铁丝 8～12 号	kg	5.36	14.000	16.000
	破布	kg	4.50	7.000	7.000
	棉纱头	kg	6.34	11.000	11.000
	塑料布	kg	18.80	0.600	0.600
	耐油石棉橡胶板 $\delta=0.8$	kg	44.80	3.000	3.000

续前

单位:台

定额编号				3-15-7	3-15-8
项目				斗链式卸煤机	
				二排斗	四排斗
材料	红丹粉	kg	12.00	0.500	0.500
	黄干油 钙基酯	kg	9.78	8.000	8.000
	汽轮机油（各种规格）	kg	8.80	68.000	68.000
	煤油	kg	4.20	20.000	25.000
	汽油 93 号	kg	10.05	40.000	45.000
	青壳纸 0.15～0.5mm	kg	22.00	6.000	6.000
	喷漆	kg	19.00	0.610	0.540
	酚醛磁漆（各种颜色）	kg	16.50	0.500	0.500
	酚醛调和漆（各种颜色）	kg	18.00	74.800	92.400
	松香水	kg	12.00	11.200	13.800
	紫铜棒 各种规格	kg	72.30	1.500	1.500
	紫铜皮 各种规格	kg	72.90	0.800	0.800
	羊毛毡	m^2	60.00	0.100	0.100
	密封胶	支	5.89	10.000	10.000
	描图纸	m^2	1.50	6.000	6.000
	道木 250×200×2500	根	200.00	3.000	4.000
	其他材料费	元	–	195.420	230.140
机械	交流弧焊机 32kV·A	台班	96.61	27.000	30.600
	履带式起重机 15t	台班	966.34	7.110	8.280
	平板拖车组 20t	台班	1264.92	0.540	0.630
	电焊条烘干箱 60×50×75cm^3	台班	28.84	2.700	3.060

2. 抓斗、龙门式卸煤机

单位：台

定额编号				3-15-9	3-15-10	3-15-11	3-15-12	3-15-13
项目				桥式抓斗	桁架式龙门抓斗		箱式龙门抓斗	
				10t	5t/18～20m	5t/40m	5t/18～20m	5t/40m
基价（元）				**25122.00**	**35518.70**	**48161.51**	**29932.07**	**45894.47**
其中	人工费（元）			12506.56	18607.52	25716.24	14142.64	22143.52
	材料费（元）			7501.29	9272.03	12330.05	7922.06	13434.02
	机械费（元）			5114.15	7639.15	10115.22	7867.37	10316.93
名称		单位	单价（元）	数		量		
人工	综合工日	工日	80.00	156.332	232.594	321.453	176.783	276.794
材料	电	kW·h	0.85	222.600	122.000	215.000	122.000	888.000
	氧气	m^3	3.60	39.000	48.000	66.000	36.000	48.000
	乙炔气	m^3	25.20	14.820	18.240	25.080	13.680	18.240
	电焊条 结422 $\phi2.5$	kg	5.04	12.000	18.000	22.000	14.000	18.000
	碳钢气焊条	kg	5.85	1.000	1.000	2.000	1.000	2.000
	型钢综合	kg	4.00	20.000	30.000	50.000	30.000	40.000
	镀锌薄钢板 $\delta=0.5\sim0.9$	kg	5.25	1.000	0.800	0.800	0.800	0.800
	热轧中厚钢板 $\delta=10\sim16$	kg	3.70	30.000	40.000	60.000	40.000	50.000
	镀锌铁丝 8～12号	kg	5.36	13.000	14.000	17.000	14.000	16.000
	破布	kg	4.50	4.000	4.000	5.000	4.000	5.000
	棉纱头	kg	6.34	12.000	12.000	15.000	12.000	15.000
	塑料布	kg	18.80	2.000	0.300	0.300	0.300	0.300
	耐油石棉橡胶板 $\delta=0.8$	kg	44.80	2.000	2.000	2.000	2.000	2.000
	红丹粉	kg	12.00	0.500	0.500	0.500	0.500	0.500
	黄干油 钙基酯	kg	9.78	8.000	7.000	10.000	7.000	10.000

续前

单位：台

定额编号				3-15-9	3-15-10	3-15-11	3-15-12	3-15-13
项目				桥式抓斗	桁架式龙门抓斗		箱式龙门抓斗	
				10t	5t/18~20m	5t/40m	5t/18~20m	5t/40m
材料	汽轮机油（各种规格）	kg	8.80	250.000	240.000	260.000	240.000	260.000
	煤油	kg	4.20	34.000	28.000	30.000	28.000	30.000
	汽油 93 号	kg	10.05	52.000	42.000	62.000	42.000	62.000
	青壳纸 0.15~0.5mm	kg	22.00	2.000	2.000	2.000	2.000	2.000
	喷漆	kg	19.00	0.840	0.380	0.680	0.320	0.380
	酚醛磁漆（各种颜色）	kg	16.50	0.500	0.500	0.500	0.500	0.500
	酚醛调和漆（各种颜色）	kg	18.00	119.000	188.600	269.700	131.700	312.200
	松香水	kg	12.00	13.500	29.600	42.340	20.680	49.020
	紫铜皮 各种规格	kg	72.90	0.500	0.400	0.400	0.400	0.400
	羊毛毡	m^2	60.00	0.100	0.100	0.100	0.100	0.100
	道木 250×200×2500	根	200.00	3.000	5.000	7.000	5.000	7.000
	密封胶	支	5.89	10.000	10.000	10.000	10.000	10.000
	描图纸	m^2	1.50	2.000	2.000	2.000	2.000	2.000
	其他材料费	元	–	218.480	270.060	359.130	230.740	391.280
机械	交流弧焊机 32kV·A	台班	96.61	6.300	9.000	9.900	7.200	9.000
	履带式起重机 15t	台班	966.34	0.900	2.790	3.600	2.970	3.600
	履带式起重机 25t	台班	1086.59	1.260	0.900	1.080	1.080	1.350
	平板拖车组 20t	台班	1264.92	–	1.800	1.800	1.800	1.800
	平板拖车组 30t	台班	1562.31	1.260	–	0.900	–	0.900
	电动卷扬机(单筒慢速) 50kN	台班	145.07	1.800	5.400	5.400	5.400	5.400
	内燃空气压缩机 $6m^3/min$	台班	524.78	0.036	0.018	0.027	0.090	0.018
	电焊条烘干箱 $60\times50\times75cm^3$	台班	28.84	0.630	0.900	0.900	0.720	0.900

五、斗链提升机安装

单位:台

定额编号				3-15-14	3-15-15	3-15-16
项目				斗链提升机		
				PL-250	PL-350	PL-450
基价(元)				**7084.45**	**8391.15**	**10566.91**
其中	人工费(元)			4316.64	4942.24	5880.64
	材料费(元)			1578.12	2035.72	2697.37
	机械费(元)			1189.69	1413.19	1988.90
名称		单位	单价(元)	数量		
人工	综合工日	工日	80.00	53.958	61.778	73.508
材料	电	kW·h	0.85	26.600	48.000	81.600
	氧气	m^3	3.60	12.000	18.000	24.000
	乙炔气	m^3	25.20	4.560	6.840	9.120
	电焊条 结422 ϕ2.5	kg	5.04	2.000	4.000	6.000
	碳钢气焊条	kg	5.85	0.400	0.400	0.800
	型钢综合	kg	4.00	20.000	30.000	40.000
	镀锌薄钢板 δ=0.5~0.9	kg	5.25	0.400	0.600	0.800
	热轧中厚钢板 δ=10~16	kg	3.70	50.000	60.000	70.000
	镀锌铁丝 8~12号	kg	5.36	8.000	8.500	9.000
	破布	kg	4.50	1.200	2.200	3.300
	棉纱头	kg	6.34	3.000	4.000	5.000
	塑料布	kg	18.80	0.200	0.200	0.200
	红丹粉	kg	12.00	0.200	0.200	0.200
	黄干油 钙基酯	kg	9.78	3.000	4.000	5.000

续前

单位:台

定额编号				3-15-14	3-15-15	3-15-16
项目				斗链提升机		
				PL-250	PL-350	PL-450
材料	汽轮机油（各种规格）	kg	8.80	33.000	45.000	77.000
	煤油	kg	4.20	4.000	6.000	7.000
	汽油 93 号	kg	10.05	6.000	6.000	7.000
	青壳纸 0.15~0.5mm	kg	22.00	0.300	0.400	0.500
	喷漆	kg	19.00	0.200	0.200	0.300
	酚醛磁漆（各种颜色）	kg	16.50	0.500	0.500	0.500
	酚醛调和漆（各种颜色）	kg	18.00	15.870	19.240	22.610
	酚醛防锈漆（各种颜色）	kg	15.60	1.080	1.620	2.160
	松香水	kg	12.00	1.630	2.080	2.530
	紫铜皮 各种规格	kg	72.90	0.200	0.300	0.400
	羊毛毡	m^2	60.00	0.020	0.030	0.060
	机加工垫铁	kg	6.17	34.000	40.000	46.000
	密封胶	支	5.89	6.000	6.000	6.000
	其他材料费	元	-	45.960	59.290	78.560
机械	交流弧焊机 32kV·A	台班	96.61	0.900	1.800	2.700
	履带式起重机 15t	台班	966.34	0.450	0.450	0.540
	汽车式起重机 5t	台班	546.38	0.450	0.540	0.990
	载货汽车 5t	台班	507.79	0.315	0.360	0.540
	电动卷扬机(单筒慢速) 30kN	台班	137.62	1.800	2.250	2.700
	电动空气压缩机 0.6m^3/min	台班	130.54	0.090	0.090	0.090
	电焊条烘干箱 60×50×75cm^3	台班	28.84	0.090	0.180	0.270

六、电磁分离器安装

单位:台

定额编号				3-15-17	3-15-18	3-15-19	3-15-20	3-15-21
项目				悬挂式		传动式		
				CF-60	CF-90	A711SD#50	A711SD#65	A711SD#80
基价(元)				**1966.96**	**2229.89**	**2419.45**	**2764.42**	**3130.84**
其中	人工费(元)			1101.60	1213.12	1486.48	1700.00	2001.92
	材料费(元)			165.20	184.57	277.58	301.77	353.88
	机械费(元)			700.16	832.20	655.39	762.65	775.04
名称		单位	单价(元)	数量				
人工	综合工日	工日	80.00	13.770	15.164	18.581	21.250	25.024
材料	电	kW·h	0.85	7.200	10.400	13.800	15.300	18.000
	氧气	m^3	3.60	6.000	6.000	3.000	3.000	3.000
	乙炔气	m^3	25.20	1.980	1.980	0.990	0.990	0.990
	电焊条 结 422 ϕ2.5	kg	5.04	2.000	2.000	1.000	1.000	1.000
	型钢综合	kg	4.00	3.000	4.000	7.000	8.000	9.000
	镀锌薄钢板 δ=0.5~0.9	kg	5.25	–	–	0.200	0.300	0.400
	镀锌铁丝 8~12 号	kg	5.36	2.000	2.000	2.000	2.000	2.400
	破布	kg	4.50	1.200	1.200	1.000	1.500	2.000
	铁砂布 0~2 号	张	1.68	3.000	3.000	4.000	4.000	5.000
	红丹粉	kg	12.00	–	–	0.100	0.100	0.100

续前

单位:台

定额编号				3-15-17	3-15-18	3-15-19	3-15-20	3-15-21
项目				悬挂式		传动式		
				CF-60	CF-90	A711SD#50	A711SD#65	A711SD#80
材料	黄干油 钙基酯	kg	9.78	0.300	0.400	1.500	1.600	1.700
	汽轮机油(各种规格)	kg	8.80	–	–	3.000	3.000	4.500
	汽油 93 号	kg	10.05	2.000	2.000	5.000	5.500	6.000
	保险丝 2.5~25A	轴	6.20	–	–	0.100	0.100	0.100
	青壳纸 0.15~0.5mm	kg	22.00	–	–	0.320	0.320	0.400
	酚醛调和漆(各种颜色)	kg	18.00	0.610	1.200	0.530	0.660	0.870
	松香水	kg	12.00	0.460	0.500	0.400	0.500	0.610
	紫铜皮 各种规格	kg	72.90	–	–	0.100	0.100	0.150
	绝缘垫 $\delta 2$	m^2	42.00	–	–	0.200	0.200	0.250
	羊毛毡	m^2	60.00	–	–	0.400	0.400	0.400
	密封胶	支	5.89	–	–	2.000	3.000	4.000
	其他材料费	元	–	4.810	5.380	8.080	8.790	10.310
机械	交流弧焊机 32kV·A	台班	96.61	0.900	0.900	0.450	0.450	0.450
	汽车式起重机 5t	台班	546.38	0.450	0.540	0.450	0.540	0.540
	载货汽车 5t	台班	507.79	0.450	0.540	0.450	0.540	0.540
	电动卷扬机(单筒慢速) 30kN	台班	137.62	0.990	1.260	0.990	1.080	1.170
	电焊条烘干箱 $60 \times 50 \times 75cm^3$	台班	28.84	0.090	0.090	0.045	0.045	0.045

七、破碎机安装

单位：台

定额编号				3-15-22	3-15-23	3-15-24
项目				反击式		锤击式
				MFD－50	MFD－100	PCB－100(t/h)
基价（元）				**7923.45**	**10631.86**	**11925.97**
其中	人工费（元）			4056.88	5705.92	5167.36
	材料费（元）			2171.84	2873.68	4988.75
	机械费（元）			1694.73	2052.26	1769.86
名称		单位	单价(元)	数量		
人工	综合工日	工日	80.00	50.711	71.324	64.592
材料	电	kW·h	0.85	460.000	840.000	752.000
	氧气	m^3	3.60	24.000	30.000	18.000
	乙炔气	m^3	25.20	9.120	11.400	6.840
	电焊条 结422 $\phi2.5$	kg	5.04	8.000	10.000	6.000
	碳钢气焊条	kg	5.85	1.000	1.500	1.000
	型钢综合	kg	4.00	20.000	25.000	20.000
	镀锌薄钢板 $\delta=0.5\sim0.9$	kg	5.25	0.200	0.220	0.200
	热轧中厚钢板 $\delta=4.5\sim10$	kg	3.90	30.000	50.000	40.000
	镀锌铁丝 8～12号	kg	5.36	5.000	5.000	4.000
	破布	kg	4.50	3.000	3.000	3.000
	棉纱头	kg	6.34	2.000	2.000	2.000

续前

单位:台

定额编号				3-15-22	3-15-23	3-15-24
项目				反击式		锤击式
				MFD－50	MFD－100	PCB－100(t/h)
材料	塑料布	kg	18.80	0.500	0.500	0.500
	铁砂布 0~2 号	张	1.68	10.000	12.000	13.000
	石棉橡胶板 低压 0.8~1.0	kg	13.20	1.500	1.500	0.500
	橡胶板 各种规格	kg	9.68	1.200	1.500	1.000
	红丹粉	kg	12.00	0.050	0.050	–
	面粉	kg	5.00	0.500	1.000	0.500
	黄干油 钙基酯	kg	9.78	4.000	6.000	2.000
	汽轮机油(各种规格)	kg	8.80	4.000	4.500	20.000
	煤油	kg	4.20	4.000	5.000	5.000
	汽油 93 号	kg	10.05	8.000	9.000	7.000
	铅油	kg	8.50	2.500	2.500	1.500
	保险丝 10A	轴	6.20	0.100	0.100	0.100
	青壳纸 0.15~0.5mm	kg	22.00	0.500	0.500	0.500
	喷漆	kg	19.00	4.000	1.000	0.600
	酚醛磁漆(各种颜色)	kg	16.50	0.500	0.500	0.500
	酚醛调和漆(各种颜色)	kg	18.00	3.500	5.500	7.500
	酚醛防锈漆(各种颜色)	kg	15.60	–	1.500	2.200
	松香水	kg	12.00	0.700	0.900	1.500

续前

单位:台

定额编号				3-15-22	3-15-23	3-15-24
项目				反击式		锤击式
				MFD－50	MFD－100	PCB－100(t/h)
材料	信那水 硝基漆稀释剂	kg	13.00	0.500	0.800	0.500
	紫铜皮 各种规格	kg	72.90	0.200	0.200	0.200
	石棉扭绳 ϕ4～5 烧失量 24%	kg	18.95	4.000	4.500	1.500
	加固木板	m^3	1980.00	0.060	0.080	1.200
	羊毛毡	m^2	60.00	0.100	0.100	0.050
	钢丝 ϕ0.1～0.5	kg	6.28	0.050	0.050	0.200
	机加工垫铁	kg	6.17	70.000	80.000	100.000
	密封胶	支	5.89	4.000	4.000	4.000
	钢锯条	根	0.89	5.000	7.000	7.000
	描图纸	m^2	1.50	1.000	1.000	1.000
	其他材料费	元	－	63.260	83.700	145.300
机械	交流弧焊机 32kV·A	台班	96.61	2.700	3.600	1.800
	履带式起重机 25t	台班	1086.59	0.360	0.450	0.450
	汽车式起重机 5t	台班	546.38	0.270	0.360	0.270
	载货汽车 8t	台班	619.25	0.630	0.720	－
	载货汽车 5t	台班	507.79	－	－	0.720
	电动卷扬机(单筒慢速) 50kN	台班	145.07	1.800	2.250	2.430
	内燃空气压缩机 $6m^3/min$	台班	524.78	0.450	0.450	0.450
	电焊条烘干箱 $60\times50\times75cm^3$	台班	28.84	0.270	0.360	0.180

八、共振筛、电动卸料车、犁式卸料机安装

单位：台

定额编号				3-15-25	3-15-26	3-15-27	3-15-28
项目				共振筛		电动卸料车带宽(mm)	犁式卸料机带宽(mm)
				SZG1000×2500	SZG1500×3000	500～650	
基价（元）				**6271.64**	**7260.53**	**4078.17**	**586.00**
其中	人工费（元）			3576.16	4146.00	2422.88	341.36
	材料费（元）			1015.02	1162.61	511.53	130.32
	机械费（元）			1680.46	1951.92	1143.76	114.32
名称		单位	单价(元)	数量			
人工	综合工日	工日	80.00	44.702	51.825	30.286	4.267
材料	电	kW·h	0.85	24.000	36.000	24.000	–
	氧气	m^3	3.60	9.000	12.000	3.000	6.000
	乙炔气	m^3	25.20	2.970	3.960	0.990	1.980
	电焊条 结422 ϕ2.5	kg	5.04	3.000	4.000	1.000	2.000
	型钢综合	kg	4.00	10.000	12.000	–	4.000
	镀锌薄钢板 δ=0.5～0.9	kg	5.25	0.800	1.000	0.700	–
	热轧中厚钢板 δ=4.5～10	kg	3.90	25.000	30.000	–	–
	热轧中厚钢板 δ=10～16	kg	3.70	–	–	6.000	–
	镀锌铁丝 8～12号	kg	5.36	1.000	4.000	–	–
	破布	kg	4.50	4.000	5.000	1.000	1.200
	棉纱头	kg	6.34	–	–	2.000	0.500
	塑料布	kg	18.80	–	–	0.150	–
	铁砂布 0～2号	张	1.68	8.000	10.000	–	2.000
	石棉编绳 ϕ6～10 烧失量20%	kg	10.14	–	–	0.800	–

续前 单位:台

定额编号				3-15-25	3-15-26	3-15-27	3-15-28
项目				共振筛		电动卸料车带宽(mm)	犁式卸料机带宽(mm)
				SZG1000×2500	SZG1500×3000	500~650	
材料	面粉	kg	5.00	–	–	1.000	–
	黄干油 钙基酯	kg	9.78	5.000	6.000	3.000	0.500
	汽轮机油(各种规格)	kg	8.80	–	–	11.000	–
	煤油	kg	4.20	–	–	–	1.000
	汽油 93 号	kg	10.05	7.000	8.000	10.000	–
	保险丝 2.5~25A	轴	6.20	0.200	0.250	0.300	–
	青壳纸 0.15~0.5mm	kg	22.00	0.400	0.400	0.500	–
	喷漆	kg	19.00	–	–	0.100	–
	酚醛调和漆(各种颜色)	kg	18.00	3.000	3.500	5.750	0.440
	松香水	kg	12.00	0.500	0.600	0.540	–
	紫铜皮 各种规格	kg	72.90	0.200	0.200	0.100	–
	石棉扭绳 φ4~5 烧失量 24%	kg	18.95	1.500	2.000	–	–
	羊毛毡	m^2	60.00	–	–	0.100	–
	机加工垫铁	kg	6.17	70.000	70.000	–	–
	密封胶	支	5.89	–	–	2.000	–
	其他材料费	元	–	29.560	33.860	14.900	3.800
机械	交流弧焊机 32kV·A	台班	96.61	1.350	1.800	0.450	0.900
	履带式起重机 15t	台班	966.34	0.360	0.405	0.360	–
	汽车式起重机 8t	台班	728.19	0.540	0.630	0.045	–
	载货汽车 8t	台班	619.25	0.900	0.990	0.900	–
	电动卷扬机(单筒慢速) 30kN	台班	137.62	1.800	2.250	1.170	0.180
	电焊条烘干箱 60×50×75cm^3	台班	28.84	0.135	0.180	0.045	0.090

九、皮带秤安装

单位:台

定额编号				3-15-29	3-15-30
项目				机械式 带宽(mm)	电子式
				500～650	DBC－1
基价(元)				**2626.73**	**1932.82**
其中	人工费(元)			2087.60	1546.32
	材料费(元)			218.84	135.75
	机械费(元)			320.29	250.75
名称		单位	单价(元)	数量	
人工	综合工日	工日	80.00	26.095	19.329
材料	氧气	m^3	3.60	6.000	3.000
	乙炔气	m^3	25.20	1.980	0.990
	电焊条 结 422 $\phi2.5$	kg	5.04	2.000	1.000
	热轧中厚钢板 $\delta=10\sim16$	kg	3.70	3.000	2.000
	破布	kg	4.50	2.000	1.500
	棉纱头	kg	6.34	1.500	-
	铁砂布 0～2 号	张	1.68	1.000	2.000

续前 单位:台

定额编号				3-15-29	3-15-30
项目				机械式 带宽(mm)	电子式
				500～650	DBC－1
材料	凡士林	kg	5.40	0.500	－
	面粉	kg	5.00	1.000	－
	黄干油 钙基酯	kg	9.78	0.600	1.000
	汽油 93 号	kg	10.05	4.000	2.000
	酚醛调和漆(各种颜色)	kg	18.00	1.340	2.170
	酚醛防锈漆(各种颜色)	kg	15.60	1.100	－
	松香水	kg	12.00	0.130	0.380
	羊毛毡	m^2	60.00	0.050	－
	其他材料费	元	－	6.370	3.950
机械	交流弧焊机 32kV·A	台班	96.61	0.900	0.450
	汽车式起重机 5t	台班	546.38	0.180	0.180
	载货汽车 5t	台班	507.79	0.090	0.090
	电动卷扬机(单筒慢速) 30kN	台班	137.62	0.630	0.450
	电焊条烘干箱 $60\times50\times75cm^3$	台班	28.84	0.090	0.045

十、油过滤器安装

单位：台

定额编号				3-15-31	3-15-32
项目				油过滤器 出力(t/h)	
				5	10
基价（元）				**522.94**	**691.23**
其中	人工费（元）			408.00	557.60
	材料费（元）			80.16	90.16
	机械费（元）			34.78	43.47
名称		单位	单价(元)	数量	
人工	综合工日	工日	80.00	5.100	6.970
材料	氧气	m^3	3.60	0.300	0.450
	乙炔气	m^3	25.20	0.100	0.150
	电焊条 结422 $\phi2.5$	kg	5.04	0.400	0.600
	型钢综合	kg	4.00	1.000	1.000
	热轧中厚钢板 $\delta=4.5\sim10$	kg	3.90	0.500	0.500
	镀锌铁丝8～12号	kg	5.36	0.500	0.700
	破布	kg	4.50	0.100	0.100
	铁砂布0～2号	张	1.68	1.000	1.000
	耐酸橡胶石棉板 $\delta=2$	kg	71.18	0.100	0.150
	黑铅粉	kg	1.10	0.050	0.070
	汽轮机油（各种规格）	kg	8.80	0.150	0.200
	酚醛调和漆（各种颜色）	kg	18.00	0.200	0.300
	机加工垫铁	kg	6.17	8.000	8.000
	其他材料费	元	–	2.330	2.630
机械	交流弧焊机 32kV·A	台班	96.61	0.360	0.450

十一、燃油加热器安装

单位:台

定额编号				3-15-33	3-15-34	3-15-35
项目				燃油加热器 加热面积（m^2）		
				10	20	30
基价（元）				**1782.50**	**2107.68**	**2465.52**
其中	人工费（元）			881.28	1012.56	1216.56
	材料费（元）			92.21	111.44	134.31
	机械费（元）			809.01	983.68	1114.65
名称		单位	单价(元)	数量		
人工	综合工日	工日	80.00	11.016	12.657	15.207
材料	氧气	m^3	3.60	2.100	2.400	3.000
	乙炔气	m^3	25.20	0.690	0.790	0.990
	电焊条 结 422 ϕ2.5	kg	5.04	1.400	1.600	2.000
	型钢综合	kg	4.00	1.000	1.000	1.500
	热轧中厚钢板 $\delta=4.5\sim10$	kg	3.90	0.500	–	–
	热轧中厚钢板 $\delta=10\sim16$	kg	3.70	–	0.500	0.700
	破布	kg	4.50	0.200	0.200	0.200

续前　　单位:台

定额编号				3-15-33	3-15-34	3-15-35
项目				燃油加热器 加热面积（m^2）		
				10	20	30
材料	铁砂布 0~2 号	张	1.68	1.000	2.000	2.000
	耐酸橡胶石棉板 $\delta=2$	kg	71.18	0.300	0.350	0.400
	黑铅粉	kg	1.10	0.100	0.100	0.150
	汽轮机油（各种规格）	kg	8.80	0.400	0.500	0.600
	酚醛调和漆（各种颜色）	kg	18.00	1.200	1.600	1.900
	松香水	kg	12.00	0.200	0.270	0.300
	其他材料费	元	–	2.690	3.250	3.910
机械	交流弧焊机 32kV·A	台班	96.61	0.630	0.720	0.900
	履带式起重机 15t	台班	966.34	0.540	0.630	0.747
	汽车式起重机 5t	台班	546.38	0.099	0.153	0.153
	载货汽车 5t	台班	507.79	0.054	0.081	0.081
	内燃空气压缩机 $6m^3/min$	台班	524.78	0.180	0.216	0.216
	试压泵 60MPa	台班	154.06	0.315	0.423	0.423
	电焊条烘干箱 $60\times50\times75cm^3$	台班	28.84	0.063	0.072	0.090

第十六章　水处理专用设备安装

说　明

一、工作内容:

1. 基础检查验收、铲平、垫铁的配制及安装。

2. 设备、管子、阀门等的运搬、开箱、清点、检查、安装。

3. 随设备供应的一次仪表安装。

4. 设备、管子等非保温金属面的油漆。

5. 配合防腐施工及基础二次灌浆。

二、不包括的工作内容:

1. 不随设备供货的平台、梯子、栏杆的制作及安装。

2. 设备接口法兰以外管子安装及管道支吊架配制及安装。

3. 设备的保温和保温面油漆。

4. 基础二次灌浆。

5. 各种填料的化学稳定性试验。

三、不包括填料(石英砂、磺化煤、无烟煤、活性炭、焦炭、树脂、瓷环、塑料环等)本身费用。

(一)钢筋混凝土池类工艺流程装置安装:

1. 工程范围及工作内容:

(1)池体范围内的钢制平台、梯子、栏杆、反应室、导流窗、集水槽、取样槽等的安装;

(2)池体范围内的各种管子、管件、阀门的安装;

(3)加速澄清池的转动机械、刮泥机的安装与调整；

(4)水力循环澄清池的喷嘴安装与调整；

(5)填料的装填。

2. 不包括的工作内容：

(1)混凝土预制件的安装；

(2)池与池及池体外部的平台、梯子、栏杆的安装；

(3)池体范围内的钢制平台、梯子、栏杆、反应室、导流窗、集水槽、取样槽的配制；

(4)池体范围各部件及池壁的防腐和油漆。

(二)水处理设备及箱罐安装：

1. 工程范围及工作内容：设备及随设备供应的管子、管件、阀门等的安装，设备本体范围内平台、梯子、栏杆的安装，滤板、滤帽(水嘴)的精选与安装，填料的运搬、筛分、装填，衬里设备防腐层的检验，设备试运前的灌水或水压试验。

2. 澄清器安装定额中包括澄清器本体的组装焊接，空气分离器的安装，但不包括澄清器顶部小屋的搭设。

3. 机械过滤器安装定额是按石英砂垫层考虑的。定额对不同形式的排水系统及不同的装填高度，不作换算。

4. 软化器安装定额中对填料的不同装填高度，不作换算。

5. 衬胶离子交换器安装定额的使用：

(1)阴阳离子交换器的树脂装填高度，每增加1m定额乘以系数1.3，增加不足1m时不予调整。

(2)采用体内再生的阴阳混合离子交换器时，定额乘以系数1.1，但对体外再生的阴阳混合离子交换器，逆流再生或浮床运行的设备,执行定额时均不作调整。

(3)体外再生罐安装中,带有空气擦洗装置的设备时,定额乘以系数1.1。

6. 电渗析器安装定额中,不包括本体塑料(或衬里)管子、管件、阀门的安装,浓盐水泵的安装,以及精密过滤器的安装。

7. 水箱安装定额中,包括水箱箱底与基础接触面的油漆,以及自动液位信号接座的开孔与安装,但不包括信号装置的安装。

8. 除二氧化碳器安装定额中,包括风机的安装,但不包括风道的制作与安装,也不包括平台、梯子栏杆的制作与安装。填料装填高度每增加1m,定额乘以系数1.2;不足1m时不予调整。

9. 酸碱储罐(槽)安装定额中,不包括内外壁的防腐工作。

10. 搅拌器安装中,带有电动搅拌装置时,定额乘以系数1.2。

11. 喷射器安装定额,适用于酸、碱、盐、石灰、凝聚剂、蒸汽、树脂输送等各种类型、材质、规格的喷射器安装,定额中已包括喷嘴的调整和支架的配制及安装。

12. 泡沫吸收器安装定额中,不包括烟道的安装。

13. 储气罐安装定额中,已包括罐体压力表与安全阀的安装。

14. 取样设备安装:取样器内部清理、检查、就位、安装、固定,取样架的配制安装(但不包括取样架主材)。

(三)油处理设备安装:

1. 油箱内部清理,箱体及附件的安装,炉体支座、烟气热交换器、风管、鼓风机、水-气喷射器等平台、梯子、栏杆的安装。

2. 不包括油处理设备内部的除锈防腐工作。

（四）水处理设备系统试运转：

1. 本定额所考虑的为水处理系统的试运转，以达到生产合格产品的条件要求。定额中包括试运准备及试运中所需的人工、材料及机械费用。

2. 不包括的费用：

（1）机、炉试运时，需要配合发生的人工、材料及机械费（以成品单价计入机、炉试运的有关定额中）。

（2）水处理设备在制出合格产品后，为检验设计质量和设备质量，以及为取得经济合理的运行方式而进行的各种生产调整试验费用（属全厂联合试运转）。

3. 水处理设备系统水压试验及试运转定额，按固定床顺流再生方式考虑，同样适用于固定床逆流再生和浮床系统。

一、钢筋混凝土池类工艺流程装置

1. 澄清池安装

单位：台

定额编号				3-16-1	3-16-2	3-16-3	3-16-4	3-16-5	3-16-6
项目				加速澄清池 出力(t/h)			水力循环澄清池 出力(t/h)		
				80	120	200	40	60	120
基价（元）				**9449.36**	**10894.04**	**12144.04**	**2266.27**	**2816.77**	**4128.53**
其中	人工费（元）			5423.04	6327.44	7050.96	1141.76	1396.08	2316.80
	材料费（元）			1444.51	1805.70	2184.66	471.04	677.68	979.18
	机械费（元）			2581.81	2760.90	2908.42	653.47	743.01	832.55
名称		单位	单价(元)	数量					
人工	综合工日	工日	80.00	67.788	79.093	88.137	14.272	17.451	28.960
材料	水	t	4.00	68.000	102.000	170.000	45.000	70.000	116.000
	电	kW·h	0.85	4.000	4.000	6.000	1.000	1.000	1.000
	氧气	m^3	3.60	40.000	48.000	48.000	8.000	12.000	16.000
	乙炔气	m^3	25.20	15.200	18.240	18.240	3.040	4.560	6.080
	电焊条 结422 ϕ2.5	kg	5.04	40.000	48.000	48.000	2.000	2.000	3.000
	碳钢气焊条	kg	5.85	1.000	1.500	2.000	0.500	0.500	0.500
	热轧薄钢板 3.0~4.0	kg	4.67	10.000	15.000	20.000	10.000	10.000	10.000
	镀锌铁丝 8~12号	kg	5.36	10.000	15.000	15.000	5.000	10.000	10.000
	破布	kg	4.50	1.000	1.000	1.200	–	–	–
	铁砂布 0~2号	张	1.68	2.000	2.000	2.000	–	–	–

续前

单位:台

定额编号				3-16-1	3-16-2	3-16-3	3-16-4	3-16-5	3-16-6
项目				加速澄清池 出力(t/h)			水力循环澄清池 出力(t/h)		
				80	120	200	40	60	120
材料	石棉橡胶板 低压 0.8~1.0	kg	13.20	4.000	5.000	6.000	3.000	4.000	5.000
	黄干油 钙基酯	kg	9.78	0.800	0.800	1.000	–	–	–
	齿轮油	kg	12.00	4.000	4.000	5.000	–	–	–
	煤油	kg	4.20	6.000	6.000	6.000	–	–	–
	石棉	kg	2.50	–	–	–	4.800	6.000	10.500
	油麻	kg	5.50	–	–	–	2.400	3.000	5.400
	青壳纸 0.15~0.5mm	kg	22.00	1.000	1.000	1.000	–	–	–
	酚醛调和漆(各种颜色)	kg	18.00	0.500	0.500	0.500	0.200	0.250	0.750
	羊毛毡	m^2	60.00	0.100	0.100	0.100	–	–	–
	聚四氟乙烯生料带	kg	67.70	0.010	0.010	0.010	0.010	0.010	0.010
	毛刷	把	2.00	2.000	2.000	2.000	–	–	–
	普通硅酸盐水泥 42.5	kg	0.36	–	–	–	12.000	14.000	26.000
	尼龙砂轮片 $\phi100$	片	7.60	4.000	4.000	6.000	1.000	1.000	1.000
	机加工垫铁	kg	6.17	12.000	12.000	16.000	–	–	–
	钢锯条	根	0.89	5.000	8.000	8.000	4.000	4.000	4.000
	其他材料费	元	–	42.070	52.590	63.630	13.720	19.740	28.520
机械	交流弧焊机 32kV·A	台班	96.61	9.000	10.800	10.800	1.800	2.700	3.600
	汽车式起重机 5t	台班	546.38	2.250	2.250	2.520	0.450	0.450	0.450
	载货汽车 5t	台班	507.79	0.900	0.900	0.900	0.450	0.450	0.450
	电焊条烘干箱 $60\times50\times75cm^3$	台班	28.84	0.900	1.080	1.080	0.180	0.270	0.360

2. 虹吸式滤池、重力式无阀滤池安装

单位：台

定额编号				3-16-7	3-16-8	3-16-9
项目				虹吸式滤池 出力(t/h)		重力式无阀滤池 出力(t/h)
				320 6 格	430 8 格	80
基价（元）				**24261.14**	**31749.57**	**6386.97**
其中	人工费（元）			14720.64	19203.20	4391.44
	材料费（元）			4744.68	6074.12	585.30
	机械费（元）			4795.82	6472.25	1410.23
名称		单位	单价(元)	数量		
人工	综合工日	工日	80.00	184.008	240.040	54.893
材料	水	t	4.00	590.000	767.000	34.000
	电	kW·h	0.85	6.000	8.000	4.000
	氧气	m^3	3.60	48.000	64.000	12.000
	乙炔气	m^3	25.20	18.240	24.320	4.560
	电焊条 结 422 ϕ2.5	kg	5.04	48.000	64.000	18.000
	碳钢气焊条	kg	5.85	3.000	5.000	2.000
	热轧薄钢板 3.0～4.0	kg	4.67	120.000	135.000	10.000

续前

单位:台

定额编号				3-16-7	3-16-8	3-16-9
项目				虹吸式滤池 出力(t/h)		重力式无阀滤池 出力(t/h)
				320 6 格	430 8 格	80
材料	镀锌铁丝 8~12 号	kg	5.36	10.000	12.000	10.000
	石棉橡胶板 低压 0.8~1.0	kg	13.20	14.000	18.000	1.500
	煤油	kg	4.20	6.000	8.000	2.000
	酚醛调和漆(各种颜色)	kg	18.00	0.500	0.500	0.250
	聚四氟乙烯生料带	kg	67.70	0.020	0.020	0.020
	尼龙砂轮片 $\phi100$	片	7.60	6.000	8.000	4.000
	钢锯条	根	0.89	20.000	26.000	4.000
	石棉	kg	2.50	76.000	96.000	–
	普通硅酸盐水泥 42.5	kg	0.36	177.000	221.000	–
	油麻	kg	5.50	36.000	45.000	–
	其他材料费	元	–	138.190	176.920	17.050
机械	交流弧焊机 32kV·A	台班	96.61	10.800	14.400	3.330
	汽车式起重机 5t	台班	546.38	4.887	6.480	0.720
	载货汽车 5t	台班	507.79	2.070	2.952	1.350
	电焊条烘干箱 60×50×75cm^3	台班	28.84	1.080	1.440	0.333

二、澄清设备

1. 澄清器、压力式混合器安装

单位:台

定额编号				3-16-10	3-16-11	3-16-12	3-16-13	3-16-14	3-16-15
项目				澄清器 出力(t/h)		压力式混合器 直径(mm)			
				50	100	ϕ800	ϕ1000	ϕ1250	ϕ1600
基价(元)				**23407.86**	**35681.02**	**1460.33**	**1516.90**	**1538.41**	**1816.76**
其中	人工费(元)			7928.80	12504.56	782.72	803.76	816.00	1039.76
	材料费(元)			2652.23	4224.56	158.46	193.99	203.26	257.85
	机械费(元)			12826.83	18951.90	519.15	519.15	519.15	519.15
名称		单位	单价(元)	数量					
人工	综合工日	工日	80.00	99.110	156.307	9.784	10.047	10.200	12.997
材料	水	t	4.00	100.000	200.000	–	–	–	–
	电	kW·h	0.85	3.000	6.000	–	–	–	–
	氧气	m^3	3.60	64.000	96.000	2.000	2.000	2.000	2.000
	乙炔气	m^3	25.20	24.320	36.480	0.660	0.660	0.660	0.660
	电焊条 结422 ϕ2.5	kg	5.04	64.000	96.000	2.000	2.000	2.000	2.000
	碳钢气焊条	kg	5.85	1.200	1.500	–	–	–	–
	热轧薄钢板 3.0~4.0	kg	4.67	40.000	60.000	8.000	10.000	10.000	12.000
	镀锌铁丝 8~12号	kg	5.36	50.000	80.000	3.000	4.000	4.000	5.000
	破布	kg	4.50	0.100	0.140	0.500	0.500	0.500	0.750
	铁砂布 0~2号	张	1.68	10.000	14.000	–	–	–	–

续前

单位:台

定额编号				3-16-10	3-16-11	3-16-12	3-16-13	3-16-14	3-16-15
项目				澄清器 出力(t/h)		压力式混合器 直径(mm)			
				50	100	ϕ800	ϕ1000	ϕ1250	ϕ1600
材料	石棉橡胶板 低压0.8~1.0	kg	13.20	2.000	3.000	–	–	–	–
	耐酸橡胶板 $\delta=3$	kg	10.20	–	–	2.000	2.000	2.000	3.000
	煤油	kg	4.20	3.000	5.000	–	–	–	–
	酚醛调和漆(各种颜色)	kg	18.00	24.000	36.200	2.200	3.300	3.800	5.200
	松香水	kg	12.00	1.920	2.900	–	–	–	–
	聚四氟乙烯生料带	kg	67.70	0.020	0.030	0.010	0.010	0.010	0.010
	毛刷	把	2.00	2.000	2.000	–	–	–	–
	尼龙砂轮片 ϕ100	片	7.60	3.000	6.000	–	–	–	–
	钢锯条	根	0.89	6.000	8.000	4.000	4.000	4.000	6.000
	其他材料费	元	–	77.250	123.050	4.620	5.650	5.920	7.510
机械	交流弧焊机 32kV·A	台班	96.61	21.600	32.400	0.450	0.450	0.450	0.450
	龙门式起重机 30t	台班	805.28	0.936	1.170	–	–	–	–
	汽车式起重机 5t	台班	546.38	–	–	0.450	0.450	0.450	0.450
	汽车式起重机 8t	台班	728.19	1.008	1.260	–	–	–	–
	汽车式起重机 40t	台班	1811.86	4.500	6.750	–	–	–	–
	载货汽车 8t	台班	619.25	0.936	1.170	–	–	–	–
	载货汽车 5t	台班	507.79	0.900	1.800	0.450	0.450	0.450	0.450
	电焊条烘干箱 $60\times50\times75cm^3$	台班	28.84	2.160	3.240	0.045	0.045	0.045	0.045

2. 重力式双阀滤池、钢制重力式多阀滤池安装

单位:台

定额编号				3-16-16	3-16-17
项目				重力式双阀滤池 出力(t/h)	钢制重力式多阀滤池 出力(t/h)
				80	
基价(元)				**6648.95**	**8742.41**
其中	人工费(元)			4269.04	5976.56
	材料费(元)			1154.26	1394.59
	机械费(元)			1225.65	1371.26
名称		单位	单价(元)	数	量
人工	综合工日	工日	80.00	53.363	74.707
材料	水	t	4.00	42.000	50.000
	电	kW·h	0.85	4.000	4.000
	氧气	m^3	3.60	16.000	24.000
	乙炔气	m^3	25.20	6.080	9.120
	电焊条 结422 ϕ2.5	kg	5.04	24.000	24.000
	碳钢气焊条	kg	5.85	2.000	1.500
	热轧薄钢板 3.0~4.0	kg	4.67	50.000	50.000
	镀锌铁丝 8~12号	kg	5.36	10.000	10.000
	破布	kg	4.50	0.050	0.070

续前 单位:台

定额编号				3-16-16	3-16-17
项目				重力式双阀滤池 出力(t/h)	钢制重力式多阀滤池 出力(t/h)
				80	
材料	铁砂布 0~2号	张	1.68	5.000	7.000
	石棉橡胶板 低压 0.8~1.0	kg	13.20	3.000	3.000
	煤油	kg	4.20	1.000	1.000
	酚醛调和漆(各种颜色)	kg	18.00	12.200	17.500
	松香水	kg	12.00	1.000	1.000
	聚四氟乙烯生料带	kg	67.70	0.010	0.010
	尼龙砂轮片 $\phi100$	片	7.60	4.000	4.000
	钢锯条	根	0.89	4.000	4.000
	其他材料费	元	–	33.620	40.620
机械	交流弧焊机 32kV·A	台班	96.61	3.600	3.600
	汽车式起重机 8t	台班	728.19	0.450	–
	汽车式起重机 12t	台班	888.68	–	0.450
	载货汽车 8t	台班	619.25	0.450	–
	载货汽车 10t	台班	782.33	–	0.450
	电动卷扬机(单筒慢速) 50kN	台班	145.07	1.800	1.800
	电焊条烘干箱 $60\times50\times75cm^3$	台班	28.84	0.360	0.360

三、机械过滤器

1. 单流式过滤器安装

单位:台

定额编号				3-16-18	3-16-19	3-16-20	3-16-21
项目				单流式 直径(mm)			
				ϕ800	ϕ1000	ϕ1250	ϕ1600
基价(元)				**2380.80**	**2799.21**	**3229.32**	**3898.75**
其中	人工费(元)			1591.20	1944.16	2231.12	2768.32
	材料费(元)			204.88	256.47	309.14	349.97
	机械费(元)			584.72	598.58	689.06	780.46
名称		单位	单价(元)	数量			
人工	综合工日	工日	80.00	19.890	24.302	27.889	34.604
材料	氧气	m^3	3.60	4.000	4.000	6.000	6.000
	乙炔气	m^3	25.20	1.520	1.520	2.280	2.280
	电焊条 结 422 ϕ2.5	kg	5.04	2.000	2.000	3.000	3.000
	碳钢气焊条	kg	5.85	0.200	0.200	0.300	0.300
	热轧薄钢板 3.0～4.0	kg	4.67	8.000	10.000	10.000	12.000
	镀锌铁丝 8～12 号	kg	5.36	3.360	4.480	4.720	6.170
	破布	kg	4.50	0.300	0.360	0.360	0.370
	棉纱头	kg	6.34	0.300	0.360	0.360	0.370
	铁砂布 0～2 号	张	1.68	2.000	2.000	2.000	3.000

续前

单位:台

定　额　编　号				3-16-18	3-16-19	3-16-20	3-16-21
项　　　目				单流式 直径(mm)			
				ϕ800	ϕ1000	ϕ1250	ϕ1600
材料	耐酸橡胶板 $\delta=3$	kg	10.20	2.230	3.450	4.450	4.450
	黑铅粉	kg	1.10	0.050	0.050	0.050	0.050
	红丹粉	kg	12.00	0.050	0.050	0.050	0.050
	汽轮机油（各种规格）	kg	8.80	0.100	0.100	0.100	0.100
	煤油	kg	4.20	0.150	0.300	0.300	0.300
	汽油 93 号	kg	10.05	0.150	0.300	0.300	0.300
	酚醛调和漆（各种颜色）	kg	18.00	2.000	2.800	3.200	4.200
	松香水	kg	12.00	0.160	0.220	0.260	0.340
	聚四氟乙烯生料带	kg	67.70	0.010	0.010	0.010	0.010
	橡胶石棉盘根 编 ϕ11～25	kg	21.98	0.200	0.400	0.400	0.400
	钢锯条	根	0.89	4.000	4.000	4.000	6.000
	其他材料费	元	–	5.970	7.470	9.000	10.190
机械	交流弧焊机 32kV·A	台班	96.61	0.900	0.900	1.350	1.350
	汽车式起重机 5t	台班	546.38	0.450	0.450	0.450	0.450
	载货汽车 5t	台班	507.79	0.450	0.450	0.540	0.720
	试压泵 60MPa	台班	154.06	0.135	0.225	0.225	0.225
	电焊条烘干箱 $60\times50\times75cm^3$	台班	28.84	0.090	0.090	0.135	0.135

2. 双流式过滤器安装

单位：台

定额编号				3-16-22	3-16-23	3-16-24	3-16-25
项目				双流式 直径(mm)			
				ϕ800	ϕ1000	ϕ1250	ϕ1600
基价（元）				**2836.20**	**3151.10**	**3540.37**	**4169.88**
其中	人工费（元）			1895.84	2144.08	2463.68	2935.60
	材料费（元）			266.10	318.89	342.86	409.05
	机械费（元）			674.26	688.13	733.83	825.23
名称		单位	单价(元)	数量			
人工	综合工日	工日	80.00	23.698	26.801	30.796	36.695
材料	氧气	m^3	3.60	8.000	8.000	8.000	10.000
	乙炔气	m^3	25.20	3.040	3.040	3.040	3.800
	电焊条 结 422 ϕ2.5	kg	5.04	3.000	3.000	4.000	4.000
	碳钢气焊条	kg	5.85	0.400	0.400	0.400	0.600
	热轧薄钢板 3.0～4.0	kg	4.67	8.000	10.000	10.000	12.000
	镀锌铁丝 8～12 号	kg	5.36	3.400	4.560	4.720	6.170
	破布	kg	4.50	0.300	0.400	0.400	0.400
	棉纱头	kg	6.34	0.300	0.400	0.400	0.400
	铁砂布 0～2 号	张	1.68	2.000	2.000	2.000	2.000
	耐酸橡胶板 $\delta=3$	kg	10.20	2.230	3.500	4.450	4.450

续前 单位：台

定额编号				3-16-22	3-16-23	3-16-24	3-16-25
项目				双流式 直径(mm)			
				φ800	φ1000	φ1250	φ1600
材料	黑铅粉	kg	1.10	0.050	0.050	0.050	0.050
	红丹粉	kg	12.00	0.050	0.050	0.050	0.050
	汽轮机油（各种规格）	kg	8.80	0.100	0.100	0.100	0.100
	煤油	kg	4.20	0.150	0.300	0.300	0.300
	汽油 93 号	kg	10.05	0.150	0.300	0.300	0.300
	酚醛调和漆（各种颜色）	kg	18.00	2.000	2.800	3.200	4.200
	松香水	kg	12.00	0.160	0.220	0.260	0.340
	聚四氟乙烯生料带	kg	67.70	0.010	0.010	0.010	0.020
	凡尔砂	kg	15.70	0.020	0.020	0.020	0.020
	橡胶石棉盘根 编 φ11～25	kg	21.98	0.200	0.400	0.400	0.400
	钢锯条	根	0.89	4.000	4.000	4.000	4.000
	其他材料费	元	–	7.750	9.290	9.990	11.910
机械	交流弧焊机 32kV·A	台班	96.61	1.800	1.800	1.800	1.800
	汽车式起重机 5t	台班	546.38	0.450	0.450	0.450	0.450
	载货汽车 5t	台班	507.79	0.450	0.450	0.540	0.720
	试压泵 60MPa	台班	154.06	0.135	0.225	0.225	0.225
	电焊条烘干箱 $60 \times 50 \times 75cm^3$	台班	28.84	0.180	0.180	0.180	0.180

四、电渗析器安装

单位:台

定额编号				3-16-26	3-16-27
项目				电渗析器 出力(t/h)	
				2～7	10～30
基价(元)				**1791.90**	**2245.71**
其中	人工费(元)			1081.20	1534.08
	材料费(元)			191.55	192.48
	机械费(元)			519.15	519.15
名称		单位	单价(元)	数量	
人工	综合工日	工日	80.00	13.515	19.176
材料	氧气	m^3	3.60	4.000	4.000
	乙炔气	m^3	25.20	1.520	1.520
	电焊条 结 422 ϕ2.5	kg	5.04	0.600	0.600
	碳钢气焊条	kg	5.85	0.500	0.500
	热轧薄钢板 3.0～4.0	kg	4.67	8.000	8.000
	破布	kg	4.50	0.750	0.750
	塑料布	kg	18.80	0.500	0.500
	酚醛调和漆(各种颜色)	kg	18.00	0.250	0.300
	聚四氟乙烯生料带	kg	67.70	0.010	0.010
	工业盐	kg	1.80	40.000	40.000
	其他材料费	元	-	5.580	5.610
机械	交流弧焊机 32kV·A	台班	96.61	0.450	0.450
	汽车式起重机 5t	台班	546.38	0.450	0.450
	载货汽车 5t	台班	507.79	0.450	0.450
	电焊条烘干箱 60×50×75cm³	台班	28.84	0.045	0.045

五、软化器

1. 钠离子软化器安装

单位：台

定额编号				3-16-28	3-16-29	3-16-30	3-16-31	3-16-32	3-16-33
项目				钠离子软化器 直径(mm)					
				ϕ800	ϕ1000	ϕ1250	ϕ1600	ϕ1800	ϕ2000
基价（元）				**2083.12**	**2394.76**	**3467.04**	**4138.38**	**4633.86**	**5656.62**
其中	人工费（元）			1281.84	1479.04	2344.00	2836.32	3145.04	3796.48
	材料费（元）			216.56	285.30	342.58	409.40	459.06	515.60
	机械费（元）			584.72	630.42	780.46	892.66	1029.76	1344.54
名称		单位	单价(元)	数量					
人工	综合工日	工日	80.00	16.023	18.488	29.300	35.454	39.313	47.456
材料	氧气	m^3	3.60	4.000	4.000	6.000	6.000	6.000	6.000
	乙炔气	m^3	25.20	1.520	1.520	2.280	2.280	2.280	2.280
	电焊条 结422 ϕ2.5	kg	5.04	2.000	3.000	3.000	4.000	4.000	5.000
	碳钢气焊条	kg	5.85	0.200	0.200	0.200	0.300	0.300	0.300
	热轧薄钢板 3.0～4.0	kg	4.67	8.000	10.000	10.000	12.000	12.000	15.000
	镀锌铁丝 8～12号	kg	5.36	3.240	4.480	4.500	6.500	6.920	8.370
	破布	kg	4.50	0.260	0.260	0.370	0.470	0.470	0.480
	棉纱头	kg	6.34	0.260	0.260	0.370	0.470	0.470	0.480
	铁砂布 0～2号	张	1.68	2.000	2.000	3.000	4.000	4.000	5.000
	耐酸橡胶板 $\delta=3$	kg	10.20	3.230	6.230	6.450	6.680	9.680	9.900

续前

单位：台

定额编号				3-16-28	3-16-29	3-16-30	3-16-31	3-16-32	3-16-33
项目				钠离子软化器 直径(mm)					
				ϕ800	ϕ1000	ϕ1250	ϕ1600	ϕ1800	ϕ2000
材料	黑铅粉	kg	1.10	0.050	0.050	0.050	0.050	0.050	0.100
	红丹粉	kg	12.00	0.050	0.050	0.050	0.050	0.050	0.100
	汽轮机油（各种规格）	kg	8.80	0.100	0.100	0.150	0.200	0.200	0.250
	煤油	kg	4.20	0.150	0.150	0.300	0.500	0.500	0.500
	汽油 93 号	kg	10.05	0.150	0.150	0.300	0.500	0.500	0.500
	酚醛调和漆（各种颜色）	kg	18.00	2.200	3.000	3.800	5.200	6.000	7.000
	松香水	kg	12.00	0.180	0.240	0.300	0.400	0.480	0.560
	聚四氟乙烯生料带	kg	67.70	0.010	0.010	0.010	0.010	0.010	0.020
	凡尔砂	kg	15.70	0.010	0.010	0.020	0.020	0.020	0.020
	橡胶石棉盘根 编 ϕ11～25	kg	21.98	0.200	0.200	0.400	0.600	0.600	0.750
	钢锯条	根	0.89	2.000	2.000	4.000	4.000	4.000	4.000
	其他材料费	元	–	6.310	8.310	9.980	11.920	13.370	15.020
机械	交流弧焊机 32kV·A	台班	96.61	0.900	0.900	1.350	1.350	1.350	1.350
	汽车式起重机 8t	台班	728.19	–	–	–	–	–	0.450
	汽车式起重机 5t	台班	546.38	0.450	0.450	0.450	0.450	0.450	–
	载货汽车 8t	台班	619.25	–	–	–	–	–	0.450
	载货汽车 5t	台班	507.79	0.450	0.540	0.720	0.900	1.170	1.080
	试压泵 60MPa	台班	154.06	0.135	0.135	0.225	0.360	0.360	0.360
	电焊条烘干箱 60×50×75cm^3	台班	28.84	0.090	0.090	0.135	0.135	0.135	0.135

2. 食盐溶解过滤器安装

单位：台

定额编号				3-16-34	3-16-35
项目				食盐溶解过滤器 直径(mm)	
				ϕ426	ϕ670
基价（元）				**1087.23**	**1218.45**
其中	人工费（元）			572.56	697.68
	材料费（元）			111.83	117.93
	机械费（元）			402.84	402.84
名称		单位	单价(元)	数量	
人工	综合工日	工日	80.00	7.157	8.721
材料	氧气	m^3	3.60	3.000	3.000
	乙炔气	m^3	25.20	0.990	0.990
	电焊条 结 422 ϕ2.5	kg	5.04	1.000	1.000
	热轧薄钢板 3.0～4.0	kg	4.67	5.000	6.000
	镀锌铁丝 8～12 号	kg	5.36	1.000	1.000
	破布	kg	4.50	0.250	0.250
	棉纱头	kg	6.34	0.250	0.250
	铁砂布 0～2 号	张	1.68	1.000	1.000
	石棉橡胶板 低压 0.8～1.0	kg	13.20	0.230	0.230

续前

单位:台

定额编号				3-16-34	3-16-35
项目				食盐溶解过滤器 直径(mm)	
				ϕ426	ϕ670
材料	耐酸橡胶板 $\delta=3$	kg	10.20	2.000	2.000
	黑铅粉	kg	1.10	0.050	0.050
	红丹粉	kg	12.00	0.050	0.050
	汽轮机油（各种规格）	kg	8.80	0.100	0.100
	煤油	kg	4.20	0.150	0.150
	汽油 93 号	kg	10.05	0.150	0.150
	酚醛调和漆（各种颜色）	kg	18.00	0.130	0.200
	聚四氟乙烯生料带	kg	67.70	0.010	0.010
	凡尔砂	kg	15.70	0.010	0.010
	橡胶石棉盘根 编 ϕ11～25	kg	21.98	0.200	0.200
	其他材料费	元	–	3.260	3.430
机械	交流弧焊机 32kV·A	台班	96.61	0.450	0.450
	汽车式起重机 5t	台班	546.38	0.450	0.450
	载货汽车 5t	台班	507.79	0.180	0.180
	试压泵 60MPa	台班	154.06	0.135	0.135
	电焊条烘干箱 $60\times50\times75cm^3$	台班	28.84	0.045	0.045

六、衬胶离子交换器

1. 阴阳离子交换器安装

单位:台

定额编号				3-16-36	3-16-37	3-16-38	3-16-39	3-16-40	3-16-41
项目				阴阳离子交换器 直径(mm)					
				树脂高 1.6m			树脂高 2m		
				ϕ800	ϕ1000	ϕ1250	ϕ1600	ϕ1800	ϕ2000
基价(元)				**2468.52**	**2683.62**	**3189.10**	**3899.90**	**4398.58**	**5228.39**
其中	人工费(元)			1372.24	1516.40	1936.64	2451.44	2754.00	3132.80
	材料费(元)			236.88	307.82	326.56	385.45	430.61	475.44
	机械费(元)			859.40	859.40	925.90	1063.01	1213.97	1620.15
名称		单位	单价(元)	数量					
人工	综合工日	工日	80.00	17.153	18.955	24.208	30.643	34.425	39.160
材料	电	kW·h	0.85	8.660	8.660	8.660	8.660	8.660	8.660
	氧气	m^3	3.60	2.000	2.000	2.000	2.000	2.000	2.000
	乙炔气	m^3	25.20	0.660	0.660	0.660	0.660	0.660	0.660
	电焊条 结422 ϕ2.5	kg	5.04	2.500	3.000	3.000	3.000	3.000	3.000
	不锈钢电焊条 102	kg	37.00	0.200	0.200	0.200	0.200	0.200	0.200
	热轧薄钢板 3.0~4.0	kg	4.67	8.000	10.000	10.000	12.000	12.000	15.000
	镀锌铁丝 8~12号	kg	5.36	3.240	4.380	4.600	6.200	6.500	7.860
	破布	kg	4.50	0.200	0.200	0.200	0.200	0.200	0.200
	铁砂布 0~2号	张	1.68	1.000	2.000	2.000	3.000	3.000	3.000

续前

单位：台

定额编号				3-16-36	3-16-37	3-16-38	3-16-39	3-16-40	3-16-41
项目				阴阳离子交换器 直径(mm)					
				树脂高 1.6m			树脂高 2m		
				ϕ800	ϕ1000	ϕ1250	ϕ1600	ϕ1800	ϕ2000
材料	耐酸橡胶板 $\delta=3$	kg	10.20	3.000	6.000	6.000	6.000	9.000	9.000
	酚醛调和漆（各种颜色）	kg	18.00	2.000	2.800	3.600	5.400	6.000	7.000
	松香水	kg	12.00	0.160	0.220	0.290	0.430	0.500	0.560
	聚四氟乙烯生料带	kg	67.70	0.010	0.010	0.010	0.010	0.010	0.010
	硬聚氯乙烯焊条 $\phi4$	kg	10.00	0.200	0.200	0.200	0.200	0.200	0.200
	钢锯条	根	0.89	2.000	2.000	4.000	4.000	4.000	4.000
	尼龙绳	kg	35.00	0.100	0.200	0.200	0.300	0.300	0.400
	白麻绳 $\phi26$	kg	7.50	6.000	6.000	6.000	6.000	6.000	6.000
	其他材料费	元	–	6.900	8.970	9.510	11.230	12.540	13.850
机械	交流弧焊机 32kV · A	台班	96.61	0.900	0.900	0.900	0.900	0.900	0.900
	汽车式起重机 8t	台班	728.19	–	–	–	–	–	0.450
	汽车式起重机 5t	台班	546.38	0.450	0.450	0.450	0.450	0.450	–
	载货汽车 8t	台班	619.25	–	–	–	–	–	0.450
	载货汽车 5t	台班	507.79	0.450	0.450	0.540	0.810	1.080	1.170
	试压泵 60MPa	台班	154.06	0.225	0.225	0.360	0.360	0.450	0.450
	电焊条烘干箱 $60\times50\times75cm^3$	台班	28.84	0.090	0.090	0.090	0.090	0.090	0.090
	电动空气压缩机 $0.6m^3/min$	台班	130.54	1.998	1.998	1.998	1.998	1.998	1.998

2. 体外再生罐安装

单位:台

定额编号				3-16-42	3-16-43	3-16-44	3-16-45
项目				体外再生罐 直径(mm)			
				ϕ800	ϕ1000	ϕ1250	ϕ1600
基价(元)				**2391.76**	**2536.25**	**2825.55**	**3243.25**
其中	人工费(元)			1288.64	1364.08	1637.44	1932.56
	材料费(元)			243.72	312.77	328.71	384.79
	机械费(元)			859.40	859.40	859.40	925.90
名称		单位	单价(元)	数量			
人工	综合工日	工日	80.00	16.108	17.051	20.468	24.157
材料	电	kW·h	0.85	8.660	8.660	8.660	8.660
	氧气	m^3	3.60	2.000	2.000	2.000	2.000
	乙炔气	m^3	25.20	0.660	0.660	0.660	0.660
	电焊条 结422 ϕ2.5	kg	5.04	3.000	3.000	3.000	3.000
	不锈钢电焊条102	kg	37.00	0.200	0.200	0.200	0.200
	热轧薄钢板3.0~4.0	kg	4.67	8.000	10.000	10.000	12.000
	镀锌铁丝8~12号	kg	5.36	3.000	4.000	4.000	5.000
	破布	kg	4.50	0.100	0.100	0.100	0.100

续前 单位:台

定额编号				3-16-42	3-16-43	3-16-44	3-16-45
项目				体外再生罐 直径(mm)			
				ϕ800	ϕ1000	ϕ1250	ϕ1600
材料	铁砂布 0~2 号	张	1.68	1.000	2.000	2.000	3.000
	耐酸橡胶板 $\delta=3$	kg	10.20	3.000	6.000	6.000	6.000
	酚醛调和漆(各种颜色)	kg	18.00	2.200	3.100	3.900	5.700
	松香水	kg	12.00	0.200	0.230	0.320	0.500
	聚四氟乙烯生料带	kg	67.70	0.010	0.010	0.010	0.010
	硬聚氯乙烯焊条 ϕ4	kg	10.00	0.200	0.200	0.200	0.200
	钢锯条	根	0.89	4.000	4.000	4.000	4.000
	尼龙绳	kg	35.00	0.100	0.200	0.200	0.300
	白麻绳 ϕ26	kg	7.50	6.000	6.000	6.000	6.000
	其他材料费	元	–	7.100	9.110	9.570	11.210
机械	交流弧焊机 32kV·A	台班	96.61	0.900	0.900	0.900	0.900
	汽车式起重机 5t	台班	546.38	0.450	0.450	0.450	0.450
	载货汽车 5t	台班	507.79	0.450	0.450	0.450	0.540
	试压泵 60MPa	台班	154.06	0.225	0.225	0.225	0.360
	电焊条烘干箱 $60\times50\times75cm^3$	台班	28.84	0.090	0.090	0.090	0.090
	电动空气压缩机 $0.6m^3/min$	台班	130.54	1.998	1.998	1.998	1.998

3. 树脂贮存罐安装

单位:台

定额编号				3-16-46	3-16-47	3-16-48	3-16-49
项目				树脂贮存罐 直径(mm)			
				ϕ800	ϕ1000	ϕ1250	ϕ1600
基价(元)				**1982.60**	**2097.11**	**2349.09**	**2757.97**
其中	人工费(元)			884.00	940.48	1175.04	1465.44
	材料费(元)			239.20	297.23	314.65	366.63
	机械费(元)			859.40	859.40	859.40	925.90
名称		单位	单价(元)	数量			
人工	综合工日	工日	80.00	11.050	11.756	14.688	18.318
材料	电	kW·h	0.85	8.660	8.660	8.660	8.660
	氧气	m^3	3.60	2.000	2.000	2.000	2.000
	乙炔气	m^3	25.20	0.660	0.660	0.660	0.660
	电焊条 结422 ϕ2.5	kg	5.04	3.000	3.000	3.000	3.000
	不锈钢电焊条 102	kg	37.00	0.200	0.200	0.200	0.200
	热轧薄钢板 3.0~4.0	kg	4.67	8.000	10.000	10.000	12.000
	镀锌铁丝 8~12号	kg	5.36	3.000	4.000	4.000	5.000
	破布	kg	4.50	0.100	0.100	0.100	0.100

续前　　　　　　　　　　　　　　　　　　　　　　　　　　　　　　单位：台

定额编号				3-16-46	3-16-47	3-16-48	3-16-49
项目				树脂贮存罐 直径(mm)			
				ϕ800	ϕ1000	ϕ1250	ϕ1600
材料	铁砂布 0~2 号	张	1.68	1.000	1.000	2.000	3.000
	耐酸橡胶板 $\delta=3$	kg	10.20	3.000	6.000	6.000	6.000
	酚醛调和漆（各种颜色）	kg	18.00	2.200	2.800	3.600	5.400
	松香水	kg	12.00	0.200	0.220	0.290	0.430
	聚四氟乙烯生料带	kg	67.70	0.010	0.010	0.010	0.010
	硬聚氯乙烯焊条 ϕ4	kg	10.00	0.200	0.200	0.200	0.200
	钢锯条	根	0.89	3.000	3.000	3.000	3.000
	白麻绳 ϕ26	kg	7.50	6.000	6.000	6.000	6.000
	其他材料费	元	–	6.970	8.660	9.160	10.680
机械	交流弧焊机 32kV·A	台班	96.61	0.900	0.900	0.900	0.900
	汽车式起重机 5t	台班	546.38	0.450	0.450	0.450	0.450
	载货汽车 5t	台班	507.79	0.450	0.450	0.450	0.540
	试压泵 60MPa	台班	154.06	0.225	0.225	0.225	0.360
	电焊条烘干箱 $60\times50\times75cm^3$	台班	28.84	0.090	0.090	0.090	0.090
	电动空气压缩机 $0.6m^3/min$	台班	130.54	1.998	1.998	1.998	1.998

七、水箱安装

单位:台

定额编号				3-16-50	3-16-51	3-16-52	3-16-53
项目				水箱 容积(m^3)			
				10	20	30	50
基价（元）				**1574.64**	**2050.44**	**2825.54**	**3966.81**
其中	人工费（元）			688.88	938.40	1257.36	1750.32
	材料费（元）			311.26	492.77	704.59	992.76
	机械费（元）			574.50	619.27	863.59	1223.73
名称		单位	单价(元)	数量			
人工	综合工日	工日	80.00	8.611	11.730	15.717	21.879
材料	水	t	4.00	12.000	24.000	36.000	60.000
	氧气	m^3	3.60	3.000	6.000	12.000	15.000
	乙炔气	m^3	25.20	1.140	2.280	4.560	5.700
	电焊条 结 422 $\phi2.5$	kg	5.04	3.000	5.000	6.000	8.000
	碳钢气焊条	kg	5.85	0.300	0.300	0.350	0.350
	热轧薄钢板 3.0～4.0	kg	4.67	5.000	7.000	9.000	12.000
	镀锌铁丝 8～12 号	kg	5.36	3.000	5.000	6.000	8.000

续前

单位:台

定额编号				3-16-50	3-16-51	3-16-52	3-16-53
项目				水箱 容积(m^3)			
				10	20	30	50
材料	破布	kg	4.50	0.100	0.100	0.100	0.100
	铁砂布 0~2号	张	1.68	3.000	4.000	5.000	7.000
	石棉橡胶板 低压 0.8~1.0	kg	13.20	3.000	3.000	3.000	5.000
	酚醛调和漆（各种颜色）	kg	18.00	5.800	8.800	11.800	16.000
	松香水	kg	12.00	0.460	0.700	0.940	1.280
	聚四氟乙烯生料带	kg	67.70	0.010	0.010	0.010	0.010
	钢锯条	根	0.89	3.000	3.000	3.000	3.000
	其他材料费	元	–	9.070	14.350	20.520	28.920
机械	交流弧焊机 32kV·A	台班	96.61	0.450	0.900	1.350	1.800
	龙门式起重机 30t	台班	805.28	0.117	0.117	0.180	0.180
	汽车式起重机 5t	台班	546.38	0.270	0.270	0.270	–
	汽车式起重机 16t	台班	1071.52	0.117	0.117	0.180	0.612
	平板拖车组 10t	台班	903.42	0.180	0.180	0.270	0.270
	电焊条烘干箱 $60\times50\times75cm^3$	台班	28.84	0.045	0.090	0.135	0.180

单位:台

定额编号				3-16-54	3-16-55	3-16-56
项目				水箱 容积(m^3)		
				75	100	150
基价(元)				**4832.28**	**5666.81**	**7802.76**
其中	人工费(元)			2162.40	2639.12	3251.12
	材料费(元)			1286.64	1599.68	2045.56
	机械费(元)			1383.24	1428.01	2506.08
名称		单位	单价(元)	数量		
人工	综合工日	工日	80.00	27.030	32.989	40.639
材料	水	t	4.00	90.000	120.000	180.000
	氧气	m^3	3.60	18.000	18.000	22.000
	乙炔气	m^3	25.20	6.840	6.840	8.360
	电焊条 结 422 ϕ2.5	kg	5.04	10.000	14.000	17.000
	碳钢气焊条	kg	5.85	0.400	0.400	0.500
	热轧薄钢板 3.0~4.0	kg	4.67	15.000	21.000	26.000
	镀锌铁丝 8~12 号	kg	5.36	10.000	14.000	17.000

续前　　　　单位:台

定　额　编　号				3-16-54	3-16-55	3-16-56
项　　目				水箱 容积(m^3)		
				75	100	150
材料	破布	kg	4.50	0.120	0.150	0.170
	铁砂布 0~2 号	张	1.68	9.000	11.000	12.000
	石棉橡胶板 低压 0.8~1.0	kg	13.20	5.000	5.000	7.000
	酚醛调和漆（各种颜色）	kg	18.00	20.600	26.400	29.400
	松香水	kg	12.00	1.650	2.110	2.350
	聚四氟乙烯生料带	kg	67.70	0.010	0.010	0.010
	钢锯条	根	0.89	3.000	4.000	4.000
	其他材料费	元	–	37.470	46.590	59.580
机械	交流弧焊机 32kV·A	台班	96.61	2.700	3.150	3.600
	龙门式起重机 30t	台班	805.28	0.207	0.207	0.414
	汽车式起重机 16t	台班	1071.52	0.657	0.657	1.314
	平板拖车组 10t	台班	903.42	0.270	0.270	0.450
	电焊条烘干箱 60×50×75cm^3	台班	28.84	0.270	0.315	0.360

八、除二氧化碳器安装

单位:台

定额编号				3-16-57	3-16-58	3-16-59	3-16-60	3-16-61	3-16-62
项目				除二氧化碳器 直径(mm)					
				填料高 2.0m			填料高 2.5m		
				ϕ630	ϕ800	ϕ1000	ϕ1250	ϕ1400	ϕ1600
基价(元)				**1715.57**	**1949.51**	**2228.38**	**2911.73**	**3144.73**	**3458.09**
其中	人工费(元)			995.52	1179.84	1384.48	1725.84	1870.00	2069.92
	材料费(元)			254.01	267.07	295.60	404.98	448.11	470.15
	机械费(元)			466.04	502.60	548.30	780.91	826.62	918.02
名称		单位	单价(元)	数量					
人工	综合工日	工日	80.00	12.444	14.748	17.306	21.573	23.375	25.874
材料	水	t	4.00	1.200	2.000	3.200	5.000	6.300	8.800
	氧气	m^3	3.60	2.000	2.000	2.000	4.000	4.000	4.000
	乙炔气	m^3	25.20	0.760	0.760	0.760	1.520	1.520	1.520
	电焊条 结 422 ϕ2.5	kg	5.04	1.000	1.000	1.000	2.000	2.000	2.000
	不锈钢电焊条 102	kg	37.00	0.200	0.200	0.200	0.200	0.200	0.200
	型钢综合	kg	4.00	6.000	6.000	6.000	10.000	10.000	10.000
	热轧薄钢板 3.0~4.0	kg	4.67	12.000	12.000	14.000	14.000	14.000	14.000
	镀锌铁丝 8~12 号	kg	5.36	3.000	3.000	3.000	6.000	6.000	6.000
	破布	kg	4.50	1.500	1.500	1.500	2.100	2.100	2.100

续前

单位：台

定额编号				3-16-57	3-16-58	3-16-59	3-16-60	3-16-61	3-16-62
项目				除二氧化碳器 直径(mm)					
				填料高 2.0m			填料高 2.5m		
				ϕ630	ϕ800	ϕ1000	ϕ1250	ϕ1400	ϕ1600
材料	铁砂布 0~2 号	张	1.68	1.000	1.000	2.000	3.000	3.000	3.000
	耐酸橡胶板 $\delta=3$	kg	10.20	0.600	0.600	0.600	1.000	1.000	1.000
	黄干油 钙基酯	kg	9.78	0.100	0.100	0.100	0.200	0.200	0.200
	煤油	kg	4.20	0.500	0.500	0.500	1.000	1.000	1.000
	汽油 93 号	kg	10.05	0.500	0.500	0.500	1.000	1.000	1.000
	酚醛调和漆（各种颜色）	kg	18.00	1.700	2.200	2.800	3.800	4.400	5.000
	松香水	kg	12.00	0.140	0.180	0.220	0.300	0.350	0.400
	羊毛毡	m^2	60.00	0.010	0.010	0.020	0.020	0.030	0.030
	毛刷	把	2.00	1.000	1.000	1.000	1.000	1.000	1.000
	机加工垫铁	kg	6.17	8.000	8.000	8.000	8.000	12.000	12.000
	其他材料费	元	-	7.400	7.780	8.610	11.800	13.050	13.690
机械	交流弧焊机 32kV·A	台班	96.61	0.450	0.450	0.450	0.900	0.900	0.900
	汽车式起重机 5t	台班	546.38	0.234	0.234	0.234	0.234	0.234	0.234
	汽车式起重机 16t	台班	1071.52	0.180	0.180	0.180	0.270	0.270	0.270
	载货汽车 5t	台班	507.79	0.198	0.270	0.360	0.540	0.630	0.810
	电焊条烘干箱 60×50×75cm^3	台班	28.84	0.045	0.045	0.045	0.090	0.090	0.090

九、其他水处理设备

1. 酸碱贮存罐安装

单位：台

定额编号				3-16-63	3-16-64	3-16-65	3-16-66	3-16-67
项目				酸碱贮存罐 容积(m^3)				
				8 以下	16 以下	20 以下	40 以下	60 以下
基价（元）				**1181.11**	**1522.11**	**1949.17**	**2286.96**	**2663.11**
其中	人工费（元）			588.24	846.64	971.76	1101.60	1395.36
	材料费（元）			122.36	143.03	199.84	225.49	307.88
	机械费（元）			470.51	532.44	777.57	959.87	959.87
名称		单位	单价(元)	数量				
人工	综合工日	工日	80.00	7.353	10.583	12.147	13.770	17.442
材料	氧气	m^3	3.60	2.000	2.000	2.000	2.000	2.000
	乙炔气	m^3	25.20	0.660	0.660	0.660	0.660	0.660
	电焊条 结 422 ϕ2.5	kg	5.04	1.000	1.000	1.000	1.000	1.000
	热轧薄钢板 3.0～4.0	kg	4.67	10.000	12.000	16.000	16.000	22.000

续前

单位：台

定额编号				3-16-63	3-16-64	3-16-65	3-16-66	3-16-67
项目				酸碱贮存罐 容积(m^3)				
				8 以下	16 以下	20 以下	40 以下	60 以下
材料	镀锌铁丝 8～12 号	kg	5.36	3.000	5.000	8.000	8.000	10.000
	破布	kg	4.50	0.500	0.500	0.500	0.500	0.600
	耐酸橡胶板 $\delta=3$	kg	10.20	2.000	2.000	4.000	6.000	10.000
	酚醛调和漆（各种颜色）	kg	18.00	0.250	0.250	0.250	0.500	0.500
	其他材料费	元	–	3.560	4.170	5.820	6.570	8.970
机械	交流弧焊机 32kV·A	台班	96.61	0.450	0.450	0.450	0.450	0.450
	汽车式起重机 8t	台班	728.19	0.270	0.270	0.360	–	–
	汽车式起重机 16t	台班	1071.52	–	–	–	0.360	0.360
	载货汽车 8t	台班	619.25	0.270	0.270	0.360	–	–
	载货汽车 10t	台班	782.33	–	–	–	0.360	0.360
	电动卷扬机(单筒慢速) 30kN	台班	137.62	0.450	0.900	1.800	1.800	1.800
	电焊条烘干箱 $60\times50\times75cm^3$	台班	28.84	0.045	0.045	0.045	0.045	0.045

2. 溶液箱、计量箱、搅拌器、喷射器安装

单位:台

定额编号				3-16-68	3-16-69	3-16-70	3-16-71	3-16-72	3-16-73
项目				溶液箱、计量箱 容积(m^3)			搅拌器 容积(m^3)		喷射器
				0.5 以下	1.5 以下	3 以下		8 以下	
基价(元)				**641.28**	**736.66**	**881.85**	**1055.99**	**1377.76**	**577.53**
其中	人工费(元)			262.48	342.72	440.64	406.00	692.24	387.60
	材料费(元)			119.51	134.65	169.53	130.84	166.37	145.16
	机械费(元)			259.29	259.29	271.68	519.15	519.15	44.77
名称		单位	单价(元)	数量					
人工	综合工日	工日	80.00	3.281	4.284	5.508	5.075	8.653	4.845
材料	氧气	m^3	3.60	2.000	2.000	2.000	3.000	3.000	3.000
	乙炔气	m^3	25.20	0.660	0.660	0.660	0.990	0.990	0.990
	电焊条 结 422 ϕ2.5	kg	5.04	1.000	1.000	1.000	1.000	1.000	1.500
	型钢综合	kg	4.00	–	–	–	–	–	8.000
	热轧薄钢板 3.0~4.0	kg	4.67	5.000	7.000	9.000	8.000	11.000	10.000
	镀锌铁丝 8~12 号	kg	5.36	3.000	4.000	6.000	1.000	2.000	–
	煤油	kg	4.20	–	–	–	0.800	0.800	–

续前

单位：台

定额编号				3-16-68	3-16-69	3-16-70	3-16-71	3-16-72	3-16-73
项目				溶液箱、计量箱 容积(m^3)			搅拌器 容积(m^3)		喷射器
				0.5 以下	1.5 以下	3 以下		8 以下	
材料	黄干油 钙基酯	kg	9.78	–	–	–	0.200	0.200	–
	破布	kg	4.50	0.500	0.500	0.500	0.500	0.500	0.250
	聚四氟乙烯生料带	kg	67.70	–	–	–	0.010	0.010	–
	铁砂布 0~2 号	张	1.68	1.000	1.000	1.000	1.000	1.000	–
	耐酸橡胶板 $\delta=3$	kg	10.20	1.000	1.000	2.000	–	–	1.000
	尼龙砂轮片 $\phi100$	片	7.60	–	–	–	–	–	1.000
	酚醛调和漆（各种颜色）	kg	18.00	1.800	1.800	2.000	1.800	2.600	–
	松香水	kg	12.00	0.100	0.100	0.100	0.100	0.160	–
	其他材料费	元	–	3.480	3.920	4.940	3.810	4.850	4.230
机械	交流弧焊机 32kV·A	台班	96.61	0.450	0.450	0.450	0.450	0.450	0.450
	汽车式起重机 5t	台班	546.38	0.180	0.180	0.180	0.450	0.450	–
	载货汽车 5t	台班	507.79	0.180	0.180	0.180	0.450	0.450	–
	电动卷扬机(单筒慢速) 30kN	台班	137.62	0.180	0.180	0.270	–	–	–
	电焊条烘干箱 $60\times50\times75cm^3$	台班	28.84	0.045	0.045	0.045	0.045	0.045	0.045

3. 吸收器、树脂捕捉器安装

单位:台

定额编号				3-16-74	3-16-75	3-16-76	3-16-77	3-16-78	3-16-79
项目				泡沫吸收器直径(mm)	吸收器直径(mm)		树脂捕捉器 直径(mm)		
				$\phi600$	$\phi266$	$\phi362$	$\phi133$	$\phi219$	$\phi273$
基价(元)				**1525.74**	**213.30**	**219.61**	**382.74**	**443.94**	**462.98**
其中	人工费(元)			877.20	174.80	174.80	217.60	278.80	297.84
	材料费(元)			176.02	38.50	44.81	120.37	120.37	120.37
	机械费(元)			472.52	–	–	44.77	44.77	44.77
名称		单位	单价(元)	数量					
人工	综合工日	工日	80.00	10.965	2.185	2.185	2.720	3.485	3.723
材料	氧气	m^3	3.60	2.000	–	–	2.000	2.000	2.000
	乙炔气	m^3	25.20	0.760	–	–	0.660	0.660	0.660
	电焊条 结 422 $\phi2.5$	kg	5.04	2.000	–	–	1.000	1.000	1.000
	型钢综合	kg	4.00	–	–	–	5.000	5.000	5.000
	碳钢气焊条	kg	5.85	1.000	–	–	–	–	–
	热轧薄钢板 3.0~4.0	kg	4.67	13.000	–	–	4.000	4.000	4.000

续前

单位：台

定额编号				3-16-74	3-16-75	3-16-76	3-16-77	3-16-78	3-16-79
项目				泡沫吸收器直径(mm)	吸收器直径(mm)		树脂捕捉器 直径(mm)		
				$\phi 600$	$\phi 266$	$\phi 362$	$\phi 133$	$\phi 219$	$\phi 273$
材料	镀锌铁丝 8~12 号	kg	5.36	4.000	–	–	1.000	1.000	1.000
	破布	kg	4.50	0.200	–	–	0.100	0.100	0.100
	铁砂布 0~2 号	张	1.68	1.000	–	–	–	–	–
	耐酸橡胶板 $\delta=3$	kg	10.20	2.000	3.400	4.000	4.000	4.000	4.000
	酚醛调和漆（各种颜色）	kg	18.00	1.200	0.150	0.150	0.150	0.150	0.150
	松香水	kg	12.00	0.100	–	–	–	–	–
	聚四氟乙烯生料带	kg	67.70	0.010	–	–	–	–	–
	其他材料费	元	–	5.130	1.120	1.310	3.510	3.510	3.510
机械	交流弧焊机 32kV·A	台班	96.61	0.900	–	–	0.450	0.450	0.450
	汽车式起重机 5t	台班	546.38	0.450	–	–	–	–	–
	载货汽车 5t	台班	507.79	0.270	–	–	–	–	–
	电焊条烘干箱 $60\times50\times75cm^3$	台班	28.84	0.090	–	–	0.045	0.045	0.045

4. 贮气罐、取样设备安装

单位：台

定额编号				3-16-80	3-16-81	3-16-82	3-16-83
项目				贮气罐 容积（m^3）			取样冷却器
				0.7 以下	2.5 以下	6 以下	
基价（元）				**931.75**	**1063.10**	**1344.53**	**319.45**
其中	人工费（元）			340.00	431.12	592.32	238.00
	材料费（元）			120.53	160.76	231.81	39.20
	机械费（元）			471.22	471.22	520.40	42.25
名称		单位	单价(元)	数量			
人工	综合工日	工日	80.00	4.250	5.389	7.404	2.975
材料	氧气	m^3	3.60	2.000	2.000	2.000	1.300
	乙炔气	m^3	25.20	0.660	0.660	0.660	0.430
	电焊条 结 422 ϕ2.5	kg	5.04	1.000	2.000	2.000	0.750
	型钢综合	kg	4.00	–	–	–	0.250
	热轧薄钢板 3.0～4.0	kg	4.67	6.000	8.000	11.000	0.100
	镀锌铁丝 8～12 号	kg	5.36	1.000	2.000	3.000	–
	汽轮机油（各种规格）	kg	8.80	–	–	–	0.050
	破布	kg	4.50	0.200	0.200	0.200	0.030

续前 单位:台

定额编号				3-16-80	3-16-81	3-16-82	3-16-83
项目				贮气罐 容积（m^3）			取样冷却器
				0.7 以下	2.5 以下	6 以下	
材料	铁砂布 0～2 号	张	1.68	1.000	1.000	2.000	0.500
	耐酸橡胶板 δ=3	kg	10.20	2.500	3.000	3.000	–
	酚醛调和漆（各种颜色）	kg	18.00	1.250	2.000	4.500	0.600
	石棉橡胶板 中压 0.8～1.0	kg	17.00	–	–	–	0.220
	松香水	kg	12.00	0.070	0.130	0.300	0.110
	聚四氟乙烯生料带	kg	67.70	0.010	0.010	0.010	–
	黑铅粉	kg	1.10	–	–	–	0.020
	钢锯条	根	0.89	3.000	3.000	4.000	–
	其他材料费	元	–	3.510	4.680	6.750	1.140
机械	交流弧焊机 32kV·A	台班	96.61	0.900	0.900	0.900	–
	直流弧焊机 20kW	台班	84.19	–	–	–	0.225
	汽车式起重机 5t	台班	546.38	0.450	0.450	0.540	–
	载货汽车 5t	台班	507.79	0.270	0.270	0.270	–
	电焊条烘干箱 60×50×75cm^3	台班	28.84	0.045	0.045	0.045	–
	内燃空气压缩机 6m^3/min	台班	524.78	–	–	–	0.018
	试压泵 60MPa	台班	154.06	–	–	–	0.090

十、油处理设备安装

单位:台

定额编号				3-16-84	3-16-85	3-16-86	3-16-87
项目				露天油箱 容积（m^3）			
				10	20	30	40
基价（元）				1746.56	2037.39	2377.84	3477.87
其中	人工费（元）			848.64	1042.48	1188.00	1675.52
	材料费（元）			412.65	509.64	583.30	712.82
	机械费（元）			485.27	485.27	606.54	1089.53
名称		单位	单价(元)	数量			
人工	综合工日	工日	80.00	10.608	13.031	14.850	20.944
材料	电	kW·h	0.85	1.000	2.000	2.000	2.000
	氧气	m^3	3.60	3.000	3.000	3.000	6.000
	乙炔气	m^3	25.20	1.140	1.140	1.140	2.280
	电焊条 结422 ϕ2.5	kg	5.04	2.000	2.000	2.000	3.000
	碳钢气焊条	kg	5.85	0.200	0.200	0.200	0.300
	热轧薄钢板 3.0~4.0	kg	4.67	6.000	8.000	10.000	14.000
	镀锌铁丝 8~12号	kg	5.36	5.000	5.000	6.000	8.000

续前

单位：台

定额编号				3-16-84	3-16-85	3-16-86	3-16-87
项目				露天油箱 容积（m^3）			
				10	20	30	40
材料	破布	kg	4.50	2.000	3.000	3.000	3.500
	棉纱头	kg	6.34	1.500	2.000	2.500	3.000
	铁砂布 0~2 号	张	1.68	6.000	9.000	12.000	13.000
	耐油橡胶石棉板 $\delta=2$	kg	45.88	3.000	3.000	3.000	3.000
	酚醛调和漆（各种颜色）	kg	18.00	6.500	10.000	12.700	15.100
	聚四氟乙烯生料带	kg	67.70	0.010	0.020	0.020	0.020
	尼龙砂轮片 $\phi100$	片	7.60	1.000	2.000	2.000	2.000
	钢锯条	根	0.89	3.000	3.000	3.000	4.000
	其他材料费	元	–	12.020	14.840	16.990	20.760
机械	直流弧焊机 20kW	台班	84.19	0.450	0.450	0.450	0.900
	龙门式起重机 30t	台班	805.28	0.090	0.090	0.090	0.090
	汽车式起重机 8t	台班	728.19	0.360	0.360	0.450	–
	汽车式起重机 16t	台班	1071.52	–	–	–	0.720
	载货汽车 8t	台班	619.25	0.180	0.180	0.270	0.270
	电焊条烘干箱 $60\times50\times75cm^3$	台班	28.84	0.045	0.045	0.045	0.090

单位：台

定额编号				3-16-88	3-16-89	3-16-90
项目				露天油箱 容积（m^3）		中间油箱 容积（m^3）
				60	80	2
基价（元）				**3977.47**	**4556.60**	**895.45**
其中	人工费（元）			2025.04	2344.64	408.00
	材料费（元）			862.90	970.26	186.04
	机械费（元）			1089.53	1241.70	301.41
名称		单位	单价(元)	数量		
人工	综合工日	工日	80.00	25.313	29.308	5.100
材料	电	kW·h	0.85	3.000	4.000	1.000
	氧气	m^3	3.60	6.000	6.000	2.000
	乙炔气	m^3	25.20	2.280	2.280	0.760
	电焊条 结422 ϕ2.5	kg	5.04	3.000	3.000	2.000
	碳钢气焊条	kg	5.85	0.300	0.300	0.100
	热轧薄钢板 3.0~4.0	kg	4.67	20.000	24.000	6.000
	镀锌铁丝 8~12号	kg	5.36	10.000	12.000	1.000
	破布	kg	4.50	3.500	4.000	0.500

续前

单位：台

定额编号				3-16-88	3-16-89	3-16-90
项目				露天油箱 容积（m^3）		中间油箱 容积（m^3）
				60	80	2
材料	棉纱头	kg	6.34	3.000	3.500	0.500
	铁砂布 0～2 号	张	1.68	17.000	19.000	1.000
	耐油橡胶石棉板 $\delta=2$	kg	45.88	3.000	3.000	1.500
	酚醛调和漆（各种颜色）	kg	18.00	20.200	23.400	1.300
	聚四氟乙烯生料带	kg	67.70	0.020	0.020	0.010
	尼龙砂轮片 $\phi100$	片	7.60	3.000	4.000	1.000
	钢锯条	根	0.89	4.000	4.000	2.000
	其他材料费	元	–	25.130	28.260	5.420
机械	直流弧焊机 20kW	台班	84.19	0.900	0.900	0.450
	龙门式起重机 30t	台班	805.28	0.090	0.090	0.090
	汽车式起重机 5t	台班	546.38	–	–	0.180
	汽车式起重机 16t	台班	1071.52	0.720	0.810	–
	载货汽车 8t	台班	619.25	0.270	0.360	–
	载货汽车 5t	台班	507.79	–	–	0.180
	电焊条烘干箱 $60\times50\times75cm^3$	台班	28.84	0.090	0.090	0.045

十一、水处理设备系统试运

单位:套

定额编号				3-16-91	3-16-92	3-16-93	3-16-94
项目				过滤、两级钠交换系统		过滤、并列氢钠两级钠系统	
				出力(t/h)			
				30～60	70～150	30～60	70～150
基价(元)				**52640.13**	**106706.78**	**68950.16**	**151329.95**
其中	人工费(元)			7884.64	9636.32	10324.48	13765.92
	材料费(元)			43566.04	95313.43	56522.21	132607.93
	机械费(元)			1189.45	1757.03	2103.47	4956.10
名称		单位	单价(元)	数量			
人工	综合工日	工日	80.00	98.558	120.454	129.056	172.074
材料	水	t	4.00	3548.000	11784.000	4374.000	12902.000
	软化水	t	20.00	945.000	1425.000	962.000	1547.000
	电	kW·h	0.85	816.000	1056.000	1224.000	1581.000
	氧气	m^3	3.60	6.000	10.000	6.000	10.000
	乙炔气	m^3	25.20	1.980	3.300	1.980	3.300
	电焊条 结422 ϕ2.5	kg	5.04	2.000	3.000	2.000	3.000
	钢板平焊法兰 1.6MPaDN50	片	46.78	6.000	10.000	6.000	10.000

续前 单位:套

定额编号				3-16-91	3-16-92	3-16-93	3-16-94
项目				过滤、两级钠交换系统		过滤、并列氢钠两级钠系统	
				出力(t/h)			
				30~60	70~150	30~60	70~150
材料	热轧薄钢板 3.0~4.0	kg	4.67	50.000	80.000	50.000	80.000
	破布	kg	4.50	1.000	2.000	1.000	2.000
	石棉橡胶板 低压 0.8~1.0	kg	13.20	1.000	2.000	1.000	2.000
	精制六角带帽螺栓 M16×61~80	10套	16.24	3.000	22.000	3.000	22.000
	聚四氟乙烯生料带	kg	67.70	0.020	0.020	0.020	0.020
	工业盐	kg	1.80	4360.000	8130.000	3930.000	12000.000
	盐酸	kg	0.95	–	–	5860.000	13900.000
	氢氧化钠	kg	3.30	–	–	1150.000	2630.000
	其他材料费	元	–	1268.910	2776.120	1646.280	3862.370
机械	交流弧焊机 32kV·A	台班	96.61	0.900	1.800	0.900	1.800
	载货汽车 5t	台班	507.79	1.800	2.700	3.600	9.000
	内燃空气压缩机 $6m^3/min$	台班	524.78	0.090	0.135	0.090	0.135
	试压泵 60MPa	台班	154.06	0.900	0.900	0.900	0.900
	电焊条烘干箱 $60\times50\times75cm^3$	台班	28.84	0.090	0.090	0.090	0.090

单位:套

定额编号				3-16-95	3-16-96	3-16-97	3-16-98
项目				过滤、一级除盐混床系统		过滤、两级化学除盐系统	
				出力(t/h)			
				30～60	70～150	30～60	70～150
基价(元)				**95539.68**	**170628.58**	**149535.49**	**258359.23**
其中	人工费(元)			13765.92	18971.36	19271.92	25842.08
	材料费(元)			76918.78	144401.89	122675.97	219334.85
	机械费(元)			4854.98	7255.33	7587.60	13182.30
名称		单位	单价(元)	数量			
人工	综合工日	工日	80.00	172.074	237.142	240.899	323.026
材料	除盐水	t	-	(1894.000)	(2724.000)	(2056.000)	(3004.000)
	水	t	4.00	5365.000	14040.000	8146.000	18000.000
	电	kW·h	0.85	1224.000	2324.000	1224.000	2324.000
	氧气	m^3	3.60	6.000	10.000	6.000	10.000
	乙炔气	m^3	25.20	1.980	3.300	1.980	3.300
	电焊条 结 422 ϕ2.5	kg	5.04	2.000	3.000	2.000	3.000
	钢板平焊法兰 1.6MPaDN50	片	46.78	6.000	10.000	6.000	10.000

续前

单位:套

定额编号				3-16-95	3-16-96	3-16-97	3-16-98
项目				过滤、一级除盐混床系统		过滤、两级化学除盐系统	
				出力(t/h)			
				30～60	70～150	30～60	70～150
材料	热轧薄钢板 3.0～4.0	kg	4.67	50.000	80.000	50.000	80.000
	破布	kg	4.50	2.000	2.200	2.100	2.300
	石棉橡胶板 低压 0.8～1.0	kg	13.20	1.000	2.000	1.000	2.000
	精制六角带帽螺栓 M16×61～80	10套	16.24	3.000	22.000	3.000	22.000
	聚四氟乙烯生料带	kg	67.70	0.020	0.020	0.020	0.020
	盐酸	kg	0.95	17400.000	30400.000	33000.000	58000.000
	氢氧化钠	kg	3.30	10600.000	15700.000	16200.000	25000.000
	其他材料费	元	-	2240.350	4205.880	3573.090	6388.390
机械	交流弧焊机 32kV·A	台班	96.61	0.900	1.800	0.900	1.800
	载货汽车 5t	台班	507.79	9.000	13.500	14.400	25.200
	内燃空气压缩机 $6m^3/min$	台班	524.78	0.108	0.162	0.090	0.135
	试压泵 60MPa	台班	154.06	0.900	0.900	0.900	0.900
	电焊条烘干箱 $60\times50\times75cm^3$	台班	28.84	0.090	0.090	0.090	0.090

第十七章　炉 墙 砌 筑

说　明

一、本章炉墙砌筑定额适用于 75～130t/h 锅炉配套的轻型炉墙砌筑工程；75t/h 以下的重型炉墙砌筑按第九册《冶金炉窑砌筑工程》预算定额执行；保温绝热工程执行第八册《刷油、防腐、保温工程》。

二、工作内容：

1. 耐火混凝土、耐火塑料、保温混凝土：材料运搬，按配比配料，骨料闷料，搅拌，浇灌，捣打，表面处理，养生及试块制作，模板制作、安装及拆除。

2. 炉墙填料：材料运搬、填料填塞及充实。

3. 炉墙抹面及密封涂料：材料运搬，按配比配料，搅拌，涂料压光，钢筋加工、焊接、绑扎及涂刷沥青，表面修理及试块制作。

4. 文丘里管、捕滴筒内衬砌筑：材料运搬，调制胶泥，清洗板块，设备内部除锈，涂稀胶泥，拉线砌筑，板块临时加工，勾缝找平，分层抹平及压光，酸洗，养护。

5. 送粉管道弯头防磨：材料运搬，铸石板清点、砌筑，板块临时加工，混凝土搅拌、浇灌、填塞捣实。

6. 冲灰沟内衬铸石板：材料运搬，灰沟内部找平，砂浆搅拌，铸石板清点、镶砌及板块临时加工，勾缝。

三、各种炉墙结构地面组合施工以及起吊后的填塞和施工接缝等工作，均已综合在各项有关定额中，编制预算时不另行计算。

四、定额中以括号“（ ）”标出的材料为未计价材料，编制预算时应根据设计的材料配合比及当地材料预算价格增计其费用。

五、定额单位“m^3”或“m^2”指砌体的实体积或实面积。计算工程量时，以下部分不作扣除：

1. 小于 25mm 的膨胀缝所占体积。

2. 断面积小于 0.02m^2 的孔洞。

3. 炉门喇叭口的斜度。

4. 墙根交叉处的小斜坡。

六、敷管式及膜式水冷壁炉墙砌筑：

1. 工作内容：

（1）耐火混凝土："L"型钩钉焊接，铁丝网下料、敷设及定位；

（2）炉底磷酸耐火混凝土：工作件表面清扫、除垢，膨胀缝设置五合板，调酸、搅拌及闷料，分层捣打，层间打毛，养护；

（3）膜式水冷壁保温混凝土："L"型钩钉焊接，铁丝网下料、敷设及定位；

（4）矿、岩棉缝合毡或矿、岩棉半硬板："L"型钩钉焊接，矿、岩棉缝合毡或矿、岩棉半硬板分层铺实，铁丝网敷设，用压板及螺母紧固压紧缝合毡或半硬板至设计厚度；

（5）炉墙抹面及密封涂料：敷设铁丝网紧固定位。

2. 直斜墙及包墙适用于水冷壁炉墙、冷灰斗炉墙及过热器包墙，炉顶部分适用于平顶棚炉墙，超细玻璃棉缝合毡只适用于膜式水冷壁炉墙，炉墙抹面及密封涂料适用于全炉。

3. 敷管式与膜式水冷壁炉墙工程量计算时，应扣除加热面管子埋入炉墙部分。

七、框架式耐火混凝土炉墙砌筑：

1. 工作内容：钢筋拉直、加工、焊接、绑扎，吊砖铁件安装。

2. 直斜墙部分适用于燃烧室、省煤器及过热器炉墙，炉顶适用于前后平顶棚和斜顶棚，保温混凝土、抹面层及密封涂料适用于炉墙一切部位。

3. 抹面中如设计有铁丝网时,应执行敷管炉墙抹面定额。

八、炉墙中局部耐火混凝土、耐火塑料及保温混凝土浇灌:

1. 耐火混凝土定额适用于各型炉墙节点中的零星部位(灰渣斗及冷灰斗管子穿墙、炉顶及省煤器等管子穿墙、折焰角管子穿墙、空气预热器防磨及省煤器支撑梁等),也适用于高温炉烟管道中的耐火混凝土浇灌。耐火塑料定额适用于大汽包底部及空气预热器伸缩节等投掷式施工部位。燃烧带适用于炉膛高温区带钩钉的水冷壁管表面敷设。保温混凝土定额适用于炉墙节点中的零星部位。

2. 计算工程量时应扣除管子穿墙部分的体积。

九、炉墙填料填塞:

1. 石棉硅藻土定额适用于加热面联箱外壳的填料填塞,石棉绒高硅氧纤维定额适用于顶棚过热器上穿墙管外的密封,也适用于施工图上注明的性质相近的填料施工。

2. 计算工程量时应扣除管子穿墙部分的体积。

十、文丘里管、捕滴筒内衬:

1. 适用于一般规格钢制的文丘里管、捕滴筒及水膜式除尘器,不适用于混凝土及砖结构的砌筑。

2. CF-9 干式除尘器定额也适用于其他钢制干式除尘器。

3. 内衬板砌筑定额中瓷板、铸石板、胶泥为未计价材料,均以“( )”表示,具体工程量可根据设计用量加损耗量计算。

十一、送粉管道弯头防磨及冲灰沟内衬铸石板:

1. 定额单位“10m”系冲灰沟中心线的延长长度。

2. 定额对冲灰沟弯头的异型铸石板的施工已作了综合,执行时不再作调整。

一、敷管式及膜式水冷壁炉墙砌筑

单位：m^3

定额编号				3-17-1	3-17-2	3-17-3
项目				耐火混凝土		保温混凝土
				炉底磷酸盐混凝土	直斜墙及包墙	敷管式直斜墙及包墙
基价（元）				**2529.57**	**1793.87**	**427.83**
其中	人工费（元）			1649.68	1109.76	345.44
	材料费（元）			585.59	533.34	42.89
	机械费（元）			294.30	150.77	39.50
名称		单位	单价(元)	数量		
人工	综合工日	工日	80.00	20.621	13.872	4.318
材料	磷酸盐混凝土	m^3	–	(1.130)	–	–
	耐火混凝土 1000℃	m^3	–	–	(1.060)	–
	保温混凝土	m^3	–	–	–	(1.060)
	电	kW·h	0.85	144.000	–	–
	电焊条 结 422 ϕ2.5	kg	5.04	2.000	2.700	–
	型钢综合	kg	4.00	6.860	–	–
	圆钢 ϕ5.5～9	kg	4.10	–	3.200	–

续前　　　　单位：m^3

定　额　编　号				3-17-1	3-17-2	3-17-3
项　目				耐火混凝土		保温混凝土
				炉底磷酸盐混凝土	直斜墙及包墙	敷管式直斜墙及包墙
材料	镀锌铁丝	kg	6.20	5.900	–	–
	镀锌铁丝网 40×40×3.6	m^2	9.90	1.500	36.800	–
	橡胶板 各种规格	kg	9.68	1.000	–	–
	加固木板	m^3	1980.00	0.020	0.040	0.020
	钉子 2″	kg	6.80	0.100	0.700	0.300
	硅藻土粉 生料	kg	0.49	39.000	–	–
	硅藻土隔热砖 GG–0.7	m^3	629.00	0.390	–	–
	胶合板 6mm	m^2	21.40	2.000	2.000	–
	其他材料费	元	–	17.060	15.530	1.250
机械	交流弧焊机 21kV·A	台班	64.00	1.350	1.341	–
	强制反转式混凝土搅拌机 400L 以内	台班	183.98	0.270	0.279	0.180
	机动翻斗车 1t	台班	193.00	0.720	0.063	0.027
	轴流风机 7.5kW	台班	42.81	0.450	–	–
	液压升降机 9m	台班	32.47	–	0.045	0.036

单位：m^3

定额编号				3-17-4	3-17-5	3-17-6	3-17-7
项目				保温混凝土(膜式水冷壁)		保温制品直斜墙及包墙	
				炉墙 $s=50mm$	炉墙 $s=180mm$	矿、岩棉、 超细棉缝合毡	矿、岩棉、泡沫 石棉半硬板
基价（元）				**1212.52**	**558.95**	**412.06**	**397.10**
其中	人工费（元）			665.76	411.44	161.84	146.88
	材料费（元）			438.72	94.19	216.58	216.58
	机械费（元）			108.04	53.32	33.64	33.64
名称		单位	单价(元)	数量			
人工	综合工日	工日	80.00	8.322	5.143	2.023	1.836
材料	保温混凝土	m^3	–	(1.060)	(1.060)	–	–
	岩棉板毡	m^3	–	–	–	(1.030)	(1.030)
	电焊条 结422 $\phi2.5$	kg	5.04	2.000	0.500	–	–
	圆钢 $\phi5.5\sim9$	kg	4.10	3.200	1.000	–	–
	镀锌铁丝	kg	6.20	–	–	6.800	6.800

续前

单位：m^3

定额编号				3-17-4	3-17-5	3-17-6	3-17-7
项目				保温混凝土(膜式水冷壁)		保温制品直斜墙及包墙	
				炉墙 s=50mm	炉墙 s=180mm	矿、岩棉、超细棉缝合毡	矿、岩棉、泡沫石棉半硬板
材料	镀锌铁丝网 20×20×1.6	m^2	12.92	–	–	13.500	13.500
	镀锌铁丝网 40×40×3.6	m^2	9.90	32.200	6.400	–	–
	加固木板	m^3	1980.00	0.040	0.010	–	–
	钉子 2″	kg	6.80	0.700	0.120	–	–
	煤	kg	0.85	–	1.000	–	–
	其他材料费	元	–	12.780	2.740	–	–
机械	交流弧焊机 21kV·A	台班	64.00	1.071	0.216	–	–
	载货汽车 5t	台班	507.79	–	–	0.009	0.009
	强制反转式混凝土搅拌机 400L 以内	台班	183.98	0.180	0.180	–	–
	电动卷扬机(单筒快速) 10kN	台班	129.21	–	–	0.225	0.225
	机动翻斗车 1t	台班	193.00	0.027	0.027	–	–
	液压升降机 9m	台班	32.47	0.036	0.036	–	–

二、框架式炉墙砌筑

单位：m^3

定额编号				3-17-8	3-17-9	3-17-10	3-17-11	3-17-12
项目				耐火混凝土	保温混凝土	保温制品	炉墙密封涂料	
				直斜墙			$d=20mm$	$d=40mm$
基价（元）				**3385.30**	**650.99**	**281.63**	**5614.12**	**7028.93**
其中	人工费（元）			947.92	304.00	102.00	3629.20	4889.92
	材料费（元）			2258.74	261.41	103.80	1497.88	1497.88
	机械费（元）			178.64	85.58	75.83	487.04	641.13
名称		单位	单价(元)	数量				
人工	综合工日	工日	80.00	11.849	3.800	1.275	45.365	61.124
材料	保温混凝土	m^3	–	–	(1.060)	–	–	–
	保温制品	m^3	–	–	–	(1.060)	–	–
	密封涂料	m^3	–	–	–	–	(2.100)	(4.200)
	耐火混凝土 1000℃	m^3	–	(1.060)	–	–	–	–
	普通硅酸盐水泥 32.5	t	330.00	0.020	–	–	–	–
	河砂	m^3	42.00	0.050	–	–	–	–
	红砖 240×115×53	千块	300.00	0.030	–	–	–	–
	油毛毡	m^2	2.86	14.500	–	–	–	–
	电焊条 结 422 $\phi2.5$	kg	5.04	–	0.500	0.130	2.000	2.000

续前

单位:m^3

定额编号				3-17-8	3-17-9	3-17-10	3-17-11	3-17-12
项目				耐火混凝土	保温混凝土	保温制品	炉墙密封涂料	
				直斜墙			$d=20mm$	$d=40mm$
材料	不锈钢电焊条 102	kg	37.00	6.800	–	–	–	–
	镀锌铁丝网 20×20×1.6	m^2	12.92	–	–	–	105.000	105.000
	圆钢 $\phi5.5\sim9$	kg	4.10	–	48.000	12.000	32.000	32.000
	不锈钢圆钢 $\phi>6$	kg	24.00	73.000	–	–	–	–
	镀锌铁丝	kg	6.20	0.640	–	8.700	–	–
	加固木板	m^3	1980.00	0.040	0.020	–	–	–
	钉子 2″	kg	6.80	0.620	0.300	–	–	–
	胶合板 6mm	m^2	21.40	2.000	0.600	–	–	–
	其他材料费	元	–	65.790	7.610	–	–	–
机械	交流弧焊机 21kV·A	台班	64.00	–	0.720	0.540	4.959	4.770
	直流弧焊机 20kW	台班	84.19	1.377	–	–	–	–
	电动卷扬机(单筒快速) 10kN	台班	129.21	–	–	0.270	0.027	0.027
	强制反转式混凝土搅拌机 400L 以内	台班	183.98	0.270	0.180	–	–	–
	滚筒式混凝土搅拌机(电动) 250L	台班	164.37	–	–	–	0.900	1.800
	机动翻斗车 1t	台班	193.00	0.063	0.027	0.027	0.090	0.180
	液压升降机 9m	台班	32.47	0.027	0.036	0.036	0.027	0.054

三、敷管及框架式炉顶炉墙砌筑

单位：m^3

定额编号				3-17-13	3-17-14	3-17-15	3-17-16	3-17-17	3-17-18
项目				耐火混凝土		保温混凝土		炉墙抹面	
				敷管式	框架式	敷管式	框架式	敷管式	框架式
基价（元）				**1955.07**	**3365.58**	**462.86**	**296.36**	**3407.92**	**939.77**
其中	人工费（元）			1338.24	1313.12	356.32	227.84	1501.44	777.92
	材料费（元）			459.83	1893.07	42.89	42.89	1539.26	–
	机械费（元）			157.00	159.39	63.65	25.63	367.22	161.85
名称		单位	单价(元)	数				量	
人工	综合工日	工日	80.00	16.728	16.414	4.454	2.848	18.768	9.724
材料	耐火混凝土 1000℃	m^3	–	(1.060)	(1.060)	–	–	–	–
	保温混凝土	m^3	–	–	–	(1.060)	(1.060)	–	–
	抹面材料	m^3	–	–	–	–	–	(2.650)	(2.120)
	普通硅酸盐水泥 32.5	t	330.00	–	0.020	–	–	–	–
	河砂	m^3	42.00	–	0.050	–	–	–	–
	红砖 240×115×53	千块	300.00	–	0.030	–	–	–	–
	钉子 2″	kg	6.80	0.400	0.400	0.300	0.300	–	–
	电焊条 结 422 ϕ2.5	kg	5.04	0.500	–	–	–	2.000	–
	不锈钢电焊条 102	kg	37.00	–	0.500	–	–	–	–

续前

单位：m^3

定额编号				3-17-13	3-17-14	3-17-15	3-17-16	3-17-17	3-17-18
项目				耐火混凝土		保温混凝土		炉墙抹面	
				敷管式	框架式	敷管式	框架式	敷管式	框架式
材料	圆钢 $\phi 5.5\sim9$	kg	4.10	3.000	–	–	–	40.000	–
	不锈钢圆钢 $\phi>6$	kg	24.00	–	.58.000	–	–	–	–
	镀锌铁丝	kg	6.20	–	0.700	–	–	–	–
	镀锌铁丝网 20×20×1.6	m^2	12.92	–	–	–	–	105.000	–
	镀锌铁丝网 40×40×3.6	m^2	9.90	33.000	–	–	–	–	–
	加固木板	m^3	1980.00	0.030	0.150	0.020	0.020	–	–
	胶合板 6mm	m^2	21.40	2.000	3.000	–	–	–	–
	油毛毡	m^2	2.86	–	14.500	–	–	3.000	–
	其他材料费	元	–	13.390	55.140	1.250	1.250	–	–
机械	交流弧焊机 21kV·A	台班	64.00	1.350	–	–	–	2.700	–
	直流弧焊机 20kW	台班	84.19	–	0.567	–	–	–	–
	电动卷扬机(单筒快速) 10kN	台班	129.21	–	0.054	–	–	–	–
	强制反转式混凝土搅拌机 400L 以内	台班	183.98	0.270	0.270	0.270	–	–	–
	液压升降机 9m	台班	32.47	0.270	0.135	0.270	0.090	0.360	0.054
	机动翻斗车 1t	台班	193.00	0.063	0.063	0.027	0.018	0.027	0.063
	滚筒式混凝土搅拌机(电动) 250L	台班	164.37	–	0.234	–	0.117	1.080	0.900

四、炉墙中局部耐火混凝土、耐火塑料及保温混凝土浇灌

单位：m^3

定额编号				3-17-19	3-17-20	3-17-21	3-17-22
项目				炉墙中局部耐火混凝土			
				耐火混凝土	耐火塑料	保温混凝土	燃烧带敷设
基价（元）				**2528.09**	**4679.26**	**549.65**	**2120.38**
其中	人工费（元）			1130.88	3147.76	502.56	1652.40
	材料费（元）			1309.13	1443.42	–	408.58
	机械费（元）			88.08	88.08	47.09	59.40
名称		单位	单价(元)	数量			
人工	综合工日	工日	80.00	14.136	39.347	6.282	20.655
材料	保温混凝土	m^3	–	–	–	(1.060)	–
	耐火混凝土 1000℃	m^3	–	(1.060)	–	–	–
	耐火塑料	m^3	–	–	(1.060)	–	(1.060)
	不锈钢电焊条 102	kg	37.00	1.500	0.800	–	–
	不锈钢圆钢 $\phi>6$	kg	24.00	40.000	43.000	–	–

续前

单位：m^3

定额编号				3-17-19	3-17-20	3-17-21	3-17-22
项目				炉墙中局部耐火混凝土			
				耐火混凝土	耐火塑料	保温混凝土	燃烧带敷设
材料	镀锌铁丝	kg	6.20	0.800	0.700	–	–
	加固木板	m^3	1980.00	–	0.150	–	0.200
	盲板（木板）$\delta=25$	m^3	1376.00	0.150	–	–	–
	钉子 2″	kg	6.80	0.400	0.400	–	0.100
	油毛毡	m^2	2.86	7.000	8.000	–	–
	胶合板 6mm	m^2	21.40	1.000	0.600	–	–
	其他材料费	元	–	38.130	42.040	–	11.900
机械	直流弧焊机 20kW	台班	84.19	0.270	0.270	–	–
	电动卷扬机（单筒快速）20kN	台班	165.39	0.036	0.036	–	–
	强制反转式混凝土搅拌机 400L 以内	台班	183.98	0.225	0.225	0.180	0.225
	液压升降机 9m	台班	32.47	0.180	0.180	0.270	0.180
	机动翻斗车 1t	台班	193.00	0.063	0.063	0.027	0.063

五、炉墙填料填塞

单位：m^3

定额编号				3-17-23	3-17-24	3-17-25	3-17-26
项目				炉墙填料填塞			
				硅藻土或珍珠岩粉	石棉绒	高硅氧纤维	矿、岩棉、玻璃棉
基价（元）				**193.06**	**445.30**	**704.42**	**227.61**
其中	人工费（元）			188.40	440.64	699.76	221.68
	材料费（元）			–	–	–	1.27
	机械费（元）			4.66	4.66	4.66	4.66
名称		单位	单价（元）	数量			
人工	综合工日	工日	80.00	2.355	5.508	8.747	2.771
材料	高硅氧纤维	kg	–	–	–	(202.000)	–
	石棉硅藻土	m^3	–	(1.130)	–	–	–
	石棉绒	kg	–	–	(1.040)	–	–
	珍珠岩粉	m^3	–	(1.130)	–	–	–
	矿渣棉	kg	1.20	–	–	–	1.060
机械	液压升降机 9m	台班	32.47	0.090	0.090	0.090	0.090
	机动翻斗车 1t	台班	193.00	0.009	0.009	0.009	0.009

六、送粉管道弯头防磨及冲灰沟内衬砌筑

单位：见表

定额编号				3-17-27	3-17-28	3-17-29	3-17-30	3-17-31
项目				送粉管道弯头防磨	送粉管道弯头防磨	冲灰沟内衬铸石板		
				外镶异型铸石板	浇灌防磨混凝土	R0125	R0150	R0175
单位				t	m^3	10m		
基价（元）				**914.60**	**494.48**	**1113.14**	**1162.29**	**1236.10**
其中	人工费（元）			805.12	421.60	1054.00	1094.80	1156.00
	材料费（元）			11.74	11.74	41.84	46.97	56.36
	机械费（元）			97.74	61.14	17.30	20.52	23.74
名称		单位	单价(元)	数量				
人工	综合工日	工日	80.00	10.064	5.270	13.175	13.685	14.450
材料	异型铸石板	m	–	–	–	(10.800)	(10.800)	(10.800)
	矾土水泥耐火混凝土	m^3	–	(1.680)	–	–	–	–
	防磨混凝土	m^3	–	–	(1.100)	–	–	–
	异型铸石板	t	–	(1.080)	–	–	–	–
	木柴	kg	0.95	12.000	12.000	–	–	–
	普通硅酸盐水泥 32.5	t	330.00	–	–	0.090	0.100	0.120
	河砂	m^3	42.00	–	–	0.260	0.300	0.360
	其他材料费	元	–	0.340	0.340	1.220	1.370	1.640
机械	强制反转式混凝土搅拌机 400L 以内	台班	183.98	0.342	0.225	–	–	–
	滚筒式混凝土搅拌机(电动) 250L	台班	164.37	–	–	0.063	0.072	0.081
	液压升降机 9m	台班	32.47	0.270	0.180	–	–	–
	机动翻斗车 1t	台班	193.00	0.135	0.072	0.036	0.045	0.054

七、文丘里管、捕滴筒内衬

单位：$10m^2$

定额编号				3-17-32	3-17-33	3-17-34	3-17-35	3-17-36	3-17-37
项目				瓷板(150×75×20)内衬			铸石板(150×100×25)内衬		
				硅质胶泥	环氧胶泥	环氧呋喃胶泥	硅质胶泥	环氧胶泥	环氧呋喃胶泥
基价（元）				**1696.04**	**1547.31**	**1547.31**	**1723.24**	**1575.87**	**1575.87**
其中	人工费（元）			1232.16	1136.96	1136.96	1259.36	1165.52	1165.52
	材料费（元）			337.53	284.00	284.00	337.53	284.00	284.00
	机械费（元）			126.35	126.35	126.35	126.35	126.35	126.35
名称		单位	单价(元)	数量					
人工	综合工日	工日	80.00	15.402	14.212	14.212	15.742	14.569	14.569
材料	瓷板	m^2	–	(10.600)	(10.600)	(10.600)	–	–	–
	硅质胶泥	kg	–	(300.000)	–	–	(330.000)	–	–
	环氧树脂胶泥 1：0.1：0.08：2	m^3	–	–	(205.000)	–	–	(226.000)	–
	环氧呋喃胶泥 0.7：0.3：0.06：0.05：1.7	m^3	–	–	–	(202.800)	–	–	(223.300)
	铸石板 不分型	m^2	–	–	–	–	(10.800)	(10.800)	(10.800)
	石英砂	m^3	1000.00	0.270	0.270	0.270	0.270	0.270	0.270
	电	kW·h	0.85	60.000	–	–	60.000	–	–
	煤	kg	0.85	0.060	0.040	0.040	0.060	0.040	0.040
	木柴	kg	0.95	7.000	6.000	6.000	7.000	6.000	6.000
	其他材料费	元	–	9.830	8.270	8.270	9.830	8.270	8.270
机械	滚筒式混凝土搅拌机(电动) 250L	台班	164.37	0.450	0.450	0.450	0.450	0.450	0.450
	切砖机 5.5kW	台班	209.48	0.180	0.180	0.180	0.180	0.180	0.180
	除锈喷砂机 $3m^3/min$	台班	20.45	0.378	0.378	0.378	0.378	0.378	0.378
	机动翻斗车 1t	台班	193.00	0.036	0.036	0.036	0.036	0.036	0.036

单位:$10m^2$

定额编号				3-17-38	3-17-39	3-17-40
项目				纯胶泥内衬		异型铸石板内衬(t)
				硅质胶泥 20mm	硅质砂浆 30mm	CF－9 干式除尘器
基价(元)				**921.87**	**1391.09**	**1775.66**
其中	人工费(元)			442.72	559.68	1203.60
	材料费(元)			320.01	596.57	441.03
	机械费(元)			159.14	234.84	131.03
名称		单位	单价(元)	数量		
人工	综合工日	工日	80.00	5.534	6.996	15.045
材料	硅质胶泥	kg	–	(536.000)	–	(242.200)
	硅质砂浆	kg	–	–	(1017.000)	–
	异型铸石板	t	–	–	–	(1.080)
	石英砂	m^3	1000.00	0.270	0.530	0.370
	电	kW·h	0.85	40.000	50.000	60.000
	煤	kg	0.85	0.050	0.050	0.070
	木柴	kg	0.95	7.000	7.000	7.500
	其他材料费	元	–	9.320	17.380	12.850
机械	滚筒式混凝土搅拌机(电动) 250L	台班	164.37	0.900	1.350	0.450
	除锈喷砂机 $3m^3$/min	台班	20.45	0.378	0.378	0.522
	机动翻斗车 1t	台班	193.00	0.018	0.027	0.045
	切砖机 5.5kW	台班	209.48	–	–	0.180

第十八章　工业与民用锅炉安装

说　明

一、本章定额适用于新建、扩建工业与民用锅炉的安装工程,也适用于上述改建安装工程。

二、本章定额中的运输设备用的滚杠、枕木,校管、放样、组装平台,起吊用加固铁件,水压试验临时管路,专用工具等所需周转使用的材料,均按摊销量计入材料费内。

三、环保部门、劳动监察部门的监测、检验费用均未计入定额。

四、本章定额的工作内容除各节、项已说明者外,其共同性工作均包括:施工准备,施工地点范围内的设备、材料、成品、半成品、工具器具的运搬,设备开箱、清点、检查、编号,基础验收、划线、铲除麻面,设备安装,水压试验,烘炉、煮炉,还包括工种间交叉配合停歇时间,临时移动水、电源,配合质量检查、验收和分部试运行及一般工程的超高作业因素。

五、不包括的工作内容:

1. 电机检查接线等电气性工作。

2. 设备基础二次灌浆工作。

3. 炉墙砌筑、保温及油漆。

4. 给水设备、鼓(引)风机安装,烟囱、烟(风)道制作安装,除尘设备安装。

上述不包括的内容执行相应册定额或本章相应项目。

六、脚手架搭拆费按人工费的5%计取,其中人工工资占25%。

(一)常压、立式锅炉本体设备安装:

1. 适用范围:生产热水或蒸汽的各种常压、立式生活锅炉,不论结构形式,均适用本定额。

2. 工程范围及工作内容：

(1) 炉本体及炉本体范围内的安全阀、压力表、温度计、水位计、给水阀、蒸汽阀、排污阀等附件安装；

(2) 锅炉本体一次门以内的水压试验；

(3) 烘炉、煮炉和调整安全门。

3. 定额不包括的工作内容：

(1) 炉本体一次门以外管道安装，保温、油漆工程；

(2) 各种泵类、箱类安装工程。

(二) 快装锅炉成套设备安装：

1. 适用范围：快装锅炉是锅炉生产厂除锅炉辅助机械单件供货外，炉本体在生产厂组装、砌筑、保温油漆等工序全部完成后整体出厂的锅炉。

2. 工程范围及工作内容：

(1) 炉本体及本体范围的管道、主汽阀门、热水阀门、安全门、给水阀门、排污阀门、水位警报、水位计、温度计、压力表以及相配套的附件安装；

(2) 上煤装置、除灰(渣)装置、体外省煤器等设备安装及随锅炉生产厂配套供货的烟风管系统和非标构件、配件的安装；

(3) 锅炉本体一次门以内的水压试验；

(4) 烘炉、煮炉和调整安全门。

3. 不包括的工作内容：

(1) 锅炉本体一次门以外的管道安装及其保温油漆工程；

(2) 除上述外的非锅炉生产厂供应的设备和非标构件的制作和安装。

（三）组装锅炉本体安装：

1. 适用范围：本定额主要用于由锅炉生产厂将炉本体分为上下两大件组装后出厂的蒸汽、热水燃煤锅炉。

2. 工程范围及工作内容：

（1）锅炉本体的上下组件安装，本体范围的管道、主汽阀门、热水阀门、安全门、给水阀门、排污阀门、水位警报、水位计、温度计、压力表以及相配套的附件安装；

（2）炉本体部分的上煤装置、除灰（渣）装置、调速箱、体外省煤器设备安装，随锅炉生产厂配套供货的烟风管系统和非标构件、配件的安装；

（3）锅炉本体一次门以内的水压试验；

（4）烘炉煮炉和调整安全门。

3. 不包括的工作内容：

（1）锅炉本体一次门以外的管道安装及保温油漆工程；

（2）除上述外的非锅炉生产厂供应的设备和非标构件的制作和安装；

（3）锅炉本体组件接口的耐火砖砌筑、门拱砌筑、保温油漆工程；

（4）本定额只限锅炉本体组件分为两大件；

（5）锅炉本体下部组件包括链条炉排、底座等。如为散件供货需在现场组合安装时，应按定额基价乘以系数 1.20；

（6）炉后体外省煤器如为散件供货，需在现场接口研磨、上弯头、组合、水压试验、安装时，应按定额基价乘以系数 1.06；

（7）锅炉的电气、自动控制、遥控配风、热工、仪表校验、调整、安装。

（四）散装锅炉本体安装：

1. 适用范围：本定额主要用于通用供热锅炉，也适用于火力发电厂启动用锅炉的安装。

2. 工程范围及工作内容：锅炉本体的钢架、汽包、水冷壁、过热器、省煤器、空气预热器、本体管路、吹灰装置、各种门孔构件、走台梯子、炉排安装、水压试验、烘炉、煮炉等。

3. 不包括的工作内容：

（1）炉墙砌筑、保温和油漆；

（2）各型锅炉的辅助机械、附属设备的安装；

（3）炉本体一次门以外的管道、管件、阀门的安装；

（4）不属于锅炉生产厂随机供货的金属构件、煤斗、连接平台的安装；

（5）锅炉热工仪表的校验、调整、安装；

（6）上述未包括的工作内容，执行本章相应项目或相应册定额。

（五）燃油（气）锅炉本体安装：

1. 适用范围：本定额只用于蒸发量在 0.5～20t/h 的各型整装燃油（气）锅炉和蒸发量在 6～20t/h 的各型散装（分部件出厂）燃油（气）锅炉的本体安装。

2. 工程范围及工作内容：

（1）各型整装燃油（气）锅炉包括炉本体及本体范围内管道、阀门、管件、仪表及水位计的安装，随炉本体配套供应的油、水泵、燃烧器、调速器、平台、梯子、栏杆、电控箱等的安装，锅炉本体范围内的水压试验、烘炉、煮炉和调整安全门；

（2）各型散装燃油（气）锅炉包括炉本体钢架、汽包、水冷系统、过热系统、省煤器及管路系统、炉本体的水汽管道、各种钢结构、除灰装置、平台梯子栏杆、炉体表皮包钢板、水压试验、烘炉、煮炉、调整安全门。

3. 不包括的工作内容：

(1)炉墙砌筑、保温和油漆；

(2)各型散装燃油(气)锅炉的泵类、油箱水箱类的安装；

(3)不属于制造厂供货的金属结构件、煤斗、连接平台的安装；

(4)不论整装或散装炉本体一次门以外的汽、油、水管道、管件、阀门、热工仪表的安装以及保温、水压试验；

(5)整装炉的上水系统(给水泵和管路、注水器及管路)的安装；

(6)试运行所需用的轻油或重油、软化水、电力的消耗量均未计入定额，但烘炉、煮炉的油、水、电已计入定额。

4. 其他：本定额所选用的燃油(气)炉型号、规格、种类是按一般普通常规产品考虑的，特殊特种燃油(气)锅炉均不适用本章定额。

5. 本定额烘炉、煮炉是按烧油考虑的，当燃料为气体时，应扣除定额所含轻油，由建设单位提供燃气。

(六)烟气净化设备安装：

1. 适用范围：本节定额是20t/h 以下工业与民用锅炉安装工程相配套的辅助专用设备安装定额。

2. 工程范围和工作内容：

(1)单筒干式、多筒干式、多管干式旋风除尘器的安装；

(2)工作内容包括：设备本体、分离器、导烟管、顶盖、排灰筒及支座的组合安装。

3. 不包括的内容：旋风子的蜗壳制作、内衬的镶砌，另执行加工配制和保温砌筑相应项目。

(七)锅炉水处理设备安装：

1. 工作内容：

(1)设备及随设备供应的管子、管件、阀门等的安装，设备本体范围内的平台、梯子、栏杆的安装，填料的运搬、筛分、装填，衬里设备防腐层的检验，设备试运的灌水或水压试验；

(2)随设备供应的盐液、缸、电子控制仪表等的配套设备安装。

2. 不包括的工作内容：

(1)设备及管道的保温、油漆，设备的二次灌浆，地脚螺栓的配制；

(2)设备进、出口第一片法兰以外的管道安装工程。

(八) 板式换热器设备安装：

1. 工程范围及工作内容：设备及随设备供应的管子、管件、阀门、温度计、压力表等安装和水压试验。

2. 不包括的工作内容：

(1)设备及管道的保温、油漆，设备的二次灌浆，地脚螺栓的配制；

(2)设备进、出口第一片法兰以外的管道安装工程。

(九)输煤设备安装：

1. 适用范围：本章定额是20t/h 以下工业与民用锅炉安装工程相配套的附属专用设备安装定额。

2. 工程范围和工作内容：

(1)垂直卷扬翻斗、倾斜卷扬翻斗、带小车翻斗、单斗提升上煤机安装；

(2)工作内容包括：传动装置立柱及支架平台安装、卷扬装置翻斗的组合安装。

3. 不包括的工作内容：

(1)框架、支架的配制及油漆工作；

(2)电机的检查接线工作。

(十)除渣设备安装：

1. 工程范围及工作内容：

(1)螺旋除渣机、刮板除渣机、链条除渣机、重型链条除渣机的安装；

(2)工作内容包括：设备清洗组装、机壳或机槽安装，渣机头、尾部安装，传动装置及拉链安装。

2. 不包括的工作内容：电机的检查接线和油漆工作。

（十一）双辊齿轮式破碎机安装：

1. 工程范围及工作内容：机架底座安装固定、活动齿轮安装、润滑系统安装、液压管路酸洗安装，随设备供应的梯子、平台、栏杆安装。

2. 不包括的工作内容：电机检查接线工作。

一、锅炉本体安装

1. 常压、立式锅炉本体安装

单位：台

定额编号				3-18-1	3-18-2	3-18-3	3-18-4
项目				立式锅炉（蒸发量 t/h/供热量 MW）			
				0.1/0.07	0.2/0.14	0.3/0.21	0.5/0.35
基价（元）				**2589.32**	**3122.57**	**3795.63**	**5053.75**
其中	人工费（元）			1115.20	1462.00	1893.12	2507.84
	材料费（元）			545.41	619.39	742.47	861.76
	机械费（元）			928.71	1041.18	1160.04	1684.15
名称		单位	单价（元）	数量			
人工	综合工日	工日	80.00	13.940	18.275	23.664	31.348
材料	水	t	4.00	4.000	6.000	8.000	12.000
	电	kW·h	0.85	60.000	88.000	118.000	176.000
	氧气	m^3	3.60	2.750	3.080	3.400	3.780
	乙炔气	m^3	25.20	0.910	1.020	1.120	1.250
	电焊条 结 422 ϕ2.5	kg	5.04	1.310	1.450	1.620	1.800
	型钢综合	kg	4.00	19.680	21.870	24.300	27.000
	镀锌铁丝 8~12 号	kg	5.36	4.000	4.000	4.500	4.500
	棉纱头	kg	6.34	1.350	1.450	1.620	1.800
	黄干油 钙基酯	kg	9.78	0.650	0.720	0.810	0.900

续前　　　　　　　　　　　　　　　　　　　　　　　　　　　　　　　　　　　单位：台

定　额　编　号				3-18-1	3-18-2	3-18-3	3-18-4
项　　目				立式锅炉（蒸发量 t/h/供热量 /MW）			
				0.1/0.07	0.2/0.14	0.3/0.21	0.5/0.35
材料	汽轮机油（各种规格）	kg	8.80	0.650	0.720	0.810	0.900
	煤油	kg	4.20	1.310	1.450	1.620	1.800
	汽油 93 号	kg	10.05	1.310	1.450	1.620	1.800
	花篮螺栓 M16×250	套	12.00	4.000	4.000	7.000	7.000
	石棉扭绳 ϕ14～25	kg	10.14	1.310	1.450	1.620	1.800
	木柴	kg	0.95	6.500	7.200	8.100	9.000
	道木 250×200×2500	根	200.00	0.650	0.720	0.810	0.900
	机加工垫铁	kg	6.17	4.400	4.400	4.400	4.400
	煤	kg	0.85	0.320	0.360	0.400	0.450
	磷酸三钠	kg	2.30	10.490	11.660	12.960	14.400
	氢氧化钠	kg	3.30	10.490	11.660	12.960	14.400
	其他材料费	元	–	15.890	18.040	21.630	25.100
机械	交流弧焊机 30kV·A	台班	91.14	0.288	0.324	0.360	0.405
	汽车式起重机 8t	台班	728.19	–	–	–	1.773
	汽车式起重机 5t	台班	546.38	1.251	1.386	1.530	–
	电动卷扬机(单筒慢速) 30kN	台班	137.62	0.477	0.531	0.648	0.765
	试压泵 60MPa	台班	154.06	0.990	1.170	1.305	1.620
	电焊条烘干箱 $60\times50\times75cm^3$	台班	28.84	0.027	0.036	0.036	0.045

单位：台

定额编号				3-18-5	3-18-6	3-18-7
项目				立式锅炉（蒸发量 t/h/供热量 MW）		
				1.0/0.7	1.5/1.05	2.0/1.4
基价（元）				**5923.59**	**7890.87**	**9610.01**
其中	人工费（元）			3176.96	4025.60	5236.00
	材料费（元）			977.94	1160.50	1315.94
	机械费（元）			1768.69	2704.77	3058.07
名称		单位	单价（元）	数量		
人工	综合工日	工日	80.00	39.712	50.320	65.450
材料	水	t	4.00	15.000	21.000	26.000
	电	kW·h	0.85	220.000	308.000	380.000
	氧气	m^3	3.60	4.250	4.750	5.330
	乙炔气	m^3	25.20	1.400	1.560	1.760
	电焊条 结 422 $\phi2.5$	kg	5.04	2.000	2.230	2.490
	型钢综合	kg	4.00	30.000	33.400	37.100
	镀锌铁丝 8～12 号	kg	5.36	5.800	7.000	7.000
	棉纱头	kg	6.34	2.000	2.220	2.470
	黄干油 钙基酯	kg	9.78	1.000	1.110	1.230
	汽轮机油（各种规格）	kg	8.80	1.000	1.110	1.230

单位:台

定额编号				3-18-5	3-18-6	3-18-7
项目				立式锅炉(蒸发量 t/h/供热量 MW)		
				1.0/0.7	1.5/1.05	2.0/1.4
材料	煤油	kg	4.20	2.000	2.220	2.470
	汽油 93 号	kg	10.05	2.000	2.220	2.470
	花篮螺栓 M16×250	套	12.00	7.000	7.000	7.000
	石棉扭绳 ϕ14~25	kg	10.14	2.000	2.200	2.500
	木柴	kg	0.95	10.000	11.100	12.300
	道木 250×200×2500	根	200.00	1.000	1.110	1.230
	机加工垫铁	kg	6.17	4.400	6.000	6.000
	煤	kg	0.85	0.500	0.550	0.600
	磷酸三钠	kg	2.30	16.000	17.760	19.700
	氢氧化钠	kg	3.30	16.000	17.760	19.700
	其他材料费	元	–	28.480	33.800	38.330
机械	交流弧焊机 30kV·A	台班	91.14	0.450	0.567	0.711
	汽车式起重机 8t	台班	728.19	1.800	–	–
	汽车式起重机 16t	台班	1071.52	–	1.980	2.160
	电动卷扬机(单筒慢速) 30kN	台班	137.62	1.116	1.755	2.610
	试压泵 60MPa	台班	154.06	1.701	1.872	2.061
	电焊条烘干箱 60×50×75cm^3	台班	28.84	0.045	0.054	0.072

2. 快装锅炉成套设备安装

单位:台

定额编号				3-18-8	3-18-9	3-18-10	3-18-11
项目				快装锅炉(蒸发量 t/h/供热量 MW)			
				1/0.7	2/1.4	4/2.8	6/4.2
基价(元)				**18259.48**	**24250.22**	**30610.77**	**38672.89**
其中	人工费(元)			11641.60	14905.60	18645.60	23677.60
	材料费(元)			2712.34	4311.12	5553.43	7662.98
	机械费(元)			3905.54	5033.50	6411.74	7332.31
名称		单位	单价(元)	数量			
人工	综合工日	工日	80.00	145.520	186.320	233.070	295.970
材料	水	t	4.00	18.000	29.000	48.000	88.000
	电	kW·h	0.85	360.000	1400.000	1850.000	2900.000
	氧气	m^3	3.60	11.330	14.180	17.730	22.000
	乙炔气	m^3	25.20	3.740	4.680	5.850	7.260
	电焊条 结 422 $\phi2.5$	kg	5.04	22.400	28.000	35.000	44.000
	热轧中厚钢板 $\delta=10\sim16$	kg	3.70	42.400	68.000	100.000	140.000
	镀锌铁丝 8~12 号	kg	5.36	5.800	7.250	9.060	11.330
	棉纱头	kg	6.34	2.680	3.360	4.200	5.250
	铁砂布 0~2 号	张	1.68	19.200	24.000	30.000	37.500
	石棉橡胶板 中压 2.5~4.5	kg	12.20	1.280	1.600	2.000	2.500
	黄干油 钙基酯	kg	9.78	3.200	4.000	5.000	6.250

续前

单位:台

定额编号				3-18-8	3-18-9	3-18-10	3-18-11
项目				快装锅炉(蒸发量 t/h/供热量 MW)			
				1/0.7	2/1.4	4/2.8	6/4.2
材料	汽轮机油(各种规格)	kg	8.80	6.400	8.000	10.000	12.500
	煤油	kg	4.20	7.680	9.600	12.000	15.000
	汽油 93 号	kg	10.05	4.480	5.600	7.000	8.750
	花篮螺栓 M16×250	套	12.00	2.560	3.200	4.000	5.000
	石棉扭绳 ϕ14～25	kg	10.14	14.080	17.600	22.000	27.500
	木柴	kg	0.95	416.000	520.000	650.000	812.500
	道木 250×200×2500	根	200.00	3.200	4.000	5.000	6.250
	机加工垫铁	kg	6.17	33.000	42.000	48.000	65.500
	煤	kg	0.85	14.720	18.400	23.000	28.750
	磷酸三钠	kg	2.30	29.440	36.800	46.000	57.500
	氢氧化钠	kg	3.30	29.440	36.800	46.000	57.500
	其他材料费	元	–	79.000	125.570	161.750	223.190
机械	交流弧焊机 30kV·A	台班	91.14	5.400	7.200	9.000	10.800
	汽车式起重机 40t	台班	1811.86	1.260	1.629	2.097	2.277
	电动卷扬机(单筒慢速) 50kN	台班	145.07	2.025	2.610	3.330	4.050
	电动卷扬机(单筒慢速) 30kN	台班	137.62	4.032	5.040	6.300	7.875
	试压泵 60MPa	台班	154.06	1.728	2.160	2.700	3.375
	电焊条烘干箱 60×50×75cm³	台班	28.84	0.540	0.720	0.900	1.080

3. 组装锅炉本体安装

单位:台

定额编号				3-18-12	3-18-13	3-18-14
项目				组装锅炉(蒸发量 t/h/供热量 MW)		
				6/4.2	10/7.0	20/14.0
基价(元)				**54727.65**	**72936.99**	**93185.59**
其中	人工费(元)			34023.12	39199.28	48987.92
	材料费(元)			8700.34	13980.83	22073.97
	机械费(元)			12004.19	19756.88	22123.70
名称		单位	单价(元)	数量		
人工	综合工日	工日	80.00	425.289	489.991	612.349
材料	水	t	4.00	84.000	116.000	194.000
	电	kW·h	0.85	2800.000	5400.000	10800.000
	氧气	m^3	3.60	47.500	117.500	147.500
	乙炔气	m^3	25.20	15.680	38.780	48.680
	电焊条 结 422 ϕ2.5	kg	5.04	45.800	68.600	82.000
	氩气	m^3	15.00	1.100	1.800	2.200
	氩弧焊丝	kg	11.25	0.390	0.510	0.600
	钍钨棒	g	0.42	16.000	27.000	30.000
	热轧中厚钢板 δ=4.5~10	kg	3.90	140.000	188.000	209.000
	镀锌铁丝 8~12 号	kg	5.36	14.400	23.000	29.000
	棉纱头	kg	6.34	5.000	7.000	8.000
	铁砂布 0~2 号	张	1.68	38.000	55.000	84.000
	石棉橡胶板 中压 2.5~4.5	kg	12.20	2.800	4.200	6.600
	黄干油 钙基酯	kg	9.78	6.250	8.500	11.000
	汽轮机油(各种规格)	kg	8.80	12.500	18.000	24.000

续前

单位:台

定额编号				3-18-12	3-18-13	3-18-14
项目				组装锅炉(蒸发量 t/h/供热量 MW)		
				6/4.2	10/7.0	20/14.0
材料	煤油	kg	4.20	18.000	27.000	40.000
	汽油 93 号	kg	10.05	11.000	20.000	30.000
	花篮螺栓 M16×250	套	12.00	4.000	4.000	4.000
	花篮螺栓 M20×300	套	18.39	4.000	8.000	8.000
	石棉扭绳 ϕ14~25	kg	10.14	37.500	58.000	75.500
	木柴	kg	0.95	990.000	1100.000	1400.000
	机加工垫铁	kg	6.17	65.500	102.500	240.000
	道木 250×200×2500	根	200.00	7.800	11.100	14.600
	钢锯条	根	0.89	30.000	50.000	85.000
	煤	kg	0.85	45.000	47.000	59.000
	磷酸三钠	kg	2.30	58.000	65.000	72.000
	氢氧化钠	kg	3.30	58.000	65.000	72.000
	其他材料费	元	–	253.410	407.210	642.930
机械	交流弧焊机 30kV·A	台班	91.14	22.500	27.900	34.200
	氩弧焊机 500A	台班	116.61	0.720	0.936	1.260
	汽车式起重机 5t	台班	546.38	5.625	7.560	9.450
	汽车式起重机 40t	台班	1811.86	2.619	–	–
	汽车式起重机 50t	台班	3709.18	–	2.817	2.916
	电动卷扬机(单筒慢速) 50kN	台班	145.07	2.610	4.050	4.050
	电动卷扬机(单筒慢速) 30kN	台班	137.62	7.650	8.460	9.900
	试压泵 60MPa	台班	154.06	3.600	4.500	5.400
	电焊条烘干箱 60×50×75cm^3	台班	28.84	2.250	2.790	3.420

4. 散装锅炉本体安装

单位:t

定额编号				3-18-15	3-18-16	3-18-17	3-18-18
项目				散装锅炉(蒸发量 t/h)			
				4	6	10	20
基价(元)				**3851.60**	**3142.64**	**2834.91**	**2574.17**
其中	人工费(元)			2176.00	1802.00	1713.60	1640.88
	材料费(元)			769.86	629.37	557.04	500.34
	机械费(元)			905.74	711.27	564.27	432.95
名称		单位	单价(元)	数量			
人工	综合工日	工日	80.00	27.200	22.525	21.420	20.511
材料	水	t	4.00	3.630	3.020	2.520	2.010
	电	kW·h	0.85	191.150	127.110	121.080	118.060
	氧气	m^3	3.60	2.500	1.900	1.850	1.630
	乙炔气	m^3	25.20	0.950	0.720	0.700	0.620
	电焊条 结 422 $\phi2.5$	kg	5.04	3.000	2.800	2.500	2.300
	碳钢气焊条	kg	5.85	0.090	0.080	0.070	0.070
	氩气	m^3	15.00	0.650	0.500	0.420	0.360
	氩弧焊丝	kg	11.25	0.300	0.250	0.140	0.080
	钍钨棒	g	0.42	10.000	8.500	5.340	3.840
	型钢综合	kg	4.00	6.980	6.200	5.100	4.500
	圆钢 $\phi15\sim20$	kg	4.10	1.000	0.900	0.800	0.700
	焊接钢管 DN32	kg	4.43	0.400	0.350	0.300	0.300
	热轧中厚钢板 $\delta=4.5\sim10$	kg	3.90	6.000	5.000	4.000	3.500
	镀锌铁丝 8~12 号	kg	5.36	2.000	1.500	1.400	1.300

续前 单位:t

定额编号				3-18-15	3-18-16	3-18-17	3-18-18
项目				散装锅炉(蒸发量 t/h)			
				4	6	10	20
材料	白布 0.9m	m^2	8.54	0.090	0.070	0.060	0.050
	破布	kg	4.50	0.330	0.320	0.310	0.300
	棉纱头	kg	6.34	0.280	0.270	0.260	0.200
	铁砂布 0~2 号	张	1.68	1.900	1.800	1.700	1.550
	石棉橡胶板 中压 2.5~4.5	kg	12.20	0.260	0.250	0.240	0.230
	黑铅粉	kg	1.10	0.080	0.070	0.060	0.050
	黄干油 钙基酯	kg	9.78	0.230	0.220	0.210	0.200
	汽轮机油(各种规格)	kg	8.80	0.830	0.820	0.810	0.800
	煤油	kg	4.20	0.500	0.480	0.450	0.400
	汽油 93 号	kg	10.05	0.700	0.650	0.600	0.500
	铅油	kg	8.50	0.530	0.520	0.510	0.500
	松香水	kg	12.00	0.130	0.120	0.110	0.100
	花篮螺栓 M16×250	套	12.00	0.200	0.190	0.180	0.150
	螺栓带帽 M22×85	10 套	47.88	0.600	0.500	0.400	0.300
	石棉扭绳 ϕ10~13	kg	10.14	0.600	0.450	0.300	0.250
	木柴	kg	0.95	180.000	170.000	160.000	150.000
	聚四氟乙烯生料带	kg	67.70	0.040	0.030	0.020	0.010
	道木 250×200×2500	根	200.00	0.080	0.070	0.060	0.050
	机加工垫铁	kg	6.17	1.100	0.900	0.890	0.860
	碳钢平垫铁	kg	4.75	1.100	0.900	0.890	0.860
	钢锯条	根	0.89	2.300	2.200	2.100	2.000

续前 单位:t

定额编号				3-18-15	3-18-16	3-18-17	3-18-18
项目				散装锅炉（蒸发量 t/h）			
				4	6	10	20
材料	煤	kg	0.85	2.700	2.400	2.000	1.800
	焦炭	kg	1.50	24.000	18.000	13.000	10.000
	磷酸三钠	kg	2.30	2.000	1.800	1.750	1.800
	氢氧化钠	kg	3.30	2.000	1.800	1.750	1.800
	石棉灰 4 级	kg	0.60	4.500	3.500	2.000	1.500
	水玻璃	kg	1.10	0.540	0.520	0.500	0.480
	青铅	kg	13.40	1.000	1.000	1.000	1.000
	尼龙砂轮片 $\phi100$	片	7.60	2.400	1.800	1.350	1.010
	软胶片 80×300	张	6.00	2.400	1.800	1.350	1.000
	增感屏 80×300	副	10.00	0.120	0.090	0.070	0.050
	硫代硫酸钠	g	0.03	41.400	31.050	23.290	17.250
	米吐尔	g	0.11	0.250	0.190	0.140	0.110
	无水亚硫酸钠	g	0.01	10.880	8.150	6.110	4.530
	对苯二酚	g	40.00	1.010	0.760	0.570	0.420
	溴化钾	g	0.02	0.460	0.350	0.260	0.190
	冰醋酸 98%	mL	0.08	4.310	3.230	2.430	1.800
	硼酸	g	0.09	1.290	0.970	0.730	0.540
	硫酸铝钾	g	0.02	2.590	1.940	1.460	1.080
	无水碳酸钠	g	0.01	5.520	4.140	3.110	2.300
	医用白胶布	m^2	18.00	0.020	0.020	0.010	0.010
	医用输血胶管 $\phi8$	m	4.00	0.120	0.090	0.070	0.050

续前

单位:t

定额编号				3-18-15	3-18-16	3-18-17	3-18-18
项目				散装锅炉（蒸发量 t/h）			
				4	6	10	20
材料	阿拉伯铅号码	套	30.00	0.080	0.060	0.040	0.030
	英文铅号码	套	65.00	0.080	0.060	0.040	0.030
	醇酸调和漆 综合	kg	15.20	0.020	0.020	0.010	0.010
	像质计	个	39.00	0.120	0.090	0.070	0.050
	贴片磁铁	副	1.50	0.050	0.030	0.030	0.020
	铅板 80×300×3	块	11.70	0.080	0.060	0.040	0.030
	压敏胶粘带	m	1.38	1.380	1.040	0.780	0.580
	塑料暗袋 80×300	副	14.00	0.120	0.090	0.070	0.050
	其他材料费	元	–	22.420	18.330	16.220	14.570
机械	交流弧焊机 40kV·A	台班	133.81	0.720	0.540	0.405	0.360
	直流弧焊机 20kW	台班	84.19	0.360	0.360	0.360	0.360
	氩弧焊机 500A	台班	116.61	0.180	0.153	0.108	0.081
	汽车式起重机 5t	台班	546.38	0.270	0.180	0.090	0.072
	汽车式起重机 16t	台班	1071.52	0.162	0.144	0.135	0.090
	电动卷扬机(单筒慢速) 50kN	台班	145.07	0.675	0.450	0.342	0.261
	电动卷扬机(单筒慢速) 30kN	台班	137.62	1.080	0.810	0.612	0.459
	电动空气压缩机 0.6m^3/min	台班	130.54	0.099	0.090	0.081	0.072
	X 射线探伤机 2505	台班	267.10	0.288	0.216	0.162	0.126
	X 光胶片脱水烘干机 ZTH－340	台班	100.00	0.018	0.018	0.009	0.009
	试压泵 60MPa	台班	154.06	0.306	0.288	0.270	0.225
	电焊条烘干箱 60×50×75cm^3	台班	28.84	0.108	0.090	0.081	0.072
	电动胀管机	台班	37.00	1.080	0.963	0.909	0.612
	砂轮切割机 ϕ400	台班	9.52	0.900	0.801	0.756	0.513

5. 整装燃油(气)锅炉本体安装

单位:台

	定额编号			3-18-19	3-18-20	3-18-21	3-18-22	3-18-23	3-18-24
	项目			整装锅炉(蒸发量 t/h)					
				0.5～0.7	1	2	3	4	6
	基价(元)			**10265.58**	**11835.18**	**15441.99**	**17868.50**	**19903.97**	**26797.87**
其中	人工费(元)			6256.00	7344.00	9554.00	11016.00	12376.00	16884.40
	材料费(元)			1105.67	1361.86	2379.37	2672.95	3133.24	4261.17
	机械费(元)			2903.91	3129.32	3508.62	4179.55	4394.73	5652.30
	名称	单位	单价(元)	数量					
人工	综合工日	工日	80.00	78.200	91.800	119.425	137.700	154.700	211.055
材料	轻油	t	–	(3.000)	(3.200)	(6.300)	(9.500)	(13.000)	(19.500)
	水	t	4.00	14.000	16.000	25.000	30.000	42.000	84.000
	电	kW·h	0.85	200.000	300.000	1200.000	1400.000	1600.000	2400.000
	氧气	m^3	3.60	6.530	6.530	9.780	9.780	13.030	21.750
	乙炔气	m^3	25.20	2.480	2.480	3.720	3.720	4.950	8.270
	电焊条 结422 φ2.5	kg	5.04	6.000	8.000	12.000	14.000	16.000	18.000
	镀锌钢管 DN25	m	9.91	25.000	25.000	25.000	25.000	25.000	25.000
	镀锌铁丝 8～12号	kg	5.36	1.000	2.000	3.000	4.000	5.000	6.000
	白布 0.9m	m^2	8.54	–	–	–	0.200	0.200	0.200
	棉纱头	kg	6.34	4.000	4.000	4.000	6.000	6.000	7.000
	铁砂布 0～2号	张	1.68	10.000	10.000	15.000	20.000	20.000	35.000
	石棉橡胶板 中压 0.8～1.0	kg	17.00	0.500	0.500	1.000	1.000	1.000	1.000
	黄干油 钙基酯	kg	9.78	1.000	1.000	1.000	1.000	1.500	1.500
	汽轮机油(各种规格)	kg	8.80	2.000	3.000	2.500	4.500	4.500	5.000
	煤油	kg	4.20	2.500	3.500	5.000	5.000	5.000	6.000

续前

单位：台

定额编号				3-18-19	3-18-20	3-18-21	3-18-22	3-18-23	3-18-24
项目				整装锅炉（蒸发量 t/h）					
				0.5～0.7	1	2	3	4	6
材料	汽油 93 号	kg	10.05	7.000	7.500	9.000	9.000	9.000	9.000
	铅油	kg	8.50	0.500	1.000	1.000	1.000	1.500	1.800
	酚醛调和漆（各种颜色）	kg	18.00	0.500	1.500	2.000	2.000	2.000	2.500
	线麻	kg	13.70	0.300	0.300	0.500	0.500	0.500	0.500
	石棉扭绳 $\phi10\sim13$	kg	10.14	0.500	0.500	0.500	0.500	0.500	0.500
	道木 250×200×2500	根	200.00	0.500	1.000	1.000	1.000	1.500	1.500
	碳钢平垫铁	kg	4.75	20.000	20.000	20.000	20.000	20.000	20.000
	钢锯条	根	0.89	20.000	20.000	20.000	20.000	20.000	30.000
	磷酸三钠	kg	2.30	15.000	15.000	28.000	35.000	46.000	56.000
	氢氧化钠	kg	3.30	15.000	15.000	28.000	35.000	46.000	56.000
	其他材料费	元	–	32.200	39.670	69.300	77.850	91.260	124.110
机械	交流弧焊机 30kV·A	台班	91.14	1.800	2.880	3.600	4.500	5.400	6.300
	汽车式起重机 8t	台班	728.19	–	–	0.900	–	–	–
	汽车式起重机 5t	台班	546.38	0.900	0.900	–	–	–	–
	汽车式起重机 16t	台班	1071.52	0.900	0.900	–	0.900	0.900	–
	汽车式起重机 40t	台班	1811.86	–	–	–	–	–	0.900
	汽车式起重机 32t	台班	1360.20	–	–	0.900	0.900	0.900	0.900
	载货汽车 6t	台班	545.58	0.900	0.900	0.900	0.900	0.900	1.350
	电动卷扬机(单筒慢速) 50kN	台班	145.07	–	–	3.600	3.600	4.500	6.300
	电动卷扬机(单筒慢速) 30kN	台班	137.62	2.700	3.600	–	–	–	–
	试压泵 60MPa	台班	154.06	2.700	2.700	1.800	3.600	3.600	3.600
	电焊条烘干箱 $60\times50\times75cm^3$	台班	28.84	0.180	0.288	0.360	0.450	0.540	0.630

单位：台

定额编号				3-18-25	3-18-26	3-18-27
项目				整装锅炉（蒸发量 t/h）		
				8	10	20
基价（元）				**31446.24**	**37690.92**	**54888.46**
其中	人工费（元）			20318.40	23446.40	31130.40
	材料费（元）			5206.33	7165.60	12664.39
	机械费（元）			5921.51	7078.92	11093.67
名称		单位	单价(元)	数量		
人工	综合工日	工日	80.00	253.980	293.080	389.130
材料	轻油	t	–	(26.500)	(29.600)	(47.500)
	水	t	4.00	96.000	120.000	180.000
	电	kW·h	0.85	3000.000	4600.000	9000.000
	氧气	m^3	3.60	26.000	32.600	51.750
	乙炔气	m^3	25.20	9.880	12.390	19.670
	电焊条 结 422 ϕ2.5	kg	5.04	18.000	20.000	30.000
	镀锌钢管 DN25	m	9.91	25.000	25.000	25.000
	镀锌铁丝 8～12 号	kg	5.36	8.000	10.000	15.000
	白布 0.9m	m^2	8.54	0.200	0.400	0.500
	棉纱头	kg	6.34	7.000	9.000	15.000
	铁砂布 0～2 号	张	1.68	60.000	60.000	80.000
	石棉橡胶板 中压 0.8～1.0	kg	17.00	1.500	2.000	3.500
	黄干油 钙基酯	kg	9.78	2.500	3.000	5.000
	汽轮机油（各种规格）	kg	8.80	5.000	6.000	11.000

续前

单位:台

定额编号				3-18-25	3-18-26	3-18-27
项目				整装锅炉(蒸发量 t/h)		
				8	10	20
材料	煤油	kg	4.20	6.000	10.000	12.000
	汽油 93 号	kg	10.05	12.000	16.000	26.000
	铅油	kg	8.50	2.000	2.000	4.000
	酚醛调和漆(各种颜色)	kg	18.00	3.500	4.000	5.000
	线麻	kg	13.70	0.800	1.000	1.000
	石棉扭绳 $\phi10\sim13$	kg	10.14	0.500	1.000	3.000
	道木 250×200×2500	根	200.00	2.000	3.000	6.000
	碳钢平垫铁	kg	4.75	30.000	30.000	36.000
	钢锯条	根	0.89	40.000	40.000	80.000
	磷酸三钠	kg	2.30	60.000	65.000	72.000
	氢氧化钠	kg	3.30	60.000	65.000	72.000
	其他材料费	元	–	151.640	208.710	368.870
机械	交流弧焊机 30kV·A	台班	91.14	6.300	8.100	10.800
	汽车式起重机 40t	台班	1811.86	0.900	0.900	–
	汽车式起重机 50t	台班	3709.18	–	–	1.350
	汽车式起重机 32t	台班	1360.20	0.900	1.350	1.350
	载货汽车 6t	台班	545.58	1.350	1.800	2.250
	电动卷扬机(单筒慢速) 50kN	台班	145.07	7.200	8.100	8.100
	试压泵 60MPa	台班	154.06	4.500	4.500	5.400
	电焊条烘干箱 $60\times50\times75cm^3$	台班	28.84	0.630	0.810	1.080

6. 散装燃油(气)锅炉本体安装

单位:t

定额编号				3-18-28	3-18-29	3-18-30
项目				散装锅炉(蒸发量 t/h)		
				6	10	20
基价(元)				**3580.60**	**3136.53**	**2845.13**
其中	人工费(元)			2149.52	1935.28	1826.48
	材料费(元)			604.28	582.20	498.03
	机械费(元)			826.80	619.05	520.62
名称		单位	单价(元)	数量		
人工	综合工日	工日	80.00	26.869	24.191	22.831
材料	轻油	t	–	(0.720)	(0.910)	(1.060)
	水	t	4.00	6.240	5.630	5.110
	电	kW·h	0.85	189.000	177.000	155.460
	氧气	m^3	3.60	2.730	2.500	1.830
	乙炔气	m^3	25.20	1.040	0.950	0.700
	电焊条 结422 ϕ2.5	kg	5.04	5.800	5.190	4.900
	氩气	m^3	15.00	0.500	0.470	0.230
	氩弧焊丝	kg	11.25	0.390	0.370	0.220
	型钢综合	kg	4.00	5.890	5.760	4.400
	普通钢板 δ=8~20	kg	3.70	6.210	6.150	6.000
	镀锌钢管 DN25	m	9.91	0.660	0.560	0.500
	镀锌铁丝 8~12号	kg	5.36	1.220	1.100	1.000

续前

单位:t

定额编号				3-18-28	3-18-29	3-18-30
项目				散装锅炉(蒸发量 t/h)		
				6	10	20
材料	破布	kg	4.50	0.360	0.310	0.240
	棉纱头	kg	6.34	0.360	0.350	0.210
	铁砂布 0~2 号	张	1.68	5.000	5.000	4.700
	石棉橡胶板 低压 0.8~1.0	kg	13.20	0.060	0.050	0.050
	黄干油 钙基酯	kg	9.78	0.060	0.040	0.040
	汽轮机油(各种规格)	kg	8.80	0.220	0.210	0.180
	汽油 93 号	kg	10.05	0.240	0.220	0.180
	铅油	kg	8.50	0.060	0.060	0.040
	酚醛调和漆(各种颜色)	kg	18.00	–	0.580	0.560
	耐火漆	kg	25.00	–	0.960	0.890
	花篮螺栓 M16×250	套	12.00	–	0.300	0.240
	螺栓带帽 M22×85	10 套	47.88	1.110	1.010	1.010
	石棉扭绳 ϕ14~25	kg	10.14	0.280	0.230	0.130
	道木 250×200×2500	根	200.00	0.090	0.090	0.100
	碳钢平垫铁	kg	4.75	1.110	0.770	0.700
	机加工垫铁	kg	6.17	1.110	0.770	0.700
	钢锯条	根	0.89	4.440	3.460	3.150
	焦炭	kg	1.50	24.440	23.070	18.400
	磷酸三钠	kg	2.30	1.940	1.900	1.890

续前

单位:t

定额编号				3-18-28	3-18-29	3-18-30
项目				散装锅炉(蒸发量 t/h)		
				6	10	20
材料	氢氧化钠	kg	3.30	1.940	1.900	1.890
	青铅	kg	13.40	2.780	2.310	1.370
	尼龙砂轮片 ϕ100	片	7.60	1.800	1.350	1.010
	软胶片 80×300	张	6.00	1.800	1.350	1.000
	增感屏 80×300	副	10.00	0.090	0.070	0.050
	硫代硫酸钠	g	0.03	31.050	23.290	17.250
	米吐尔	g	0.11	0.190	0.140	0.110
	无水亚硫酸钠	g	0.01	8.150	6.110	4.530
	对苯二酚	g	40.00	0.760	0.570	0.420
	溴化钾	g	0.02	0.350	0.260	0.190
	冰醋酸 98%	mL	0.08	3.230	2.430	1.800
	硼酸	g	0.09	0.970	0.730	0.540
	硫酸铝钾	g	0.02	1.940	1.460	1.080
	无水碳酸钠	g	0.01	4.140	3.110	2.300
	医用白胶布	m^2	18.00	0.020	0.010	0.010
	医用输血胶管 ϕ8	m	4.00	0.090	0.070	0.050
	阿拉伯铅号码	套	30.00	0.060	0.040	0.030
	英文铅号码	套	65.00	0.060	0.040	0.030
	醇酸调和漆 综合	kg	15.20	0.020	0.010	0.010

续前 单位:t

定额编号				3-18-28	3-18-29	3-18-30
项目				散装锅炉(蒸发量 t/h)		
				6	10	20
材料	像质计	个	39.00	0.090	0.070	0.050
	贴片磁铁	副	1.50	0.030	0.030	0.020
	铅板 80×300×3	块	11.70	0.060	0.040	0.030
	压敏胶粘带	m	1.38	1.040	0.780	0.580
	塑料暗袋 80×300	副	14.00	0.090	0.070	0.050
	其他材料费	元	–	17.600	16.960	14.510
机械	交流弧焊机 30kV·A	台班	91.14	0.900	0.828	0.729
	直流弧焊机 30kW	台班	103.34	0.540	0.540	0.450
	氩弧焊机 500A	台班	116.61	0.099	0.099	0.081
	汽车式起重机 5t	台班	546.38	0.351	0.171	0.117
	汽车式起重机 16t	台班	1071.52	0.144	0.126	0.126
	电动卷扬机(单筒慢速) 50kN	台班	145.07	0.342	0.189	0.099
	电动卷扬机(单筒慢速) 30kN	台班	137.62	0.612	0.450	0.405
	电动空气压缩机 $6m^3/min$	台班	338.45	0.153	0.099	0.090
	X 射线探伤机 2505	台班	267.10	0.216	0.162	0.126
	X 光胶片脱水烘干机 ZTH-340	台班	100.00	0.018	0.009	0.009
	试压泵 60MPa	台班	154.06	0.252	0.234	0.216
	砂轮切割机 ϕ400	台班	9.52	0.801	0.756	0.513
	电焊条烘干箱 $60\times50\times75cm^3$	台班	28.84	0.144	0.135	0.117
	电动胀管机	台班	37.00	0.963	0.909	0.612

二、锅炉附属及辅助设备安装

1. 旋风除尘器安装

(1)单筒干式旋风除尘器

单位:台

定额编号				3-18-31	3-18-32	3-18-33
项目				单筒干式重量(t)		
				0.5 以下	1.0 以下	1.0 以上
基价(元)				**1565.15**	**2057.33**	**2317.74**
其中	人工费(元)			822.80	952.00	1196.80
	材料费(元)			388.89	398.40	414.01
	机械费(元)			353.46	706.93	706.93
名称		单位	单价(元)	数量		
人工	综合工日	工日	80.00	10.285	11.900	14.960
材料	氧气	m^3	3.60	14.800	14.800	14.800
	乙炔气	m^3	25.20	4.880	4.880	4.880
	电焊条 结 422 $\phi2.5$	kg	5.04	2.000	3.000	5.000

续前 单位:台

定额编号				3-18-31	3-18-32	3-18-33
项目				单筒干式重量(t)		
				0.5 以下	1.0 以下	1.0 以上
材料	热轧中厚钢板 $\delta=10\sim16$	kg	3.70	10.000	10.000	10.000
	镀锌铁丝 8~12 号	kg	5.36	5.000	5.000	5.000
	棉纱头	kg	6.34	1.000	1.000	1.000
	煤油	kg	4.20	2.000	3.000	3.000
	石棉扭绳 $\phi14\sim25$	kg	10.14	1.000	1.000	1.500
	机加工垫铁	kg	6.17	12.000	12.000	12.000
	碳钢平垫铁	kg	4.75	6.000	6.000	6.000
	其他材料费	元	–	11.330	11.600	12.060
机械	交流弧焊机 30kV·A	台班	91.14	0.450	0.900	0.900
	汽车式起重机 5t	台班	546.38	0.450	0.900	0.900
	电动卷扬机(单筒慢速) 50kN	台班	145.07	0.450	0.900	0.900
	电焊条烘干箱 $60\times50\times75cm^3$	台班	28.84	0.045	0.090	0.090

(2)多筒干式旋风除尘器

单位:台

定额编号				3-18-34	3-18-35	3-18-36
项目				单筒干式重量(t)		
				3.5 以下	5.0 以下	5.0 以上
基价(元)				**2708.66**	**4990.18**	**6167.84**
其中	人工费(元)			1795.20	3216.40	4039.20
	材料费(元)			560.00	1420.32	1693.36
	机械费(元)			353.46	353.46	435.28
名称		单位	单价(元)	数		量
人工	综合工日	工日	80.00	22.440	40.205	50.490
材料	氧气	m^3	3.60	15.000	30.030	30.030
	乙炔气	m^3	25.20	4.950	10.000	10.010
	电焊条 结 422 $\phi 2.5$	kg	5.04	8.000	15.000	20.000
	热轧中厚钢板 $\delta = 10 \sim 16$	kg	3.70	15.000	40.000	80.000
	镀锌铁丝 8~12 号	kg	5.36	10.000	18.000	25.000
	棉纱头	kg	6.34	2.000	3.500	5.000

续前

单位:台

定额编号				3-18-34	3-18-35	3-18-36
项目				单筒干式重量(t)		
				3.5 以下	5.0 以下	5.0 以上
材料	铁砂布 0~2 号	张	1.68	10.000	15.000	20.000
	黄干油 钙基酯	kg	9.78	2.000	2.000	2.000
	汽轮机油(各种规格)	kg	8.80	2.000	2.000	2.000
	煤油	kg	4.20	5.000	10.000	15.000
	石棉扭绳 ϕ14~25	kg	10.14	2.500	3.500	5.000
	机加工垫铁	kg	6.17	12.000	16.000	16.000
	碳钢平垫铁	kg	4.75	6.000	8.000	8.000
	道木 250×200×2500	根	200.00	–	2.000	2.000
	其他材料费	元	–	16.310	41.370	49.320
机械	交流弧焊机 30kV·A	台班	91.14	0.450	0.450	0.450
	汽车式起重机 8t	台班	728.19	–	–	0.450
	汽车式起重机 5t	台班	546.38	0.450	0.450	–
	电动卷扬机(单筒慢速) 50kN	台班	145.07	0.450	0.450	0.450
	电焊条烘干箱 60×50×75cm^3	台班	28.84	0.045	0.045	0.045

(3)多管干式旋风除尘器

单位:台

定额编号				3-18-37	3-18-38	3-18-39
项目				单筒干式重量(t)		
				3.0 以下	6.0 以下	6.0 以上
基价(元)				**3864.35**	**6853.11**	**9676.14**
其中	人工费(元)			2400.40	3223.20	4114.00
	材料费(元)			541.84	1458.43	2304.92
	机械费(元)			922.11	2171.48	3257.22
名称		单位	单价(元)	数量		
人工	综合工日	工日	80.00	30.005	40.290	51.425
材料	氧气	m^3	3.60	15.000	30.030	30.030
	乙炔气	m^3	25.20	4.950	10.000	10.000
	电焊条 结422 $\phi2.5$	kg	5.04	8.000	15.000	20.000
	热轧中厚钢板 $\delta=10\sim16$	kg	3.70	12.000	50.000	80.000
	镀锌铁丝 8~12 号	kg	5.36	8.000	18.000	25.000
	棉纱头	kg	6.34	1.000	3.500	5.000
	铁砂布 0~2 号	张	1.68	10.000	15.000	20.000

续前 单位:台

定额编号				3-18-37	3-18-38	3-18-39
项目				单筒干式重量(t)		
				3.0 以下	6.0 以下	6.0 以上
材料	黄干油 钙基酯	kg	9.78	1.000	2.000	2.000
	汽轮机油(各种规格)	kg	8.80	1.000	2.000	2.000
	煤油	kg	4.20	5.000	10.000	15.000
	石棉扭绳 ϕ14~25	kg	10.14	2.000	3.500	5.000
	加固木板	m^3	1980.00	–	–	0.300
	机加工垫铁	kg	6.17	16.000	16.000	16.000
	碳钢平垫铁	kg	4.75	8.000	8.000	8.000
	道木 250×200×2500	根	200.00	–	2.000	2.000
	其他材料费	元	–	15.780	42.480	67.130
机械	交流弧焊机 30kV·A	台班	91.14	1.800	3.600	5.400
	汽车式起重机 8t	台班	728.19	–	1.800	2.700
	汽车式起重机 5t	台班	546.38	0.900	–	–
	电动卷扬机(单筒慢速) 50kN	台班	145.07	1.800	3.600	5.400
	电焊条烘干箱 60×50×75cm^3	台班	28.84	0.180	0.360	0.540

2. 锅炉水处理设备安装

(1)浮动床钠离子交换器

单位:台

定额编号				3-18-40	3-18-41	3-18-42	3-18-43	3-18-44
项目				浮动床钠离子交换器 软化水产量(t/h)				
				2	4	6	10	12
基价(元)				**2581.64**	**3006.75**	**3440.05**	**4167.45**	**4479.20**
其中	人工费(元)			1290.64	1496.00	1660.56	1914.88	2075.36
	材料费(元)			657.64	822.35	1006.74	1394.83	1546.10
	机械费(元)			633.36	688.40	772.75	857.74	857.74
名称		单位	单价(元)	数量				
人工	综合工日	工日	80.00	16.133	18.700	20.757	23.936	25.942
材料	水	t	4.00	4.000	8.000	12.000	20.000	24.000
	电	kW·h	0.85	36.000	36.000	48.000	96.000	96.000
	氧气	m^3	3.60	12.930	14.350	16.980	20.230	21.750
	乙炔气	m^3	25.20	4.910	5.450	6.450	7.690	8.270
	电焊条 结 422 ϕ2.5	kg	5.04	1.800	2.500	3.000	4.000	4.000
	碳钢气焊条	kg	5.85	0.350	0.500	0.600	0.700	0.500
	热轧中厚钢板 δ=4.5~10	kg	3.90	8.000	10.000	10.000	12.000	12.000
	镀锌铁丝 8~12 号	kg	5.36	3.000	4.000	4.000	5.000	5.000
	棉纱头	kg	6.34	0.500	0.650	0.800	0.800	1.000
	铁砂布 0~2 号	张	1.68	4.000	5.000	5.000	5.000	6.000
	石棉橡胶板 中压 0.8~1.0	kg	17.00	3.000	3.500	4.000	5.000	6.000

续前 单位:台

定额编号				3-18-40	3-18-41	3-18-42	3-18-43	3-18-44
项目				浮动床钠离子交换器 软化水产量(t/h)				
				2	4	6	10	12
材料	黄干油 钙基酯	kg	9.78	0.100	0.100	0.150	0.200	0.200
	汽轮机油(各种规格)	kg	8.80	0.200	0.200	0.300	0.400	0.450
	煤油	kg	4.20	0.500	0.600	0.700	0.800	0.800
	铅油	kg	8.50	0.100	0.100	0.150	0.200	0.200
	精制六角带帽螺栓 M16×61~80	10套	16.24	–	–	0.800	0.800	0.800
	精制镀锌六角带帽螺栓 M12×14~75	10套	17.00	0.400	0.400	–	–	–
	石棉扭绳 ϕ14~25	kg	10.14	0.200	0.250	0.300	0.400	0.400
	聚四氟乙烯生料带	kg	67.70	0.010	0.020	0.030	0.040	0.050
	机加工垫铁	kg	6.17	4.000	4.000	4.000	6.000	6.000
	碳钢平垫铁	kg	4.75	8.000	8.000	8.000	12.000	12.000
	钢锯条	根	0.89	5.000	6.000	6.000	6.000	7.000
	道木 250×200×2500	根	200.00	0.200	0.220	0.250	0.300	0.300
	工业盐	kg	1.80	100.000	150.000	200.000	300.000	350.000
	其他材料费	元	–	19.150	23.950	29.320	40.630	45.030
机械	直流弧焊机 30kW	台班	103.34	0.900	0.900	0.990	1.080	1.080
	汽车式起重机 5t	台班	546.38	0.450	0.540	0.630	0.720	0.720
	电动卷扬机(单筒慢速) 30kN	台班	137.62	0.900	0.900	0.900	0.990	0.990
	电动空气压缩机 0.6m^3/min	台班	130.54	0.225	0.270	0.360	0.360	0.360
	试压泵 60MPa	台班	154.06	0.900	0.900	0.990	1.080	1.080
	电焊条烘干箱 60×50×75cm^3	台班	28.84	0.090	0.090	0.099	0.108	0.108

(2)组合式水处理设备

单位:套

定额编号				3-18-45	3-18-46
项目				组合式出力(t/h)	
				1~2	4~8
基价(元)				**1105.20**	**2244.38**
其中	人工费(元)			330.48	958.80
	材料费(元)			363.05	606.08
	机械费(元)			411.67	679.50
名称		单位	单价(元)	数量	
人工	综合工日	工日	80.00	4.131	11.985
材料	水	t	4.00	4.000	8.000
	电	kW·h	0.85	3.000	3.000
	氧气	m^3	3.60	2.000	3.000
	乙炔气	m^3	25.20	0.760	1.140
	电焊条 结422 ϕ2.5	kg	5.04	0.400	1.000
	圆钢 ϕ5.5~9	kg	4.10	–	2.370
	热轧中厚钢板 δ=4.5~10	kg	3.90	1.000	1.520
	热轧薄钢板 3.0~4.0	kg	4.67	1.000	1.500
	焊接钢管 DN50	m	17.54	3.380	–
	焊接钢管 DN80	m	32.77	–	1.600
	焊接钢管 DN100	m	41.39	–	1.500
	镀锌铁丝 8~12号	kg	5.36	3.000	–
	铁砂布 0~2号	张	1.68	2.000	4.000

续前

单位:套

定额编号				3-18-45	3-18-46
项目				组合式出力(t/h)	
				1~2	4~8
材料	石棉橡胶板 中压 2.5~4.5	kg	12.20	3.000	5.000
	黄干油 钙基酯	kg	9.78	0.200	0.200
	汽轮机油(各种规格)	kg	8.80	0.400	0.450
	煤油	kg	4.20	0.500	0.800
	铅油	kg	8.50	0.200	0.200
	棕绳	kg	9.10	6.800	6.800
	聚四氟乙烯生料带	kg	67.70	0.050	0.050
	钢锯条	根	0.89	5.000	7.000
	纯硫酸	kg	1.00	20.000	20.000
	工业盐	kg	1.80	10.000	30.000
	道木 250×200×2500	根	200.00	0.200	0.300
	机加工垫铁	kg	6.17	4.000	10.000
	镀锌薄钢板 $\delta=0.5\sim0.9$	kg	5.25	–	5.000
	其他材料费	元	–	10.570	17.650
机械	交流弧焊机 30kV·A	台班	91.14	0.180	0.450
	汽车式起重机 8t	台班	728.19	–	0.450
	汽车式起重机 5t	台班	546.38	0.450	–
	电动卷扬机(单筒慢速)30kN	台班	137.62	0.450	0.900
	电动空气压缩机 $0.6m^3/min$	台班	130.54	0.135	0.360
	试压泵 60MPa	台班	154.06	0.450	0.900
	电焊条烘干箱 $60\times50\times75cm^3$	台班	28.84	0.018	0.045

3. 板式换热器安装

单位：台

定额编号				3-18-47	3-18-48	3-18-49
项目				板式换热器重量(t)		
				1.0 以下	1.5 以下	2.0 以下
基价（元）				**1611.15**	**2071.78**	**2317.13**
其中	人工费（元）			598.40	918.00	986.00
	材料费（元）			427.19	445.29	469.80
	机械费（元）			585.56	708.49	861.33
名称		单位	单价(元)	数量		
人工	综合工日	工日	80.00	7.480	11.475	12.325
材料	氧气	m^3	3.60	4.830	4.950	5.280
	乙炔气	m^3	25.20	1.930	1.980	2.110
	电焊条 结 422 $\phi2.5$	kg	5.04	1.220	1.320	1.420
	型钢综合	kg	4.00	8.000	9.000	10.000
	热轧中厚钢板 $\delta=10\sim16$	kg	3.70	54.600	56.600	59.100
	石棉橡胶板 中压 $0.8\sim1.0$	kg	17.00	1.500	1.600	1.800

续前　　　　单位:台

定　额　编　号				3-18-47	3-18-48	3-18-49
项　　目				板式换热器重量(t)		
				1.0 以下	1.5 以下	2.0 以下
材料	黑铅粉	kg	1.10	0.230	0.240	0.250
	汽轮机油（各种规格）	kg	8.80	0.150	0.180	0.200
	精制镀锌六角带帽螺栓 M12×14~75	10 套	17.00	0.400	0.400	0.400
	机加工垫铁	kg	6.17	4.000	4.000	4.000
	碳钢平垫铁	kg	4.75	8.000	8.000	8.000
	道木 250×200×2500	根	200.00	0.060	0.070	0.080
	其他材料费	元	-	12.440	12.970	13.680
机械	直流弧焊机 30kW	台班	103.34	0.450	0.450	0.675
	汽车式起重机 5t	台班	546.38	0.450	0.675	0.900
	电动卷扬机(单筒慢速) 30kN	台班	137.62	0.900	0.900	0.900
	电动空气压缩机 0.6m^3/min	台班	130.54	0.225	0.225	0.270
	试压泵 60MPa	台班	154.06	0.900	0.900	0.900
	电焊条烘干箱 60×50×75cm^3	台班	28.84	0.045	0.045	0.072

单位:台

定额编号				3-18-50	3-18-51	3-18-52
项目				板式换热器重量(t)		
				3.0 以下	4.0 以下	5.0 以下
基价(元)				**2930.57**	**3677.39**	**4577.48**
其中	人工费(元)			1258.00	1479.04	1836.00
	材料费(元)			519.02	625.48	776.72
	机械费(元)			1153.55	1572.87	1964.76
名称		单位	单价(元)	数量		
人工	综合工日	工日	80.00	15.725	18.488	22.950
材料	氧气	m^3	3.60	5.550	6.000	9.000
	乙炔气	m^3	25.20	2.220	2.400	3.600
	电焊条 结 422 ϕ2.5	kg	5.04	1.520	2.000	2.500
	型钢综合	kg	4.00	11.000	12.000	13.000
	热轧中厚钢板 $\delta=10\sim16$	kg	3.70	64.300	72.000	79.700
	石棉橡胶板 中压 0.8~1.0	kg	17.00	2.500	4.000	6.000
	黑铅粉	kg	1.10	0.270	0.300	0.320

续前

单位:台

定额编号				3-18-50	3-18-51	3-18-52
项目				板式换热器重量(t)		
				3.0 以下	4.0 以下	5.0 以下
材料	汽轮机油(各种规格)	kg	8.80	0.220	0.240	0.260
	精制六角带帽螺栓 M16×61~80	10套	16.24	0.800	1.000	1.200
	机加工垫铁	kg	6.17	4.000	6.000	8.000
	碳钢平垫铁	kg	4.75	8.000	12.000	16.000
	道木 250×200×2500	根	200.00	0.090	0.100	0.110
	其他材料费	元	–	15.120	18.220	22.620
机械	直流弧焊机 30kW	台班	103.34	1.575	2.250	2.475
	汽车式起重机 8t	台班	728.19	–	0.450	0.675
	汽车式起重机 5t	台班	546.38	1.125	0.900	1.125
	电动卷扬机(单筒慢速) 30kN	台班	137.62	1.350	1.800	1.800
	电动空气压缩机 0.6m^3/min	台班	130.54	0.360	0.450	0.540
	试压泵 60MPa	台班	154.06	0.900	1.350	1.800
	电焊条烘干箱 60×50×75cm^3	台班	28.84	0.162	0.225	0.252

4. 输煤设备安装

单位:台

定额编号				3-18-53	3-18-54	3-18-55	3-18-56
项目				翻斗上煤机			
				垂直卷扬	倾斜卷扬	带小车	单斗(0.75m³)
基价(元)				**2210.43**	**2576.97**	**2288.13**	**9384.47**
其中	人工费(元)			1047.20	1271.60	1196.80	4936.80
	材料费(元)			608.57	750.71	536.67	2337.17
	机械费(元)			554.66	554.66	554.66	2110.50
名称		单位	单价(元)	数量			
人工	综合工日	工日	80.00	13.090	15.895	14.960	61.710
材料	氧气	m^3	3.60	15.000	15.000	15.000	30.000
	乙炔气	m^3	25.20	4.950	4.950	4.950	9.900
	电焊条 结 422 $\phi2.5$	kg	5.04	5.000	5.000	5.000	10.000
	型钢综合	kg	4.00	25.000	40.000	–	200.000
	热轧中厚钢板 $\delta=4.5\sim10$	kg	3.90	30.000	50.000	40.000	100.000
	镀锌铁丝 8~12 号	kg	5.36	2.000	2.000	2.000	–
	棉纱头	kg	6.34	1.000	1.000	1.000	3.000

续前　　单位:台

定额编号				3-18-53	3-18-54	3-18-55	3-18-56
项目				翻斗上煤机			
				垂直卷扬	倾斜卷扬	带小车	单斗(0.75m^3)
材料	铁砂布 0~2号	张	1.68	–	–	–	30.000
	黄干油 钙基酯	kg	9.78	–	–	–	2.000
	汽轮机油(各种规格)	kg	8.80	2.000	2.000	1.000	2.000
	煤油	kg	4.20	3.000	3.000	3.000	10.000
	汽油 93号	kg	10.05	2.000	2.000	2.000	2.000
	碳钢平垫铁	kg	4.75	6.000	6.000	6.000	6.000
	机加工垫铁	kg	6.17	12.000	12.000	12.000	12.000
	道木 250×200×2500	根	200.00	–	–	–	2.000
	其他材料费	元	–	17.730	21.870	15.630	68.070
机械	交流弧焊机 30kV·A	台班	91.14	2.700	2.700	2.700	5.400
	汽车式起重机 5t	台班	546.38	0.450	0.450	0.450	1.800
	电动卷扬机(单筒慢速) 30kN	台班	137.62	0.450	0.450	0.450	4.500
	电焊条烘干箱 60×50×75cm^3	台班	28.84	0.027	0.027	0.027	0.540

5. 除渣设备安装

(1)螺旋除渣机

单位:台

定额编号				3-18-57	3-18-58
项目				螺旋除渣机(直径 mm/输出能力 t/h)	
				150/1.1	200/1.2
基价(元)				**4133.55**	**5376.07**
其中	人工费(元)			2842.40	3515.60
	材料费(元)			814.11	1214.18
	机械费(元)			477.04	646.29
名称		单位	单价(元)	数量	
人工	综合工日	工日	80.00	35.530	43.945
材料	氧气	m^3	3.60	15.000	22.500
	乙炔气	m^3	25.20	4.950	7.430
	电焊条 结 422 ϕ2.5	kg	5.04	5.000	10.000
	热轧薄钢板 2.2~2.8	kg	4.67	20.000	30.000

续前

单位:台

定额编号				3-18-57	3-18-58
项目				螺旋除渣机（直径 mm/输出能力 t/h）	
				150/1.1	200/1.2
材料	镀锌铁丝 8~12 号	kg	5.36	5.000	10.000
	棉纱头	kg	6.34	2.000	4.000
	石棉橡胶板 高压 1.5	kg	21.40	15.000	20.000
	黄干油 钙基酯	kg	9.78	2.000	4.000
	汽轮机油（各种规格）	kg	8.80	2.000	5.000
	煤油	kg	4.20	5.000	10.000
	汽油 93 号	kg	10.05	2.000	2.000
	精制六角带帽螺栓 M10×75	10 套	13.58	4.000	5.000
	其他材料费	元	-	23.710	35.360
机械	交流弧焊机 30kV·A	台班	91.14	1.800	3.600
	汽车式起重机 5t	台班	546.38	0.450	0.450
	电动卷扬机(单筒慢速) 30kN	台班	137.62	0.450	0.450
	电焊条烘干箱 60×50×75cm^3	台班	28.84	0.180	0.360

(2)刮板除渣机

单位:台

定额编号				3-18-59	3-18-60
项目				刮板除渣机 出渣量(t/h)	
				1.00 以内	2.00 以内
基价(元)				**4995.52**	**6601.76**
其中	人工费(元)			3066.80	4338.40
	材料费(元)			1282.43	1532.45
	机械费(元)			646.29	730.91
名称		单位	单价(元)	数量	
人工	综合工日	工日	80.00	38.335	54.230
材料	氧气	m^3	3.60	22.500	30.030
	乙炔气	m^3	25.20	7.430	9.910
	电焊条 结422 $\phi2.5$	kg	5.04	10.000	15.000
	热轧中厚钢板 $\delta=4.5\sim10$	kg	3.90	30.000	50.000
	镀锌铁丝 8~12 号	kg	5.36	10.000	15.000

续前

单位:台

定额编号				3-18-59	3-18-60
项目				刮板除渣机 出渣量(t/h)	
				1.00 以内	2.00 以内
材料	棉纱头	kg	6.34	4.000	5.000
	黄干油 钙基酯	kg	9.78	4.000	4.000
	汽轮机油(各种规格)	kg	8.80	5.000	5.000
	煤油	kg	4.20	11.000	15.000
	汽油 93 号	kg	10.05	2.000	2.000
	机加工垫铁	kg	6.17	68.000	68.000
	碳钢平垫铁	kg	4.75	34.000	34.000
	其他材料费	元	–	37.350	44.630
机械	交流弧焊机 30kV·A	台班	91.14	3.600	4.500
	汽车式起重机 5t	台班	546.38	0.450	0.450
	电动卷扬机(单筒慢速) 30kN	台班	137.62	0.450	0.450
	电焊条烘干箱 $60 \times 50 \times 75cm^3$	台班	28.84	0.360	0.450

(3)链条除渣机

单位:台

定额编号				3-18-61	3-18-62	3-18-63	3-18-64
项目				链条除渣机(输送长度 m/除渣能力 t/h)			
				10/2	30/4	50/5	70/8
基价(元)				**8290.02**	**14582.61**	**19835.24**	**22292.73**
其中	人工费(元)			5440.00	11152.00	13838.00	15932.40
	材料费(元)			1563.06	2143.65	3761.81	4124.90
	机械费(元)			1286.96	1286.96	2235.43	2235.43
名称		单位	单价(元)	数量			
人工	综合工日	工日	80.00	68.000	139.400	172.975	199.155
材料	氧气	m^3	3.60	14.400	28.980	45.030	45.030
	乙炔气	m^3	25.20	4.750	9.560	14.860	14.860
	电焊条 结 422 ϕ2.5	kg	5.04	5.000	9.500	20.000	20.000
	热轧薄钢板 2.2~2.8	kg	4.67	80.000	100.000	200.000	200.000
	镀锌铁丝 8~12 号	kg	5.36	5.000	10.000	13.000	15.000
	棉纱头	kg	6.34	5.000	8.000	10.000	10.000

续前

单位：台

定额编号				3-18-61	3-18-62	3-18-63	3-18-64
项目				链条除渣机（输送长度 m/除渣能力 t/h）			
				10/2	30/4	50/5	70/8
材料	黄干油 钙基酯	kg	9.78	3.000	4.000	6.000	6.000
	汽轮机油（各种规格）	kg	8.80	5.000	8.000	10.000	10.000
	煤油	kg	4.20	5.000	10.000	20.000	20.000
	汽油 93 号	kg	10.05	1.000	1.000	2.000	2.000
	铅油	kg	8.50	5.000	5.000	5.000	5.000
	道木 250×200×2500	根	200.00	2.000	2.000	4.000	4.000
	机加工垫铁	kg	6.17	40.000	60.000	100.000	140.000
	碳钢平垫铁	kg	4.75	20.000	30.000	50.000	70.000
	其他材料费	元	–	45.530	62.440	109.570	120.140
机械	交流弧焊机 30kV·A	台班	91.14	5.400	5.400	7.200	7.200
	汽车式起重机 8t	台班	728.19	0.900	0.900	1.800	1.800
	电动卷扬机(单筒慢速) 30kN	台班	137.62	0.900	0.900	1.800	1.800
	电焊条烘干箱 60×50×75cm^3	台班	28.84	0.540	0.540	0.720	0.720

(4)重型链条除渣机

单位:台

定额编号				3-18-65
项目				输送长度50m以内　除渣能力10t/h以内
基价（元）				**23973.90**
其中	人工费（元）			17802.40
	材料费（元）			3936.07
	机械费（元）			2235.43
名称		单位	单价(元)	数量
人工	综合工日	工日	80.00	222.530
材料	氧气	m^3	3.60	45.030
	乙炔气	m^3	25.20	14.860
	电焊条 结422 ϕ2.5	kg	5.04	20.000
	热轧薄钢板 2.2~2.8	kg	4.67	200.000
	镀锌铁丝 8~12号	kg	5.36	20.000
	棉纱头	kg	6.34	10.000

续前

单位:台

定额编号				3-18-65
项目				输送长度 50m 以内　除渣能力 10t/h 以内
材料	黄干油 钙基酯	kg	9.78	6.000
	汽轮机油（各种规格）	kg	8.80	10.000
	煤油	kg	4.20	20.000
	汽油 93 号	kg	10.05	10.000
	铅油	kg	8.50	5.000
	道木 250×200×2500	根	200.00	4.000
	机加工垫铁	kg	6.17	106.000
	碳钢平垫铁	kg	4.75	53.000
	其他材料费	元	–	114.640
机械	交流弧焊机 30kV·A	台班	91.14	7.200
	汽车式起重机 8t	台班	728.19	1.800
	电动卷扬机(单筒慢速) 30kN	台班	137.62	1.800
	电焊条烘干箱 $60\times50\times75cm^3$	台班	28.84	0.720

6. 双辊齿式破碎机安装

单位:t

定额编号				3-18-66	3-18-67
项目				辊齿直径(mm)	
				ϕ450×500	ϕ600×750
基价(元)				**10455.24**	**14400.68**
其中	人工费(元)			7106.00	9275.20
	材料费(元)			2316.15	3143.91
	机械费(元)			1033.09	1981.57
名称		单位	单价(元)	数量	
人工	综合工日	工日	80.00	88.825	115.940
材料	氧气	m^3	3.60	30.030	45.030
	乙炔气	m^3	25.20	9.910	14.860
	电焊条 结422 ϕ2.5	kg	5.04	15.000	20.000
	热轧中厚钢板 δ=4.5~10	kg	3.90	60.000	70.000
	镀锌铁丝 8~12号	kg	5.36	10.000	15.000
	白布 0.9m	m^2	8.54	2.000	2.000
	棉纱头	kg	6.34	10.000	10.000
	铁砂布 0~2号	张	1.68	30.000	30.000
	石棉橡胶板 高压 1.5	kg	21.40	5.000	5.000

续前

单位:t

定额编号				3-18-66	3-18-67
项目				辊齿直径(mm)	
				ϕ450×500	ϕ600×750
材料	黄干油 钙基酯	kg	9.78	4.000	6.000
	汽轮机油(各种规格)	kg	8.80	8.000	10.000
	煤油	kg	4.20	15.000	20.000
	汽油 93 号	kg	10.05	5.000	10.000
	铅油	kg	8.50	2.000	5.000
	盲板(木板) $\delta=25$	m^3	1376.00	0.100	0.100
	羊毛毡	m^2	60.00	1.000	1.000
	道木 250×200×2500	根	200.00	2.000	4.000
	碳钢平垫铁	kg	4.75	88.000	88.000
	纯硫酸	kg	1.00	8.000	8.000
	氢氧化钠	kg	3.30	8.000	8.000
	其他材料费	元	–	67.460	91.570
机械	交流弧焊机 30kV·A	台班	91.14	2.700	4.500
	汽车式起重机 8t	台班	728.19	0.900	1.800
	电动卷扬机(单筒慢速) 30kN	台班	137.62	0.900	1.800
	电焊条烘干箱 60×50×75cm^3	台班	28.84	0.270	0.450

下 篇 说 明

一、第三册《机械设备安装工程》(下册下篇)适用于新建、扩建以及技术改造项目的冶金机械设备安装工程。

二、本定额是依据现行的国家及冶金行业有关产品标准、设计规范、施工及验收规范、技术操作规程、质量评定标准和安全操作规程编制的,也参考了有代表性的工程设计、施工资料和其他资料。

三、本册定额的工作内容,除各章节单独说明外,设备安装均包括开箱清点、搬运、外观检查、设备清洗、吊装、联结、放置垫铁及地脚螺栓、安装就位、调整、固定及设备本体的试运转,还包括施工准备、工种间交叉配合等必要的停歇时间、配合质量检查时间、交工验收时间、首尾结束时间以及施工现场范围内的材料、工具搬运等工作。

四、关于材料:

1. 本定额的主要消耗材料是综合取定的,定额中所列材料已包括施工损耗量。其权数和组成比详见附表一。

2. 定额中的周转性材料(如脚手架、枕木等)为摊销量。

五、关于施工机械:

1. 施工机械以台班量表示:除注明者以外,均根据各种不同的施工条件,对施工机械按运输机械、吊装机械、焊接机械三类作了综合取定,详见附表二。

2. 工具性的施工机具(如手提钻、千斤顶、小电炉等)其折旧费和维修费在施工管理费内,但这些机具用的电量和工具性消耗材料(如冲击钻头、砂轮片、锯条等)已列入定额内。

六、本定额未包括下列工作和费用:

1. 试车所发生的人工、机械和注入设备的润滑、液压、冲洗用油以及水、电、气等能源介质,其发生时由试车费开支。

2. 因场地不佳,为运输设备和器材而铺设的矿渣、砂、石、路基箱等,以及其他必要的施工措施,应另行计算施工措施费。

3. 本定额未包括的刷油、隔热、防腐、保温、内衬等,执行相应定额。

4. 负荷试运转、联合试运转、生产准备试运转。

七、关于设备支架的制作与安装,执行第六册《金属结构件制作与安装工程》。

八、本定额已按冶金工厂的工程特点,将垂直运输、水平运输、脚手架和枕木摊销量综合考虑在内,不另行计算工程超高增加费、工地范围内的运输费和脚手架费用。

九、拆除工程计算方法:

1. 保护性拆除:凡考虑被拆除的设备再利用时,则采用保护性拆除,按相应安装定额乘 0.5 计算拆除费。

2. 非保护性拆除:凡不考虑被拆除的设备再利用时,则采用非保护性拆除,按相应安装定额乘 0.3 计算拆除费。

3. 拆除工程的性质根据设计或拆除方案而定,没有技术要求的一律按非保护性拆除计算。

十、其他:

1. 本定额以“吨(t)”为计量单位的,按设备“净重”计算工程量。设备净重包括附属于设备的管道、支架、底座、防护罩和含油量的总重量，不包括包装材料的重量和耐火砖的重量，如附属于设备的管道、支架、底座、防护罩等需要加工制作的，可套用第六册《金属结构件制作与安装工程》、第十册《工艺管道安装工程》相应定额。

2. 没有定额的项目，可视其技术特征和安装繁简程度，套用相应定额。

3. 定额中凡注明具体型号的，只使用于该种型号；未注明型号则普遍适用于该类设备的安装。

第十九章　烧结设备安装

说　明

一、本章适用于冶金工厂烧结、球团设备安装。

二、本章定额包括烧结机、混合机、冷却盘、环形冷却机、焙烧机（窑）、翻车机、圆盘造球机、定量给料机竖窑液压卸料装置、辊式布料机、梭式布料器、摆动式皮带机、振动筛、链箅机、辊磨机、辊压机等安装。

三、振动冷却机安装套用环形冷却机（100t/台以下）定额。

四、水封拉链机安装包括传动装置、拉链。

五、颚式破碎机包括拉杆弹簧围松装置、平衡罩安全装置、顶板靠板及颚板、大小皮带轮。

六、辊式破碎机适用于单辊、双辊、回辊破碎机安装。

七、球、棒磨机和自磨机适用于干式、湿式等磨机安装。

八、分级机适用于高堰式、沉入式和单、双螺旋分级机。分级机不包括槽壳组装。

九、烧结机和焙烧机不包括密封罩安装，另套金属结构安装册定额。

十、梭式布料器、定量给料机、摆动式皮带机安装未包括皮带胶接，另套皮带接头胶接定额。

一、烧结机安装

单位:t

定额编号				3-19-1	3-19-2	3-19-3	3-19-4	3-19-5
项目				烧结机面积(m^2/台)				
				100 以下	300 以下	450 以下	600 以下	600 以上
基价(元)				**758.03**	**713.56**	**696.56**	**665.22**	**634.21**
其中	人工费(元)			450.24	437.52	430.96	408.72	389.76
	材料费(元)			73.90	70.75	68.46	65.27	63.37
	机械费(元)			233.89	205.29	197.14	191.23	181.08
名称		单位	单价(元)	数量				
人工	综合工日	工日	80.00	5.628	5.469	5.387	5.109	4.872
材料	垫铁综合	kg	5.70	2.940	2.850	2.650	2.500	2.430
	普通焊条综合	kg	6.57	0.270	0.320	0.350	0.402	0.462
	氧气(含乙炔气)综合	m^3	11.99	0.560	0.560	0.560	0.560	0.560
	清洗油料综合	kg	6.29	0.440	0.390	0.340	0.291	0.249
	润滑油料综合	kg	9.92	0.060	0.060	0.060	0.056	0.052
	擦洗布料综合	kg	6.38	0.100	0.100	0.100	0.100	0.100
	密封填料综合	kg	16.82	0.400	0.360	0.340	0.293	0.280
	木材综合	m^3	1376.00	0.010	0.010	0.010	0.010	0.010
	二硫化钼	kg	62.90	0.350	0.320	0.310	0.287	0.266
	其他材料费	元	–	2.150	2.060	1.990	1.900	1.850
机械	运输机械综合(三册)	台班	1104.41	0.054	0.046	0.046	0.046	0.046
	吊装机械综合(三册)	台班	1070.74	0.138	0.122	0.115	0.110	0.101
	焊接机械综合(三册)	台班	84.05	0.092	0.120	0.115	0.129	0.145
	电动空气压缩机 $10m^3$/min	台班	519.44	0.023	0.015	0.015	0.012	0.009
	其他机械费	元	–	6.810	5.980	5.740	5.570	5.270

二、混合机安装

单位:t

定额编号				3-19-6	3-19-7	3-19-8	3-19-9	3-19-10
项目				混合机安装(t/台)			圆筒混合机	立式混合机
				50 以下	100 以下	200 以下		
基价(元)				**1065.02**	**896.83**	**840.59**	**867.01**	**828.46**
其中	人工费(元)			436.08	432.64	413.04	406.00	437.52
	材料费(元)			157.97	74.71	72.07	76.37	81.34
	机械费(元)			470.97	389.48	355.48	384.64	309.60
名称		单位	单价(元)	数量				
人工	综合工日	工日	80.00	5.451	5.408	5.163	5.075	5.469
材料	垫铁综合	kg	5.70	15.180	7.060	6.800	6.500	7.070
	普通焊条综合	kg	6.57	0.500	0.300	0.250	0.300	0.450
	氧气(含乙炔气)综合	m^3	11.99	1.000	0.470	0.450	0.450	0.500
	清洗油料综合	kg	6.29	1.600	0.640	0.600	0.900	0.850
	润滑油料综合	kg	9.92	1.020	0.520	0.500	0.620	0.650
	擦洗布料综合	kg	6.38	0.500	0.220	0.210	0.600	0.600
	密封填料综合	kg	16.82	0.040	0.020	0.020	0.020	0.020
	木材综合	m^3	1376.00	0.020	0.010	0.010	0.010	0.010
	其他材料费	元	–	4.600	2.180	2.100	2.220	2.370
机械	运输机械综合(三册)	台班	1104.41	0.122	0.099	0.095	0.119	0.085
	吊装机械综合(三册)	台班	1070.74	0.291	0.245	0.219	0.221	0.187
	焊接机械综合(三册)	台班	84.05	0.130	0.077	0.068	0.064	0.077
	其他机械费	元	–	13.720	11.340	10.350	11.200	9.020

三、冷却设备安装

单位:t

定额编号				3-19-11	3-19-12	3-19-13	3-19-14	3-19-15	3-19-16
项目				冷却盘	环形冷却机(t)				
					100 以下	200 以下	500 以下	800 以下	1000 以下
基价(元)				**603.29**	**946.88**	**831.40**	**712.14**	**680.21**	**643.02**
其中	人工费(元)			333.20	574.00	473.92	380.08	364.00	343.04
	材料费(元)			75.95	99.16	85.75	70.39	62.40	55.10
	机械费(元)			194.14	273.72	271.73	261.67	253.81	244.88
名称		单位	单价(元)	数量					
人工	综合工日	工日	80.00	4.165	7.175	5.924	4.751	4.550	4.288
材料	垫铁综合	kg	5.70	7.370	7.150	5.910	4.350	3.800	3.200
	普通焊条综合	kg	6.57	0.360	0.320	0.260	0.240	0.222	0.200
	氧气(含乙炔气)综合	m^3	11.99	1.690	0.710	0.640	0.600	0.561	0.524
	清洗油料综合	kg	6.29	0.480	0.670	0.350	0.240	0.164	0.112
	润滑油料综合	kg	9.92	0.470	0.030	0.020	0.010	0.005	0.005
	擦洗布料综合	kg	6.38	0.170	0.100	0.100	0.100	0.100	0.100
	密封填料综合	kg	16.82	0.020	0.610	0.530	0.480	0.436	0.396
	木材综合	m^3	1376.00	–	0.010	0.010	0.010	0.010	0.010
	二硫化钼	kg	62.90	–	0.250	0.230	0.170	0.126	0.093
	其他材料费	元	–	2.210	2.890	2.500	2.050	1.820	1.600
机械	运输机械综合(三册)	台班	1104.41	0.046	0.069	0.069	0.065	0.061	0.058
	吊装机械综合(三册)	台班	1070.74	0.122	0.168	0.168	0.163	0.160	0.155
	焊接机械综合(三册)	台班	84.05	0.084	0.115	0.092	0.092	0.092	0.092
	其他机械费	元	–	5.650	7.970	7.910	7.620	7.390	7.130

四、焙烧机、翻车机、链箅机、辊磨机、辊压机安装

单位:t

定额编号				3-19-17	3-19-18	3-19-19	3-19-20	3-19-21
项目				焙烧机	翻车机	链箅机	辊磨机	辊压机
基价(元)				**672.59**	**868.86**	**760.26**	**815.93**	**889.68**
其中	人工费(元)			364.00	498.32	373.92	477.44	502.64
	材料费(元)			57.02	82.29	54.34	59.08	70.35
	机械费(元)			251.57	288.25	332.00	279.41	316.69
名称		单位	单价(元)	数量				
人工	综合工日	工日	80.00	4.550	6.229	4.674	5.968	6.283
材料	垫铁综合	kg	5.70	2.730	7.300	3.650	5.500	5.720
	普通焊条综合	kg	6.57	0.430	0.270	0.330	0.200	0.150
	氧气(含乙炔气)综合	m^3	11.99	0.700	1.410	0.570	0.240	0.680
	清洗油料综合	kg	6.29	0.270	0.300	0.330	0.830	0.580
	润滑油料综合	kg	9.92	0.070	0.300	0.060	0.150	0.480
	擦洗布料综合	kg	6.38	0.100	0.100	0.100	0.080	0.160
	密封填料综合	kg	16.82	0.140	0.020	0.350	0.050	0.200
	木材综合	m^3	1376.00	0.010	0.010	0.010	0.010	0.010
	二硫化钼	kg	62.90	0.150	–	–	–	–
	其他材料费	元	–	1.660	2.400	1.580	1.720	2.050
机械	运输机械综合(三册)	台班	1104.41	0.061	0.061	0.043	0.032	0.026
	吊装机械综合(三册)	台班	1070.74	0.145	0.145	0.242	0.215	0.255
	焊接机械综合(三册)	台班	84.05	0.115	0.069	0.187	0.068	0.068
	电动空气压缩机 $10m^3/min$	台班	519.44	0.023	0.099	–	–	–
	其他机械费	元	–	7.330	8.400	9.670	8.140	9.220

五、圆盘造球机、布料机安装

单位:t

定额编号				3-19-22	3-19-23	3-19-24	3-19-25	3-19-26
项目				圆盘造球机直径(m)				竖窑液压卸料装置
				3.5以下	4.2以下	5.5以下	7.5以下	
基价(元)				**989.16**	**890.01**	**766.30**	**725.83**	**743.02**
其中	人工费(元)			555.12	497.68	431.92	434.00	478.08
	材料费(元)			100.24	93.24	87.68	79.53	105.93
	机械费(元)			333.80	299.09	246.70	212.30	159.01
	名称	单位	单价(元)	数量				
人工	综合工日	工日	80.00	6.939	6.221	5.399	5.425	5.976
材料	垫铁综合	kg	5.70	7.510	7.010	6.570	5.763	9.680
	普通焊条综合	kg	6.57	0.500	0.420	0.400	0.380	0.580
	氧气(含乙炔气)综合	m^3	11.99	2.000	1.800	1.700	1.550	1.640
	清洗油料综合	kg	6.29	0.890	0.810	0.740	0.680	0.800
	润滑油料综合	kg	9.92	0.420	0.380	0.300	0.230	0.170
	擦洗布料综合	kg	6.38	0.320	0.300	0.250	0.200	0.160
	密封填料综合	kg	16.82	0.100	0.100	0.100	0.100	0.160
	木材综合	m^3	1376.00	0.010	0.010	0.010	0.010	0.010
	其他材料费	元	–	2.920	2.720	2.550	2.320	3.090
机械	运输机械综合(三册)	台班	1104.41	0.084	0.077	0.061	0.055	0.031
	吊装机械综合(三册)	台班	1070.74	0.207	0.184	0.153	0.128	0.102
	焊接机械综合(三册)	台班	84.05	0.115	0.099	0.099	0.099	0.130
	其他机械费	元	–	9.720	8.710	7.190	6.180	4.630

注:梭式布料器、定量给料机、摆动式皮带机安装不包括皮带胶接。

单位:t

定额编号				3-19-27	3-19-28	3-19-29	3-19-30
项目				辊式布料机	梭式布料机(t/台)		
					10 以下	20 以下	30 以下
基价(元)				**897.94**	**996.47**	**879.21**	**812.49**
其中	人工费(元)			424.96	644.96	499.68	438.64
	材料费(元)			183.16	186.91	194.24	174.23
	机械费(元)			289.82	164.60	185.29	199.62
名称		单位	单价(元)	数量			
人工	综合工日	工日	80.00	5.312	8.062	6.246	5.483
材料	垫铁综合	kg	5.70	9.130	15.760	15.438	13.723
	普通焊条综合	kg	6.57	0.800	0.840	0.922	0.820
	氧气(含乙炔气)综合	m^3	11.99	2.500	2.580	2.900	2.577
	清洗油料综合	kg	6.29	5.800	2.970	3.294	2.928
	润滑油料综合	kg	9.92	1.800	1.640	1.757	1.562
	擦洗布料综合	kg	6.38	1.100	0.910	1.082	0.962
	密封填料综合	kg	16.82	0.100	0.040	0.056	0.050
	木材综合	m^3	1376.00	0.020	0.010	0.010	0.010
	其他材料费	元	–	5.330	5.440	5.660	5.070
机械	运输机械综合(三册)	台班	1104.41	0.069	0.038	0.040	0.042
	吊装机械综合(三册)	台班	1070.74	0.176	0.092	0.105	0.115
	焊接机械综合(三册)	台班	84.05	0.199	0.230	0.277	0.289
	其他机械费	元	–	8.440	4.790	5.400	5.810

六、碾粉机、水封拉链机安装

单位:t

定额编号				3-19-31	3-19-32	3-19-33	3-19-34	3-19-35	3-19-36
项目				碾粉机(t)		水封拉链机(t)			
				2 以内	6 以内	15 以内	25 以内	35 以内	35 以上
基价(元)				**802.19**	**658.34**	**911.46**	**797.18**	**759.33**	**680.70**
其中	人工费(元)			442.96	410.88	451.60	422.80	399.04	348.00
	材料费(元)			174.87	118.70	167.71	106.89	104.44	92.26
	机械费(元)			184.36	128.76	292.15	267.49	255.85	240.44
	名称	单位	单价(元)	数量					
人工	综合工日	工日	80.00	5.537	5.136	5.645	5.285	4.988	4.350
材料	垫铁综合	kg	5.70	19.000	12.000	9.400	2.500	5.600	4.800
	普通焊条综合	kg	6.57	0.600	0.400	2.100	1.700	1.200	1.000
	氧气(含乙炔气)综合	m^3	11.99	2.200	1.600	3.800	3.000	2.200	2.000
	清洗油料综合	kg	6.29	1.200	0.800	0.400	0.300	0.200	0.200
	润滑油料综合	kg	9.92	0.800	0.500	0.300	0.200	0.150	0.100
	擦洗布料综合	kg	6.38	0.300	0.200	0.500	0.400	0.300	0.200
	密封填料综合	kg	16.82	–	–	0.300	0.250	0.190	0.165
	木材综合	m^3	1376.00	0.010	0.010	0.010	0.010	0.010	0.010
	型钢综合	kg	4.00	–	–	5.600	4.500	3.400	2.900
	其他材料费	元	–	5.090	3.460	4.880	3.110	3.040	2.690
机械	运输机械综合(三册)	台班	1104.41	0.031	0.023	0.038	0.036	0.031	0.031
	吊装机械综合(三册)	台班	1070.74	0.122	0.084	0.179	0.162	0.161	0.153
	焊接机械综合(三册)	台班	84.05	0.168	0.115	0.595	0.553	0.497	0.421
	其他机械费	元	–	5.370	3.750	8.510	7.790	7.450	7.000

七、破碎机设备安装

单位：t

定额编号				3-19-37	3-19-38	3-19-39
项目				颚式破碎机(t/台)		
				15 以内	30 以内	50 以内
基价（元）				**945.34**	**842.38**	**729.35**
其中	人工费（元）			422.24	441.04	409.52
	材料费（元）			92.45	81.48	61.47
	机械费（元）			430.65	319.86	258.36
名称		单位	单价(元)	数量		
人工	综合工日	工日	80.00	5.278	5.513	5.119
材料	垫铁综合	kg	5.70	7.550	7.120	5.220
	普通焊条综合	kg	6.57	0.280	0.220	0.170
	氧气(含乙炔气)综合	m^3	11.99	1.650	1.100	0.600
	清洗油料综合	kg	6.29	0.420	0.430	0.400
	润滑油料综合	kg	9.92	0.460	0.300	0.230
	擦洗布料综合	kg	6.38	0.320	0.370	0.260
	黄铜皮 $\delta=0.08\sim0.3$	kg	69.74	0.030	0.030	0.020
	木材综合	m^3	1376.00	0.010	0.010	0.010
	其他材料费	元	–	2.690	2.370	1.790
机械	运输机械综合(三册)	台班	1104.41	0.046	0.031	0.015
	吊装机械综合(三册)	台班	1070.74	0.337	0.252	0.214
	焊接机械综合(三册)	台班	84.05	0.077	0.077	0.061
	其他机械费	元	–	12.540	9.320	7.530

单位:t

定额编号			3-19-40	3-19-41	3-19-42	3-19-43	3-19-44
项目			颚式破碎机(t/台)				
			70 以内	100 以内	200 以内	300 以内	300 以上
基价(元)			**692.56**	**664.00**	**627.40**	**597.50**	**582.14**
其中	人工费(元)		410.32	398.48	386.56	370.08	363.36
	材料费(元)		50.55	44.85	38.99	36.00	35.41
	机械费(元)		231.69	220.67	201.85	191.42	183.37
名称	单位	单价(元)	数量				
人工 综合工日	工日	80.00	5.129	4.981	4.832	4.626	4.542
材料 垫铁综合	kg	5.70	4.150	3.450	2.840	2.650	2.550
普通焊条综合	kg	6.57	0.110	0.080	0.050	0.040	0.040
氧气(含乙炔气)综合	m^3	11.99	0.400	0.300	0.200	0.150	0.150
清洗油料综合	kg	6.29	0.330	0.450	0.420	0.400	0.400
润滑油料综合	kg	9.92	0.180	0.120	0.070	0.050	0.050
擦洗布料综合	kg	6.38	0.140	0.090	0.070	0.050	0.050
黄铜皮 $\delta=0.08\sim0.3$	kg	69.74	0.020	0.020	0.020	0.010	0.010
木材综合	m^3	1376.00	0.010	0.010	0.010	0.010	0.010
其他材料费	元	-	1.470	1.310	1.140	1.050	1.030
机械 运输机械综合(三册)	台班	1104.41	0.015	0.015	0.013	0.011	0.009
吊装机械综合(三册)	台班	1070.74	0.191	0.181	0.166	0.159	0.154
焊接机械综合(三册)	台班	84.05	0.046	0.046	0.046	0.041	0.038
其他机械费	元	-	6.750	6.430	5.880	5.580	5.340

单位:t

定额编号				3-19-45	3-19-46	3-19-47
项目				辊式破碎机(t/台)		
				15 以内	30 以内	40 以内
基价(元)				**1106.76**	**984.35**	**903.52**
其中	人工费(元)			443.12	342.40	402.88
	材料费(元)			182.03	177.41	158.04
	机械费(元)			481.61	464.54	342.60
名称		单位	单价(元)	数量		
人工	综合工日	工日	80.00	5.539	4.280	5.036
材料	垫铁综合	kg	5.70	24.350	23.920	21.350
	普通焊条综合	kg	6.57	0.220	0.220	0.170
	氧气(含乙炔气)综合	m^3	11.99	1.100	0.900	0.700
	清洗油料综合	kg	6.29	0.400	0.400	0.350
	润滑油料综合	kg	9.92	0.260	0.250	0.230
	擦洗布料综合	kg	6.38	0.260	0.440	0.380
	密封填料综合	kg	16.82	–	–	0.010
	黄铜皮 $\delta=0.08\sim0.3$	kg	69.74	0.040	0.030	0.020
	木材综合	m^3	1376.00	0.010	0.010	0.010
	其他材料费	元	–	5.300	5.170	4.600
机械	运输机械综合(三册)	台班	1104.41	0.084	0.077	0.038
	吊装机械综合(三册)	台班	1070.74	0.344	0.337	0.245
	焊接机械综合(三册)	台班	84.05	0.077	0.061	0.337
	其他机械费	元	–	14.030	13.530	9.980

单位：t

定额编号				3-19-48	3-19-49	3-19-50	3-19-51	3-19-52	3-19-53
项目				辊式破碎机（t/台）				锤式破碎机	生球破碎机
				50 以内	60 以内	70 以内	70 以上		
基价（元）				**927.72**	**879.27**	**836.83**	**813.37**	**955.07**	**1039.87**
其中	人工费（元）			325.52	315.04	301.68	385.68	406.00	446.40
	材料费（元）			133.81	130.63	127.61	145.44	141.20	131.91
	机械费（元）			468.39	433.60	407.54	282.25	407.87	461.56
名称		单位	单价(元)	数量					
人工	综合工日	工日	80.00	4.069	3.938	3.771	4.821	5.075	5.580
材料	垫铁综合	kg	5.70	18.210	17.750	17.290	19.780	19.240	15.080
	普通焊条综合	kg	6.57	0.110	0.080	0.060	0.160	0.090	0.170
	氧气(含乙炔气)综合	m^3	11.99	0.390	0.350	0.330	0.450	0.440	1.570
	清洗油料综合	kg	6.29	0.320	0.300	0.280	0.330	0.300	0.480
	润滑油料综合	kg	9.92	0.190	0.170	0.150	0.210	0.220	0.270
	擦洗布料综合	kg	6.38	0.290	0.270	0.250	0.320	0.290	0.290
	密封填料综合	kg	16.82	0.030	0.070	0.100	0.080	0.070	0.010
	黄铜皮 $\delta=0.08\sim0.3$	kg	69.74	0.010	0.010	0.010	0.010	0.010	0.010
	木材综合	m^3	1376.00	0.010	0.010	0.010	0.010	0.010	0.010
	其他材料费	元	–	3.900	3.800	3.720	4.240	4.110	3.840
机械	运输机械综合(三册)	台班	1104.41	0.023	0.023	0.023	0.015	0.014	0.094
	吊装机械综合(三册)	台班	1070.74	0.398	0.367	0.344	0.214	0.332	0.313
	焊接机械综合(三册)	台班	84.05	0.038	0.031	0.023	0.337	0.298	0.109
	其他机械费	元	–	13.640	12.630	11.870	8.220	11.880	13.440

八、球磨机、棒磨机、自磨机安装

单位：t

定额编号				3-19-54	3-19-55	3-19-56	3-19-57
项目				设备重量(t)			
				15	30	60	90
基价（元）				**942.59**	**878.13**	**821.70**	**738.84**
其中	人工费（元）			546.56	576.08	519.04	444.40
	材料费（元）			175.50	106.63	75.45	67.92
	机械费（元）			220.53	195.42	227.21	226.52
名称		单位	单价(元)	数量			
人工	综合工日	工日	80.00	6.832	7.201	6.488	5.555
材料	垫铁综合	kg	5.70	20.000	10.500	6.600	6.100
	普通焊条综合	kg	6.57	0.330	0.280	0.220	0.200
	氧气(含乙炔气)综合	m^3	11.99	1.100	0.550	0.340	0.280
	清洗油料综合	kg	6.29	1.610	1.450	1.290	0.960
	润滑油料综合	kg	9.92	0.550	0.370	0.220	0.180
	擦洗布料综合	kg	6.38	0.240	0.160	0.120	0.100
	密封填料综合	kg	16.82	0.200	0.200	0.130	0.070
	黄铜皮 $\delta=0.08\sim0.3$	kg	69.74	0.020	0.010	0.010	0.010
	羊毛毡	m^2	60.00	0.090	0.060	0.040	0.040
	木材综合	m^3	1376.00	0.010	0.010	0.010	0.010
	其他材料费	元	–	5.110	3.110	2.200	1.980
机械	运输机械综合(三册)	台班	1104.41	0.038	0.031	0.031	0.031
	吊装机械综合(三册)	台班	1070.74	0.153	0.138	0.168	0.168
	焊接机械综合(三册)	台班	84.05	0.099	0.092	0.077	0.069
	其他机械费	元	–	6.420	5.690	6.620	6.600

单位:t

定额编号				3-19-58	3-19-59	3-19-60	3-19-61	3-19-62
项目				设备重量(t)				
				120	200	250	350	350 以上
基价(元)				**674.40**	**641.07**	**608.67**	**582.96**	**565.34**
其中	人工费(元)			394.16	378.40	366.40	359.36	349.92
	材料费(元)			62.14	53.79	43.49	35.03	33.22
	机械费(元)			218.10	208.88	198.78	188.57	182.20
名称		单位	单价(元)	数量				
人工	综合工日	工日	80.00	4.927	4.730	4.580	4.492	4.374
材料	垫铁综合	kg	5.70	5.500	4.600	3.300	2.100	1.981
	普通焊条综合	kg	6.57	0.180	0.140	0.100	0.080	0.065
	氧气(含乙炔气)综合	m^3	11.99	0.240	0.220	0.200	0.140	0.120
	清洗油料综合	kg	6.29	0.830	0.710	0.430	0.380	0.290
	润滑油料综合	kg	9.92	0.150	0.090	0.070	0.065	0.055
	擦洗布料综合	kg	6.38	0.080	0.050	0.030	0.020	0.020
	密封填料综合	kg	16.82	0.050	0.030	0.030	0.025	0.020
	黄铜皮 $\delta=0.08\sim0.3$	kg	69.74	0.010	0.010	0.010	0.010	0.010
	羊毛毡	m^2	60.00	0.040	0.030	0.030	0.030	0.030
	木材综合	m^3	1376.00	0.010	0.010	0.010	0.010	0.010
	其他材料费	元	–	1.810	1.570	1.270	1.020	0.970
机械	运输机械综合(三册)	台班	1104.41	0.031	0.027	0.025	0.022	0.022
	吊装机械综合(三册)	台班	1070.74	0.161	0.157	0.151	0.145	0.140
	焊接机械综合(三册)	台班	84.05	0.061	0.058	0.044	0.042	0.032
	其他机械费	元	–	6.350	6.080	5.790	5.490	5.310

九、筛分设备安装

单位：t

定额编号				3-19-63	3-19-64	3-19-65	3-19-66	3-19-67
项目				滚动筛(t/台)			振动筛	摆动式皮带机
				5 以内	10 以内	10 以上		
基价（元）				**1133.67**	**990.12**	**842.23**	**886.19**	**868.67**
其中	人工费（元）			545.60	500.56	491.44	446.64	434.80
	材料费（元）			174.84	111.41	84.01	50.76	146.74
	机械费（元）			413.23	378.15	266.78	388.79	287.13
名称		单位	单价(元)	数量				
人工	综合工日	工日	80.00	6.820	6.257	6.143	5.583	5.435
材料	垫铁综合	kg	5.70	11.190	10.180	7.270	3.100	7.120
	普通焊条综合	kg	6.57	0.450	0.410	0.290	0.310	0.700
	氧气(含乙炔气)综合	m^3	11.99	5.670	1.220	0.870	0.670	2.100
	清洗油料综合	kg	6.29	0.760	0.680	0.480	0.470	2.900
	润滑油料综合	kg	9.92	0.480	0.440	0.320	0.390	1.200
	擦洗布料综合	kg	6.38	0.640	0.570	0.410	0.150	2.000
	密封填料综合	kg	16.82	0.040	0.030	0.020	–	0.100
	黄铜皮 $\delta=0.08\sim0.3$	kg	69.74	0.100	0.090	0.070	–	–
	木材综合	m^3	1376.00	0.010	0.010	0.010	0.010	0.020
	其他材料费	元	–	5.090	3.240	2.450	1.480	4.270
机械	运输机械综合(三册)	台班	1104.41	0.092	0.084	0.061	0.099	0.069
	吊装机械综合(三册)	台班	1070.74	0.275	0.252	0.176	0.245	0.176
	焊接机械综合(三册)	台班	84.05	0.061	0.054	0.038	0.069	0.168
	其他机械费	元	–	12.040	11.010	7.770	11.320	8.360

单位:t

定额编号				3-19-68	3-19-69	3-19-70	3-19-71	3-19-72	3-19-73
项目				固定格筛条筛(t/台)		可倾动格筛条筛(t/台)			辊式筛分机
				5 以内	10 以内	10 以内	20 以内	30 以内	
基价(元)				**735.74**	**686.38**	**1061.66**	**841.28**	**687.97**	**947.13**
其中	人工费(元)			407.44	381.52	492.80	394.08	316.40	371.04
	材料费(元)			74.25	67.66	104.17	84.71	70.43	212.52
	机械费(元)			254.05	237.20	464.69	362.49	301.14	363.57
名称		单位	单价(元)	数量					
人工	综合工日	工日	80.00	5.093	4.769	6.160	4.926	3.955	4.638
材料	垫铁综合	kg	5.70	3.000	2.800	6.500	5.000	4.000	5.200
	普通焊条综合	kg	6.57	0.800	0.730	2.400	1.900	1.500	2.200
	氧气(含乙炔气)综合	m^3	11.99	3.000	2.600	1.800	1.400	1.100	1.200
	清洗油料综合	kg	6.29	–	–	0.210	0.170	0.120	0.140
	润滑油料综合	kg	9.92	–	–	0.600	0.480	0.400	0.450
	擦洗布料综合	kg	6.38	–	–	0.300	0.250	0.200	0.280
	密封填料综合	kg	16.82	–	–	0.200	0.170	0.140	0.160
	木材综合	m^3	1376.00	0.010	0.010	0.010	0.010	0.010	0.100
	吊管卡子 20	个	0.85	–	–	0.500	0.500	0.500	0.500
	其他材料费	元	–	2.160	1.970	3.030	2.470	2.050	6.190
机械	运输机械综合(三册)	台班	1104.41	0.054	0.052	0.061	0.054	0.046	0.051
	吊装机械综合(三册)	台班	1070.74	0.138	0.132	0.329	0.260	0.207	0.255
	焊接机械综合(三册)	台班	84.05	0.467	0.375	0.375	0.291	0.237	0.281
	其他机械费	元	–	7.400	6.910	13.530	–	8.770	10.590

十、分级机安装

单位:t

定额编号				3-19-74	3-19-75	3-19-76	3-19-77	3-19-78	3-19-79
项目				设备重量(t)					
				3 以内	15 以内	25 以内	45 以内	70 以内	70 以上
基价(元)				**980.77**	**848.90**	**800.50**	**714.92**	**590.46**	**502.04**
其中	人工费(元)			631.20	583.84	572.00	543.28	456.80	390.32
	材料费(元)			116.83	94.56	83.81	62.44	51.82	46.70
	机械费(元)			232.74	170.50	144.69	109.20	81.84	65.02
名称		单位	单价(元)	数量					
人工	综合工日	工日	80.00	7.890	7.298	7.150	6.791	5.710	4.879
材料	垫铁综合	kg	5.70	10.000	8.000	7.000	4.000	3.000	2.500
	普通焊条综合	kg	6.57	0.400	0.330	0.280	0.220	0.170	0.150
	氧气(含乙炔气)综合	m^3	11.99	1.700	1.500	1.400	1.300	1.100	1.000
	清洗油料综合	kg	6.29	1.800	1.080	0.900	0.720	0.540	0.440
	润滑油料综合	kg	9.92	0.400	0.380	0.200	0.150	0.110	0.100
	擦洗布料综合	kg	6.38	0.500	0.140	0.120	0.080	0.050	0.040
	密封填料综合	kg	16.82	0.070	0.050	0.040	0.030	0.020	0.020
	木材综合	m^3	1376.00	0.010	0.010	0.010	0.010	0.010	0.010
	其他材料费	元	–	3.400	2.750	2.440	1.820	1.510	1.360
机械	运输机械综合(三册)	台班	1104.41	0.038	0.038	0.031	0.031	0.031	0.023
	吊装机械综合(三册)	台班	1070.74	0.161	0.107	0.092	0.061	0.038	0.031
	焊接机械综合(三册)	台班	84.05	0.138	0.107	0.092	0.077	0.054	0.054
	其他机械费	元	–	6.780	4.970	4.210	3.180	2.380	1.890

十一、给料机安装

单位：t

定额编号				3-19-80	3-19-81	3-19-82	3-19-83	3-19-84	3-19-85
项目				圆盘给料机(直径 mm)					
				600 以内	800 以内	1000 以内	1500 以内	2000 以内	2500 以内
基价(元)				**1208.66**	**1077.89**	**968.84**	**883.17**	**849.62**	**819.69**
其中	人工费(元)			602.00	543.20	491.68	442.40	442.96	442.08
	材料费(元)			273.00	241.90	208.97	180.03	161.65	142.30
	机械费(元)			333.66	292.79	268.19	260.74	245.01	235.31
名称		单位	单价(元)	数量					
人工	综合工日	工日	80.00	7.525	6.790	6.146	5.530	5.537	5.526
材料	垫铁综合	kg	5.70	25.000	22.000	18.000	16.000	14.000	12.000
	普通焊条综合	kg	6.57	0.310	0.260	0.220	0.180	0.150	0.120
	氧气(含乙炔气)综合	m^3	11.99	2.800	2.500	2.200	1.700	1.400	1.100
	清洗油料综合	kg	6.29	6.500	5.800	5.400	4.500	4.300	3.900
	润滑油料综合	kg	9.92	2.700	2.300	2.100	1.700	1.600	1.550
	擦洗布料综合	kg	6.38	0.600	0.500	0.400	0.300	0.250	0.200
	密封填料综合	kg	16.82	0.100	0.090	0.080	0.070	0.065	0.050
	木材综合	m^3	1376.00	0.010	0.010	0.010	0.010	0.010	0.010
	其他材料费	元	–	7.950	7.050	6.090	5.240	4.710	4.140
机械	运输机械综合(三册)	台班	1104.41	0.068	0.060	0.056	0.052	0.049	0.044
	吊装机械综合(三册)	台班	1070.74	0.224	0.197	0.180	0.178	0.168	0.165
	焊接机械综合(三册)	台班	84.05	0.107	0.084	0.069	0.061	0.046	0.038
	其他机械费	元	–	9.720	8.530	7.810	7.590	7.140	6.850

单位：t

定额编号				3-19-86	3-19-87	3-19-88	3-19-89	3-19-90	3-19-91
项目				圆盘给料机直径（mm）		电振给料机（t/台）			定量给料机
				3200 以内	3600 以内	5 以内	10 以内	10 以上	
基价（元）				**782.82**	**769.15**	**872.28**	**729.22**	**620.13**	**894.40**
其中	人工费（元）			428.16	427.76	576.08	495.60	422.80	520.80
	材料费（元）			130.61	127.68	92.21	72.38	63.04	131.05
	机械费（元）			224.05	213.71	203.99	161.24	134.29	242.55
名称		单位	单价(元)	数量					
人工	综合工日	工日	80.00	5.352	5.347	7.201	6.195	5.285	6.510
材料	垫铁综合	kg	5.70	11.500	11.000	10.000	7.000	6.000	9.080
	普通焊条综合	kg	6.57	0.120	0.120	0.340	0.340	0.290	0.600
	氧气(含乙炔气)综合	m^3	11.99	1.100	1.100	1.000	0.900	0.700	1.800
	清洗油料综合	kg	6.29	3.100	3.100	0.400	0.300	0.250	1.100
	润滑油料综合	kg	9.92	1.200	1.200	0.120	0.100	0.080	0.750
	擦洗布料综合	kg	6.38	0.200	0.200	0.130	0.110	0.090	0.500
	密封填料综合	kg	16.82	0.050	0.050	–	–	–	0.290
	木材综合	m^3	1376.00	0.010	0.010	0.010	0.010	0.010	0.020
	其他材料费	元	–	3.800	3.720	2.690	2.110	1.840	3.820
机械	运输机械综合(三册)	台班	1104.41	0.042	0.038	0.038	0.031	0.023	0.061
	吊装机械综合(三册)	台班	1070.74	0.157	0.152	0.138	0.107	0.092	0.145
	焊接机械综合(三册)	台班	84.05	0.036	0.033	0.099	0.092	0.077	0.153
	其他机械费	元	–	6.530	6.220	5.940	4.700	3.910	7.060

单位:t

定额编号				3-19-92	3-19-93	3-19-94	3-19-95	3-19-96
项目				重型板式给料机(t/台)			摆动胶带给料机	螺旋给料机
				55 以内	70 以内	115 以内		
基价(元)				**906.04**	**806.40**	**642.35**	**803.38**	**851.63**
其中	人工费(元)			381.52	355.60	357.60	364.00	354.24
	材料费(元)			97.54	87.17	70.56	73.79	84.01
	机械费(元)			426.98	363.63	214.19	365.59	413.38
名称		单位	单价(元)	数			量	
人工	综合工日	工日	80.00	4.769	4.445	4.470	4.550	4.428
材料	垫铁综合	kg	5.70	8.250	7.700	6.050	6.200	6.800
	普通焊条综合	kg	6.57	0.290	0.240	0.200	0.200	0.200
	氧气(含乙炔气)综合	m^3	11.99	0.630	0.570	0.530	0.550	0.580
	清洗油料综合	kg	6.29	1.960	1.480	1.130	1.300	1.450
	润滑油料综合	kg	9.92	0.640	0.550	0.550	0.580	0.650
	擦洗布料综合	kg	6.38	0.220	0.190	0.150	0.150	0.200
	密封填料综合	kg	16.82	0.070	0.060	0.040	0.070	0.060
	镀锌薄钢板	kg	5.10	0.170	0.150	0.120	0.150	0.170
	黄铜皮 $\delta=0.08\sim0.3$	kg	69.74	0.010	0.010	0.010	0.010	0.010
	铁丝 12 号	kg	3.80	0.170	0.150	0.130	0.150	0.160
	砂布	张	3.00	0.330	0.310	0.240	0.220	0.250
	木材综合	m^3	1376.00	0.010	0.009	0.007	0.007	0.010
	其他材料费	元	–	2.840	2.540	2.060	2.150	2.450
机械	运输机械综合(三册)	台班	1104.41	0.034	0.025	0.017	0.026	0.026
	吊装机械综合(三册)	台班	1070.74	0.344	0.296	0.170	0.298	0.340
	焊接机械综合(三册)	台班	84.05	0.103	0.101	0.085	0.085	0.102
	其他机械费	元	–	12.440	10.590	6.240	10.650	12.040

十二、其他辅助设备

单位:t

定额编号				3-19-97	3-19-98	3-19-99	3-19-100	3-19-101
项目				补偿器	定量给煤机	气力/螺旋输送装置	台车更换装置	双螺旋粉尘加湿机
基价(元)				**1232.60**	**812.13**	**789.32**	**980.83**	**987.77**
其中	人工费(元)			604.00	424.48	380.80	656.80	693.84
	材料费(元)			104.00	132.60	122.56	155.39	67.69
	机械费(元)			524.60	255.05	285.96	168.64	226.24
名称		单位	单价(元)	数量				
人工	综合工日	工日	80.00	7.550	5.306	4.760	8.210	8.673
材料	垫铁综合	kg	5.70	–	9.180	10.200	9.970	3.730
	普通焊条综合	kg	6.57	1.150	0.610	0.410	0.850	0.375
	氧气(含乙炔气)综合	m^3	11.99	3.850	1.840	0.610	2.700	1.500
	清洗油料综合	kg	6.29	1.500	1.120	0.980	2.980	0.380
	润滑油料综合	kg	9.92	1.500	0.760	1.530	1.680	0.480
	擦洗布料综合	kg	6.38	0.700	0.500	0.310	0.950	0.380
	密封填料综合	kg	16.82	0.280	0.300	–	0.050	0.040
	木材综合	m^3	1376.00	0.010	0.020	0.020	0.010	0.010
	其他材料费	元	–	3.030	3.860	3.570	4.530	1.970
机械	运输机械综合(三册)	台班	1104.41	0.153	0.064	0.115	0.039	0.056
	吊装机械综合(三册)	台班	1070.74	0.298	0.153	0.134	0.094	0.140
	焊接机械综合(三册)	台班	84.05	0.253	0.156	0.085	0.238	0.094
	其他机械费	元	–	15.280	7.430	8.330	4.910	6.590

单位:t

定额编号				3-19-102	3-19-103	3-19-104	3-19-105	3-19-106	3-19-107
项目				自动拆袋机	自动加球机	漏矿车	旋流器	盘式过滤机	除铁器
基价(元)				**1089.60**	**1094.30**	**835.43**	**942.47**	**808.02**	**1008.87**
其中	人工费(元)			720.00	722.40	559.20	584.00	480.48	574.00
	材料费(元)			164.78	163.58	91.08	128.73	90.94	137.01
	机械费(元)			204.82	208.32	185.15	229.74	236.60	297.86
名称		单位	单价(元)	数量					
人工	综合工日	工日	80.00	9.000	9.030	6.990	7.300	6.006	7.175
材料	垫铁综合	kg	5.70	15.380	15.000	0.251	5.000	4.500	9.500
	普通焊条综合	kg	6.57	1.030	1.050	0.680	1.500	0.050	1.200
	氧气(含乙炔气)综合	m^3	11.99	2.050	2.100	2.000	2.500	2.020	3.600
	清洗油料综合	kg	6.29	1.550	1.580	1.680	2.500	0.300	0.720
	润滑油料综合	kg	9.92	1.030	1.035	1.680	0.750	0.110	0.300
	擦洗布料综合	kg	6.38	1.030	1.035	1.350	0.850	0.130	0.500
	密封填料综合	kg	16.82	0.040	0.040	1.350	0.850	1.220	0.200
	木材综合	m^3	1376.00	0.010	0.010	–	0.010	0.010	0.010
	其他材料费	元	–	4.800	4.760	2.650	3.750	2.650	3.990
机械	运输机械综合(三册)	台班	1104.41	0.049	0.049	0.049	0.078	0.049	0.033
	吊装机械综合(三册)	台班	1070.74	0.115	0.117	0.104	0.127	0.149	0.196
	焊接机械综合(三册)	台班	84.05	0.257	0.272	0.170	0.011	0.191	0.510
	其他机械费	元	–	5.970	6.070	5.390	6.690	6.890	8.680

单位:t

定额编号				3-19-108	3-19-109	3-19-110	3-19-111	3-19-112	3-19-113
项目				振动器	煤粉燃烧器	燃气热风炉	沸腾炉	干燥炉	煤粉收集器
基价(元)				**1181.15**	**837.86**	**1142.62**	**1141.32**	**1073.78**	**1136.89**
其中	人工费(元)			588.56	364.56	455.28	456.40	442.96	504.56
	材料费(元)			66.17	145.14	102.46	100.14	94.34	96.87
	机械费(元)			526.42	328.16	584.88	584.78	536.48	535.46
名称		单位	单价(元)	数量					
人工	综合工日	工日	80.00	7.357	4.557	5.691	5.705	5.537	6.307
材料	垫铁综合	kg	5.70	5.500	9.120	5.100	5.120	4.860	5.200
	普通焊条综合	kg	6.57	0.330	0.310	3.660	3.450	3.350	0.500
	氧气(含乙炔气)综合	m^3	11.99	0.700	1.850	1.800	1.750	1.500	1.800
	清洗油料综合	kg	6.29	0.500	0.920	0.390	0.380	0.370	0.500
	润滑油料综合	kg	9.92	0.410	1.120	0.170	0.160	0.150	0.120
	擦洗布料综合	kg	6.38	0.160	0.460	0.130	0.120	0.120	0.250
	密封填料综合	kg	16.82	0.020	1.850	0.360	0.350	0.330	1.180
	木材综合	m^3	1376.00	0.010	0.010	0.010	0.010	0.010	0.010
	其他材料费	元	–	1.930	4.230	2.980	2.920	2.750	2.820
机械	运输机械综合(三册)	台班	1104.41	0.143	0.031	0.187	0.187	0.162	0.115
	吊装机械综合(三册)	台班	1070.74	0.323	0.214	0.323	0.323	0.306	0.353
	焊接机械综合(三册)	台班	84.05	0.087	0.657	0.184	0.183	0.170	0.177
	其他机械费	元	–	15.330	9.560	17.040	17.030	15.630	15.600

单位:t

定额编号				3-19-114	3-19-115	3-19-116	3-19-117
项目				仓顶收尘器	焙烧机供料装置	焙烧机驱动装置	炉箅条振打装置
基价(元)				**1170.46**	**989.48**	**989.60**	**1000.75**
其中	人工费(元)			588.00	450.00	416.00	470.40
	材料费(元)			139.87	117.88	97.77	117.07
	机械费(元)			442.59	421.60	475.83	413.28
名称		单位	单价(元)	数量			
人工	综合工日	工日	80.00	7.350	5.625	5.200	5.880
材料	垫铁综合	kg	5.70	8.200	5.500	5.300	5.500
	普通焊条综合	kg	6.57	1.500	3.330	2.360	3.100
	氧气(含乙炔气)综合	m^3	11.99	1.400	3.110	2.180	3.120
	清洗油料综合	kg	6.29	0.070	0.600	0.600	0.600
	润滑油料综合	kg	9.92	0.580	0.290	0.280	0.280
	擦洗布料综合	kg	6.38	0.460	0.500	0.300	0.530
	密封填料综合	kg	16.82	2.350	0.020	0.050	0.050
	木材综合	m^3	1376.00	0.010	0.010	0.010	0.010
	其他材料费	元	–	4.070	3.430	2.850	3.410
机械	运输机械综合(三册)	台班	1104.41	0.051	0.151	0.189	0.151
	吊装机械综合(三册)	台班	1070.74	0.298	0.204	0.219	0.197
	焊接机械综合(三册)	台班	84.05	0.646	0.287	0.223	0.280
	其他机械费	元	–	12.890	12.280	13.860	12.040

第二十章　炼焦及化学回收设备安装

说　　明

一、本章定额运用于炼焦炉及化学回收设备安装。

二、定额包括的工作内容：

1. 炉门框安装包括铆接工作。

2. 炉门修理站机械安装包括炉门架、拉紧装置、卷扬机、轮组及修理设施等安装。

3. 交换开闭器、格式贫煤气阀和煤气防曝门开闭器安装包括试漏。

4. 交换机与除石墨机的传动装置适用于机械传动，如为液压传动系统，其液压站、液压缸和液压管道另套《液压设备及管道安装》一章中的相应定额，但此部分重量应从其总重量中扣除。

5. 煤气预热器按整体安装考虑，包括试压。

6. 氨水焦油（渣）分离槽包括加热管安装。

7. 最终冷却器、机械化刮萘机包括现场拼装、试漏。

8. 贫油冷却器包括试压和工艺管道安装。

9. 蒸发器、馏酚蒸馏塔、洗油萘分馏塔包括外壳及泡沫板的焊接和试泡工作。

10. 焦炉基础埋管定额每10组中的组包括直管、套管及附件安装。

11. 孔盖及座安装包括装煤孔盖及座、看火孔盖及座、蓄热室测温孔盖及座、导烟孔盖及座安装。

三、本章定额不包括炉门框、保护板等安装用的临时设施，应另行计算。

四、塔内填充物安装套用本定额中相应子目。

五、所有槽罐及设备安装，除另有规定者外均不包括金属无损探伤、拍片和试压工作，应按相应定额子项另行计算。

六、所有塔、槽、罐安装，均不含内衬、内外防腐，若发生，按相应章节定额子项另行计算。

七、反应器原料加热炉、循环氢加热炉、导热油加热炉设备安装，均为本体设备安装，内衬、附属设备安装、调试及烘炉均不包含。

八、干熄焦炉壳安装中不包含不定形耐火材料中埋设钢筋、锚固件(固定爪)、铺设铁丝网及炉底锥段内衬板等工作内容，发生时套用本定额相应子目。

九、放散装置安装费用中不包含浇注料施工费用。发生时执行砌筑相应定额子目。该装置为设备整体到货，耐火材料现场浇注后安装，工程量应含耐火材料重量计取。

一、堆取煤机安装

单位：t

定额编号				3-20-1	3-20-2	3-20-3
项目				堆取煤机(t/台)		
				200 以下	300 以下	500 以下
基价(元)				**996.87**	**890.51**	**817.45**
其中	人工费(元)			413.60	314.08	256.00
	材料费(元)			72.89	61.38	50.90
	机械费(元)			510.38	515.05	510.55
名称		单位	单价(元)	数量		
人工	综合工日	工日	80.00	5.170	3.926	3.200
材料	普通焊条综合	kg	6.57	1.100	0.880	0.530
	氧气(含乙炔气)综合	m^3	11.99	2.360	1.890	1.520
	清洗油料综合	kg	6.29	0.960	0.770	0.600
	润滑油料综合	kg	9.92	0.790	0.630	0.490
	擦洗布料综合	kg	6.38	0.400	0.320	0.250
	密封填料综合	kg	16.82	0.070	0.060	0.050
	木材综合	m^3	1376.00	0.010	0.010	0.010
	型钢综合	kg	4.00	0.830	0.690	0.600
	生胶	kg	12.46	0.020	0.020	0.020
	熟胶	kg	7.88	0.040	0.030	0.030
	其他材料费	元	-	2.120	1.790	1.480
机械	运输机械综合(三册)	台班	1104.41	0.124	0.111	0.103
	吊装机械综合(三册)	台班	1070.74	0.327	0.320	0.324
	焊接机械综合(三册)	台班	84.05	0.020	0.334	0.330
	电动空气压缩机 $10m^3/min$	台班	519.44	0.013	0.013	0.014
	其他机械费	元	-	14.870	15.000	14.870

二、焦炉炉体设备安装

单位：t

定额编号				3-20-4	3-20-5	3-20-6	3-20-7	3-20-8
项目				保护板	磨板、炉门及炉门框	炉体弹簧	平煤杆、推焦杆及杆头更换站	炉门修理机械
基价（元）				**743.61**	**791.37**	**999.42**	**906.36**	**836.53**
其中	人工费（元）			277.68	348.88	815.44	443.12	369.84
	材料费（元）			170.09	166.71	59.98	176.97	180.68
	机械费（元）			295.84	275.78	124.00	286.27	286.01
名称		单位	单价(元)	数量				
人工	综合工日	工日	80.00	3.471	4.361	10.193	5.539	4.623
材料	普通焊条综合	kg	6.57	0.080	0.060	0.230	5.000	5.800
	氧气(含乙炔气)综合	m^3	11.99	0.100	0.500	0.330	4.000	5.500
	清洗油料综合	kg	6.29	0.030	0.050	–	1.000	1.500
	润滑油料综合	kg	9.92	0.040	0.030	1.140	2.550	1.350
	擦洗布料综合	kg	6.38	0.030	–	0.310	0.650	1.100
	密封填料综合	kg	16.82	7.310	7.570	–	–	–
	木材综合	m^3	1376.00	0.020	0.020	–	0.030	0.020
	型钢综合	kg	4.00	0.490	–	9.870	3.500	3.500
	铸铁电焊条 408 3.2	kg	37.80	0.270	–	–	–	–
	其他材料费	元	–	4.950	4.860	1.750	5.150	5.260
机械	运输机械综合(三册)	台班	1104.41	0.040	0.040	0.038	0.054	0.054
	吊装机械综合(三册)	台班	1070.74	0.224	0.207	0.069	0.145	0.168
	焊接机械综合(三册)	台班	84.05	0.038	0.023	0.054	0.750	0.454
	其他机械费	元	–	8.620	8.030	3.610	8.340	8.330

单位:t

定额编号				3-20-9	3-20-10	3-20-11	3-20-12	3-20-13
项目				纵横拉条	编号牌	孔盖及座	测线架与基准装置	导焦栅检修站
基价(元)				**666.85**	**993.33**	**935.94**	**921.28**	**1009.49**
其中	人工费(元)			274.72	829.92	479.92	559.20	430.88
	材料费(元)			39.62	3.39	101.33	45.17	197.47
	机械费(元)			352.51	160.02	354.69	316.91	381.14
名称		单位	单价(元)	数量				
人工	综合工日	工日	80.00	3.434	10.374	5.999	6.990	5.386
材料	垫铁综合	kg	5.70	0.200	–	–	–	1.000
	普通焊条综合	kg	6.57	0.100	0.100	3.000	–	5.300
	氧气(含乙炔气)综合	m^3	11.99	0.220	0.220	2.400	–	6.500
	清洗油料综合	kg	6.29	–	–	–	1.000	1.500
	润滑油料综合	kg	9.92	0.560	–	–	2.500	1.000
	擦洗布料综合	kg	6.38	0.150	–	–	2.000	1.500
	密封填料综合	kg	16.82	–	–	1.000	–	1.000
	木材综合	m^3	1376.00	0.020	–	0.020	–	0.020
	光圆钢筋 ϕ6 ~9	kg	3.70	–	–	1.500	–	–
	其他材料费	元	–	1.150	0.100	2.950	1.320	5.750
机械	运输机械综合(三册)	台班	1104.41	0.030	0.013	0.048	0.043	0.068
	吊装机械综合(三册)	台班	1070.74	0.285	0.128	0.217	0.243	0.245
	焊接机械综合(三册)	台班	84.05	0.047	0.047	0.217	–	0.388
	灰浆搅拌机 200L	台班	126.18	–	–	0.323	–	–
	其他机械费	元	–	10.270	4.660	10.330	9.230	11.100

单位:t

定额编号				3-20-14	3-20-15	3-20-16	3-20-17	3-20-18
项目				余煤单斗提升机	尾焦箱	煤塔回转布料机	两侧操作台铺铸铁板	炉柱
基价(元)				**998.24**	**904.01**	**991.00**	**1060.20**	**795.69**
其中	人工费(元)			459.20	552.00	487.60	531.20	340.00
	材料费(元)			185.79	27.16	103.00	72.20	81.83
	机械费(元)			353.25	324.85	400.40	456.80	373.86
名称		单位	单价(元)	数量				
人工	综合工日	工日	80.00	5.740	6.900	6.095	6.640	4.250
材料	垫铁综合	kg	5.70	1.500	0.500	1.500	2.000	2.500
	普通焊条综合	kg	6.57	4.000	0.500	2.500	–	0.225
	氧气(含乙炔气)综合	m^3	11.99	5.500	1.000	1.500	–	0.400
	清洗油料综合	kg	6.29	2.000	0.500	2.000	–	0.050
	润滑油料综合	kg	9.92	1.000	–	1.500	–	0.050
	擦洗布料综合	kg	6.38	2.000	0.800	2.000	–	0.050
	密封填料综合	kg	16.82	1.000	–	1.000	–	1.800
	木材综合	m^3	1376.00	0.020	–	–	–	0.020
	黏土火泥	t	859.55	–	–	–	0.044	–
	普通硅酸盐水泥 42.5	kg	0.36	–	–	–	58.000	–
	其他材料费	元	–	5.410	0.790	3.000	2.100	2.380
机械	运输机械综合(三册)	台班	1104.41	0.083	0.038	0.075	0.083	0.032
	吊装机械综合(三册)	台班	1070.74	0.208	0.245	0.270	0.293	0.303
	焊接机械综合(三册)	台班	84.05	0.340	0.132	0.200	–	0.038
	灰浆搅拌机 200L	台班	126.18	–	–	–	0.302	–
	其他机械费	元	–	10.290	9.460	11.660	13.300	10.890

三、焦炉加热炉设备安装

单位：t

定额编号				3-20-19	3-20-20	3-20-21	3-20-22	3-20-23	3-20-24
项目				交换开闭器(t/台)		防爆开闭器	交换机	交换传动装置	格式贫煤气阀
				1 以下	2 以下				
基价（元）				**877.54**	**723.20**	**1018.26**	**847.42**	**1037.68**	**1275.57**
其中	人工费（元）			395.28	337.12	364.48	484.64	567.76	755.28
	材料费（元）			366.22	304.38	443.01	128.19	76.88	164.69
	机械费（元）			116.04	81.70	210.77	234.59	393.04	355.60
名称		单位	单价(元)	数量					
人工	综合工日	工日	80.00	4.941	4.214	4.556	6.058	7.097	9.441
材料	垫铁综合	kg	5.70	4.780	2.830	–	1.940	–	–
	普通焊条综合	kg	6.57	0.190	0.090	–	0.600	2.000	1.150
	氧气(含乙炔气)综合	m^3	11.99	0.160	0.180	6.000	3.140	2.000	3.850
	清洗油料综合	kg	6.29	1.010	0.440	1.670	2.990	1.000	1.540
	润滑油料综合	kg	9.92	1.020	0.070	–	1.350	1.600	1.540
	擦洗布料综合	kg	6.38	0.350	0.180	–	1.210	0.250	0.770
	密封填料综合	kg	16.82	17.400	12.900	20.670	0.260	–	2.900
	木材综合	m^3	1376.00	0.010	0.040	–	0.020	0.010	0.020
	其他材料费	元	–	10.670	8.870	12.900	3.730	2.240	4.800
机械	运输机械综合(三册)	台班	1104.41	0.031	0.015	0.099	0.054	0.107	0.118
	吊装机械综合(三册)	台班	1070.74	0.069	0.055	0.089	0.145	0.207	0.184
	焊接机械综合(三册)	台班	84.05	0.054	0.046	–	0.153	0.497	0.213
	其他机械费	元	–	3.380	2.380	6.140	6.830	11.450	10.360

单位:见表

定额编号				3-20-25	3-20-26	3-20-27	3-20-28	3-20-29	3-20-30
项目				除石墨机	煤气混合器	烟道翻板	烟道弯管	煤气水封槽	焦炉基础埋管
单位					t		个	t	10 组
基价(元)				**1049.34**	**907.40**	**932.23**	**961.55**	**801.05**	**451.24**
其中	人工费(元)			496.88	470.64	576.64	127.44	521.60	198.08
	材料费(元)			257.17	158.37	165.13	782.41	54.94	180.76
	机械费(元)			295.29	278.39	190.46	51.70	224.51	72.40
名称		单位	单价(元)	数量					
人工	综合工日	工日	80.00	6.211	5.883	7.208	1.593	6.520	2.476
材料	垫铁综合	kg	5.70	17.400	–	0.750	–	8.620	3.500
	普通焊条综合	kg	6.57	1.370	2.230	1.500	3.600	–	0.400
	氧气(含乙炔气)综合	m^3	11.99	4.110	2.230	5.880	3.000	–	3.000
	清洗油料综合	kg	6.29	4.110	–	1.380	–	–	0.100
	润滑油料综合	kg	9.92	2.740	1.120	0.670	–	–	–
	擦洗布料综合	kg	6.38	1.090	–	0.560	–	–	0.050
	密封填料综合	kg	16.82	0.280	6.020	1.740	–	0.250	–
	木材综合	m^3	1376.00	0.020	–	0.020	–	–	–
	型钢综合	kg	4.00	–	–	–	175.000	–	29.000
	其他材料费	元	–	7.490	4.610	4.810	22.790	1.600	5.260
机械	运输机械综合(三册)	台班	1104.41	0.077	0.069	0.054	0.008	0.023	0.038
	吊装机械综合(三册)	台班	1070.74	0.168	0.138	0.098	0.023	0.157	–
	焊接机械综合(三册)	台班	84.05	0.259	0.551	0.242	0.199	0.291	0.337
	其他机械费	元	–	8.600	8.110	5.550	1.510	6.540	2.110

单位:见表

定额编号				3-20-31	3-20-32	3-20-33	3-20-34	3-20-35
项目				煤气预热器	小烟道连接管	喷嘴板	遮焰板	集中给脂系统
单位				t	个	t		
基价(元)				**926.82**	**829.88**	**770.88**	**733.68**	**1149.29**
其中	人工费(元)			501.04	380.48	495.68	493.52	668.24
	材料费(元)			243.77	255.45	61.18	38.84	139.18
	机械费(元)			182.01	193.95	214.02	201.32	341.87
名称		单位	单价(元)	数量				
人工	综合工日	工日	80.00	6.263	4.756	6.196	6.169	8.353
材料	垫铁综合	kg	5.70	10.000	2.500	0.850	0.550	1.500
	普通焊条综合	kg	6.57	–	1.500	0.200	0.150	2.500
	氧气(含乙炔气)综合	m^3	11.99	–	0.350	0.450	0.350	1.500
	清洗油料综合	kg	6.29	–	–	0.280	0.180	3.500
	润滑油料综合	kg	9.92	–	–	0.180	0.150	3.880
	擦洗布料综合	kg	6.38	–	–	0.220	0.110	1.800
	密封填料综合	kg	16.82	8.500	3.550	2.550	1.550	1.200
	型钢综合	kg	4.00	–	40.000	–	–	–
	焊接钢管 DN15	m	3.77	5.000	–	–	–	–
	螺纹截止阀 J11T－16 DN15	个	17.85	1.000	–	–	–	–
	其他材料费	元	–	7.100	7.440	1.780	1.130	4.050
机械	运输机械综合(三册)	台班	1104.41	0.008	0.049	0.021	0.017	0.072
	吊装机械综合(三册)	台班	1070.74	0.137	0.117	0.160	0.153	0.219
	焊接机械综合(三册)	台班	84.05	0.252	0.106	0.158	0.153	0.213
	其他机械费	元	–	5.300	5.650	6.230	5.860	9.960

四、焦炉集气设备安装

单位:见表

定额编号				3-20-36	3-20-37	3-20-38	3-20-39
项目				氨水喷嘴	吸气管焦油盒	桥管、水封阀及氨水切换装置	上升管底座、上升管及遮热板
单位				10组	个		t
基价(元)				**179.93**	**939.55**	**1085.22**	**894.44**
其中	人工费(元)			131.60	293.92	344.88	431.92
	材料费(元)			39.76	161.48	143.73	165.06
	机械费(元)			8.57	484.15	596.61	297.46
名称		单位	单价(元)	数量			
人工	综合工日	工日	80.00	1.645	3.674	4.311	5.399
材料	垫铁综合	kg	5.70	–	–	–	7.020
	普通焊条综合	kg	6.57	0.500	1.280	0.350	–
	氧气(含乙炔气)综合	m^3	11.99	1.000	4.240	1.060	–
	清洗油料综合	kg	6.29	0.500	0.850	0.440	0.060
	润滑油料综合	kg	9.92	–	–	0.810	0.060
	擦洗布料综合	kg	6.38	–	1.700	0.220	0.060
	密封填料综合	kg	16.82	1.200	3.200	5.860	6.250
	木材综合	m^3	1376.00	–	0.020	0.010	0.010
	其他材料费	元	–	1.160	4.700	4.190	4.810
机械	运输机械综合(三册)	台班	1104.41	–	0.038	0.145	0.023
	吊装机械综合(三册)	台班	1070.74	–	0.383	0.383	0.246
	焊接机械综合(三册)	台班	84.05	0.099	0.214	0.107	–
	其他机械费	元	–	0.250	14.100	17.380	8.660

单位:t(个、10组)

定额编号				3-20-40	3-20-41	3-20-42	3-20-43
项目				电液动煤塔放料装置 台	焦炉集气管	上升管水封盖	自动放散点火用放散装置
基价（元）				**1021.22**	**1037.14**	**861.43**	**1003.09**
其中	人工费（元）			549.12	369.68	437.44	429.92
	材料费（元）			135.31	85.76	125.35	41.53
	机械费（元）			336.79	581.70	298.64	531.64
名称		单位	单价(元)	数		量	
人工	综合工日	工日	80.00	6.864	4.621	5.468	5.374
材料	垫铁综合	kg	5.70	–	3.000	4.000	3.000
	普通焊条综合	kg	6.57	1.000	3.500	–	1.500
	氧气(含乙炔气)综合	m^3	11.99	4.000	3.600	–	0.800
	清洗油料综合	kg	6.29	0.500	–	–	0.600
	润滑油料综合	kg	9.92	0.300	–	–	–
	擦洗布料综合	kg	6.38	0.300	–	–	–
	密封填料综合	kg	16.82	–	–	5.880	–
	木材综合	m^3	1376.00	0.050	–	–	–
	其他材料费	元	–	3.940	2.500	3.650	1.210
机械	运输机械综合(三册)	台班	1104.41	0.023	0.025	0.025	0.075
	吊装机械综合(三册)	台班	1070.74	0.230	0.438	0.245	0.389
	焊接机械综合(三册)	台班	84.05	0.658	0.811	–	0.200
	其他机械费	元	–	9.810	16.940	8.700	15.480

五、焦炉专用车安装

单位:t

定额编号				3-20-44	3-20-45	3-20-46	3-20-47	3-20-48	3-20-49
项目				推焦车(t/台)			熄焦车	装煤车(t/台)	
				200以下	400以下	400以上		180以下	180以上
基价(元)				**1366.80**	**1251.37**	**1200.92**	**1237.19**	**1323.15**	**1341.66**
其中	人工费(元)			924.96	858.96	842.08	923.92	740.40	839.20
	材料费(元)			63.74	82.97	69.63	52.42	87.93	68.08
	机械费(元)			378.10	309.44	289.21	260.85	494.82	434.38
名称		单位	单价(元)	数量					
人工	综合工日	工日	80.00	11.562	10.737	10.526	11.549	9.255	10.490
材料	垫铁综合	kg	5.70	0.150	0.290	0.250	0.030	0.290	0.190
	普通焊条综合	kg	6.57	0.880	1.110	1.060	0.410	0.810	0.610
	氧气(含乙炔气)综合	m^3	11.99	1.260	1.780	1.460	1.220	2.100	1.500
	清洗油料综合	kg	6.29	0.980	1.630	1.010	0.250	1.550	1.250
	润滑油料综合	kg	9.92	0.380	0.640	0.480	0.230	0.570	0.370
	擦洗布料综合	kg	6.38	0.210	0.390	0.270	0.080	0.480	0.280
	密封填料综合	kg	16.82	0.080	0.110	0.080	0.090	0.430	0.130
	木材综合	m^3	1376.00	0.020	0.020	0.020	0.020	0.020	0.020
	型钢综合	kg	4.00	–	0.450	–	–	–	–
	其他材料费	元	–	1.860	2.420	2.030	1.530	2.560	1.980
机械	运输机械综合(三册)	台班	1104.41	0.024	0.026	0.026	0.026	0.115	0.098
	吊装机械综合(三册)	台班	1070.74	0.277	0.206	0.193	0.147	0.252	0.227
	焊接机械综合(三册)	台班	84.05	0.202	0.182	0.219	0.156	0.191	0.183
	电动空气压缩机 $10m^3/min$	台班	519.44	0.052	0.069	0.052	0.104	0.130	0.106
	其他机械费	元	–	11.010	9.010	8.420	7.600	14.410	12.650

单位：t

定额编号				3-20-50	3-20-51	3-20-52	3-20-53	3-20-54
项目				煤塔电子秤	熄焦电车头	拦焦车安装(t/台)		
						200 以下	400 以下	400 以上
基价(元)				**1096.14**	**1172.31**	**1369.76**	**1258.07**	**1172.75**
其中	人工费(元)			678.88	1011.92	995.68	898.40	853.68
	材料费(元)			50.14	31.46	75.76	94.93	84.07
	机械费(元)			367.12	128.93	298.32	264.74	235.00
名称		单位	单价(元)	数量				
人工	综合工日	工日	80.00	8.486	12.649	12.446	11.230	10.671
材料	垫铁综合	kg	5.70	1.100	0.060	0.130	0.230	0.150
	普通焊条综合	kg	6.57	2.770	0.100	1.560	1.860	1.660
	氧气(含乙炔气)综合	m^3	11.99	0.460	0.310	1.520	1.920	1.720
	清洗油料综合	kg	6.29	0.060	0.980	0.800	1.280	1.080
	润滑油料综合	kg	9.92	0.460	0.460	0.720	0.980	0.680
	擦洗布料综合	kg	6.38	–	0.210	0.200	0.880	0.280
	密封填料综合	kg	16.82	–	–	0.200	0.280	0.380
	木材综合	m^3	1376.00	0.010	0.010	0.020	0.020	0.020
	其他材料费	元	–	1.460	0.920	2.210	2.760	2.450
机械	运输机械综合(三册)	台班	1104.41	0.161	0.023	0.023	0.040	0.031
	吊装机械综合(三册)	台班	1070.74	0.153	0.092	0.239	0.171	0.160
	焊接机械综合(三册)	台班	84.05	0.176	0.015	0.099	0.354	0.269
	其他机械费	元	–	10.690	3.760	8.690	7.710	6.840

单位:t

定额编号				3-20-55	3-20-56	3-20-57	3-20-58
项目				摇臂给料机	导烟车	炉门服务车	迁车台
基价(元)				**1016.44**	**971.18**	**928.91**	**789.25**
其中	人工费(元)			427.68	436.32	503.44	401.28
	材料费(元)			96.51	91.93	83.64	83.64
	机械费(元)			492.25	442.93	341.83	304.33
名称		单位	单价(元)	数量			
人工	综合工日	工日	80.00	5.346	5.454	6.293	5.016
材料	垫铁综合	kg	5.70	0.350	0.250	0.250	0.250
	普通焊条综合	kg	6.57	2.560	1.560	1.230	1.230
	氧气(含乙炔气)综合	m^3	11.99	1.630	1.820	1.350	1.350
	清洗油料综合	kg	6.29	1.000	1.220	1.880	1.880
	润滑油料综合	kg	9.92	0.750	0.950	0.760	0.760
	擦洗布料综合	kg	6.38	0.680	0.480	0.350	0.350
	密封填料综合	kg	16.82	0.580	0.480	0.380	0.380
	木材综合	m^3	1376.00	0.020	0.020	0.020	0.020
	其他材料费	元	–	2.810	2.680	2.440	2.440
机械	运输机械综合(三册)	台班	1104.41	0.030	0.039	0.039	0.039
	吊装机械综合(三册)	台班	1070.74	0.388	0.338	0.253	0.219
	焊接机械综合(三册)	台班	84.05	0.349	0.298	0.213	0.213
	其他机械费	元	–	14.340	12.900	9.960	8.860

六、焦炉湿法熄焦设备安装

单位:t

定额编号				3-20-59	3-20-60
项目				高位槽	熄焦除尘装置
基价(元)				**1168.74**	**882.96**
其中	人工费(元)			450.08	346.32
	材料费(元)			122.29	82.97
	机械费(元)			596.37	453.67
名称		单位	单价(元)	数量	
人工	综合工日	工日	80.00	5.626	4.329
材料	垫铁综合	kg	5.70	0.440	0.290
	普通焊条综合	kg	6.57	1.430	1.110
	氧气(含乙炔气)综合	m^3	11.99	3.430	1.780
	清洗油料综合	kg	6.29	2.660	1.630
	润滑油料综合	kg	9.92	0.830	0.640
	擦洗布料综合	kg	6.38	0.900	0.390
	密封填料综合	kg	16.82	0.240	0.110
	木材综合	m^3	1376.00	0.020	0.020
	型钢综合	kg	4.00	0.860	0.450
	其他材料费	元	–	3.560	2.420
机械	运输机械综合(三册)	台班	1104.41	0.077	0.023
	吊装机械综合(三册)	台班	1070.74	0.383	0.352
	焊接机械综合(三册)	台班	84.05	0.145	0.077
	电动空气压缩机 $10m^3/min$	台班	519.44	0.138	0.061
	其他机械费	元	–	17.370	13.210

七、干熄焦设备安装

单位:t

定额编号				3-20-61	3-20-62	3-20-63	3-20-64	3-20-65	3-20-66
项目				干熄焦炉壳	一次除尘器壳体	焦罐车	运载车	对位装置	提升机
基价(元)				**1070.41**	**1030.13**	**793.19**	**790.09**	**900.65**	**1436.00**
其中	人工费(元)			440.64	430.32	327.68	325.84	444.88	768.96
	材料费(元)			170.61	157.05	69.63	63.96	83.46	109.26
	机械费(元)			459.16	442.76	395.88	400.29	372.31	557.78
名称		单位	单价(元)	数量					
人工	综合工日	工日	80.00	5.508	5.379	4.096	4.073	5.561	9.612
材料	垫铁综合	kg	5.70	4.300	3.800	0.250	0.200	5.200	6.500
	普通焊条综合	kg	6.57	12.200	11.300	1.100	0.800	2.100	1.900
	氧气(含乙炔气)综合	m^3	11.99	5.500	5.100	1.800	1.550	1.100	1.260
	清洗油料综合	kg	6.29	–	–	1.650	1.600	0.500	1.200
	润滑油料综合	kg	9.92	–	–	0.850	0.850	0.350	0.560
	擦洗布料综合	kg	6.38	–	–	0.620	0.630	0.500	1.600
	密封填料综合	kg	16.82	–	–	0.050	0.050	0.050	0.260
	木材综合	m^3	1376.00	–	–	0.010	0.010	0.010	0.010
	其他材料费	元	–	–	–	2.030	1.860	2.430	3.180
机械	运输机械综合(三册)	台班	1104.41	0.187	0.179	0.051	0.051	0.017	0.055
	吊装机械综合(三册)	台班	1070.74	0.070	0.068	0.281	0.289	0.298	0.425
	焊接机械综合(三册)	台班	84.05	1.955	1.896	0.323	0.272	0.281	0.306
	其他机械费	元	–	13.370	12.900	11.530	11.660	10.840	16.250

单位：t

定额编号				3-20-67	3-20-68	3-20-69	3-20-70	3-20-71	3-20-72
项目				装入装置	二次除尘器	循环风机	热管换热器	供气装置	放散装置
基价（元）				**1145.57**	**1072.58**	**1206.87**	**942.99**	**1042.45**	**939.97**
其中	人工费（元）			522.64	420.08	563.68	454.48	500.72	345.68
	材料费（元）			76.38	143.48	111.66	111.51	111.11	106.46
	机械费（元）			546.55	509.02	531.53	377.00	430.62	487.83
名称		单位	单价(元)	数量					
人工	综合工日	工日	80.00	6.533	5.251	7.046	5.681	6.259	4.321
材料	垫铁综合	kg	5.70	5.800	6.200	8.300	6.900	7.200	–
	普通焊条综合	kg	6.57	0.160	3.500	1.600	1.650	2.100	0.300
	氧气(含乙炔气)综合	m^3	11.99	0.480	2.900	1.200	1.940	1.600	1.020
	清洗油料综合	kg	6.29	1.450	1.200	0.500	0.460	1.400	0.420
	润滑油料综合	kg	9.92	0.490	0.800	0.300	0.350	0.430	0.750
	擦洗布料综合	kg	6.38	0.500	0.020	2.030	0.670	0.520	0.220
	密封填料综合	kg	16.82	0.200	1.000	0.200	0.620	0.220	3.800
	木材综合	m^3	1376.00	0.010	0.010	0.010	0.010	0.010	0.010
	其他材料费	元	–	2.220	4.180	3.250	3.250	3.240	3.100
机械	运输机械综合(三册)	台班	1104.41	0.039	0.047	0.051	0.026	0.034	0.042
	吊装机械综合(三册)	台班	1070.74	0.442	0.383	0.408	0.291	0.332	0.391
	焊接机械综合(三册)	台班	84.05	0.170	0.383	0.272	0.306	0.298	0.102
	其他机械费	元	–	15.920	14.830	15.480	10.980	12.540	14.210

单位：t

定额编号				3-20-73	3-20-74	3-20-75	3-20-76	3-20-77
项目				防爆装置	烧嘴	旋转密封阀	冷却装置	炉顶水封槽
基价（元）				**732.20**	**858.49**	**855.24**	**939.69**	**1024.93**
其中	人工费（元）			417.28	469.28	401.44	420.24	414.32
	材料费（元）			43.90	30.33	67.65	53.31	103.81
	机械费（元）			271.02	358.88	386.15	466.14	506.80
名称		单位	单价（元）	数量				
人工	综合工日	工日	80.00	5.216	5.866	5.018	5.253	5.179
材料	垫铁综合	kg	5.70	–	–	0.500	2.100	0.860
	普通焊条综合	kg	6.57	0.120	0.200	1.500	0.800	0.650
	氧气（含乙炔气）综合	m^3	11.99	1.200	0.080	1.200	0.550	1.680
	清洗油料综合	kg	6.29	0.450	0.200	0.570	0.850	0.770
	润滑油料综合	kg	9.92	0.300	0.400	0.200	0.330	0.600
	擦洗布料综合	kg	6.38	0.180	0.150	1.700	0.450	0.500
	密封填料综合	kg	16.82	0.400	0.430	0.500	0.160	2.600
	木材综合	m^3	1376.00	0.010	0.010	0.010	0.010	0.010
	其他材料费	元	–	1.280	0.880	1.970	1.550	3.020
机械	运输机械综合（三册）	台班	1104.41	0.034	0.034	0.034	0.030	0.027
	吊装机械综合（三册）	台班	1070.74	0.204	0.281	0.289	0.383	0.417
	焊接机械综合（三册）	台班	84.05	0.085	0.119	0.332	0.111	0.187
	其他机械费	元	–	7.890	10.450	11.250	13.580	14.760

八、冷凝设备安装

单位:t

定额编号				3-20-78	3-20-79	3-20-80	3-20-81
项目				氨水焦油(渣)分离槽		机械氨水焦油澄清槽	捕集油器
				整体	解体		
基价(元)				**1127.62**	**2036.56**	**1590.15**	**1173.88**
其中	人工费(元)			427.52	926.32	804.32	612.24
	材料费(元)			166.53	255.99	230.20	115.70
	机械费(元)			533.57	854.25	555.63	445.94
名称		单位	单价(元)	数量			
人工	综合工日	工日	80.00	5.344	11.579	10.054	7.653
材料	垫铁综合	kg	5.70	–	–	1.080	7.320
	普通焊条综合	kg	6.57	0.250	7.820	13.760	0.500
	氧气(含乙炔气)综合	m^3	11.99	1.750	5.750	6.760	1.790
	清洗油料综合	kg	6.29	–	–	0.560	–
	润滑油料综合	kg	9.92	0.320	0.240	0.110	–
	擦洗布料综合	kg	6.38	0.340	0.760	0.320	0.260
	密封填料综合	kg	16.82	1.750	2.170	1.010	1.810
	木材综合	m^3	1376.00	0.050	0.030	0.010	0.010
	型钢综合	kg	4.00	8.870	10.800	2.120	–
	其他材料费	元	–	4.850	7.460	6.700	3.370
机械	运输机械综合(三册)	台班	1104.41	0.115	0.199	0.092	0.092
	吊装机械综合(三册)	台班	1070.74	0.352	0.427	0.275	0.283
	焊接机械综合(三册)	台班	84.05	0.168	1.813	1.706	0.337
	其他机械费	元	–	15.540	24.880	16.180	12.990

单位:t

定额编号				3-20-82	3-20-83	3-20-84	3-20-85	3-20-86	3-20-87	3-20-88
项目				管式电捕焦油器		管式煤气冷却器	分离器	捕雾器	中间、放空、贮槽	
				整体	解体				整体	解体
基价(元)				**913.63**	**1324.90**	**1100.66**	**939.85**	**1023.09**	**1047.09**	**1819.48**
其中	人工费(元)			445.04	721.92	572.80	522.48	515.44	419.52	729.84
	材料费(元)			175.26	224.35	97.64	93.12	137.25	107.23	201.77
	机械费(元)			293.33	378.63	430.22	324.25	370.40	520.34	887.87
名称		单位	单价(元)	数量						
人工	综合工日	工日	80.00	5.563	9.024	7.160	6.531	6.443	5.244	9.123
材料	垫铁综合	kg	5.70	6.850	4.780	–	2.220	5.230	–	–
	普通焊条综合	kg	6.57	3.000	7.520	1.820	1.332	2.008	0.250	7.880
	氧气(含乙炔气)综合	m^3	11.99	2.930	7.210	2.910	2.090	2.960	2.930	6.020
	清洗油料综合	kg	6.29	0.550	0.590	0.270	0.361	0.313	–	–
	润滑油料综合	kg	9.92	0.140	0.150	0.340	0.301	0.320	0.339	0.260
	擦洗布料综合	kg	6.38	0.280	0.290	0.270	0.266	0.300	0.291	0.599
	密封填料综合	kg	16.82	1.710	0.470	–	–	0.700	0.490	0.510
	木材综合	m^3	1376.00	0.015	0.010	0.020	0.017	0.020	0.015	0.010
	型钢综合	kg	4.00	5.060	6.500	3.410	3.400	2.100	8.310	10.800
	其他材料费	元	–	5.100	6.530	2.840	2.710	4.000	3.120	5.880
机械	运输机械综合(三册)	台班	1104.41	0.023	0.046	0.031	0.031	0.025	0.115	0.156
	吊装机械综合(三册)	台班	1070.74	0.199	0.222	0.199	0.195	0.230	0.340	0.502
	焊接机械综合(三册)	台班	84.05	0.551	0.941	0.513	0.854	1.020	0.168	1.811
	电动空气压缩机 $10m^3/min$	台班	519.44	–	–	0.245	–	–	–	–
	其他机械费	元	–	8.540	11.030	12.530	9.440	10.790	15.160	25.860

九、硫氨设备安装

单位:t

定额编号				3-20-89	3-20-90	3-20-91	3-20-92
项目				蒸铵塔	连续离心机	振动干燥机	自动缝袋
基价(元)				**1493.49**	**1179.85**	**918.57**	**1675.52**
其中	人工费(元)			536.00	756.80	514.08	1185.92
	材料费(元)			161.29	168.30	170.90	192.92
	机械费(元)			796.20	254.75	233.59	296.68
名称		单位	单价(元)	数量			
人工	综合工日	工日	80.00	6.700	9.460	6.426	14.824
材料	垫铁综合	kg	5.70	2.580	13.400	14.200	16.510
	普通焊条综合	kg	6.57	0.120	0.410	0.570	0.410
	氧气(含乙炔气)综合	m^3	11.99	1.110	1.230	1.690	0.820
	清洗油料综合	kg	6.29	–	1.840	1.760	3.260
	润滑油料综合	kg	9.92	0.280	1.230	1.220	2.450
	擦洗布料综合	kg	6.38	0.120	0.520	0.580	1.070
	密封填料综合	kg	16.82	6.150	0.890	0.800	0.090
	木材综合	m^3	1376.00	0.010	0.020	0.015	0.020
	型钢综合	kg	4.00	1.760	–	–	–
	其他材料费	元	–	4.700	4.900	4.980	5.620
机械	运输机械综合(三册)	台班	1104.41	0.179	0.031	0.026	0.077
	吊装机械综合(三册)	台班	1070.74	0.434	0.179	0.170	0.168
	焊接机械综合(三册)	台班	84.05	0.179	0.255	0.191	0.275
	电动空气压缩机 $10m^3/min$	台班	519.44	0.184	–	–	–
	其他机械费	元	–	23.190	7.420	6.800	8.640

单位:t

定额编号				3-20-93	3-20-94	3-20-95	3-20-96
项目				分解塔	煤气预热器	饱和器	酸捕集器
基价(元)				**1584.70**	**963.73**	**1547.35**	**1526.69**
其中	人工费(元)			854.72	483.44	677.44	616.08
	材料费(元)			157.92	93.89	267.66	308.36
	机械费(元)			572.06	386.40	602.25	602.25
名称		单位	单价(元)	数量			
人工	综合工日	工日	80.00	10.684	6.043	8.468	7.701
材料	垫铁综合	kg	5.70	4.880	–	–	–
	普通焊条综合	kg	6.57	0.290	0.440	4.070	7.150
	氧气(含乙炔气)综合	m^3	11.99	1.870	2.870	8.540	12.260
	润滑油料综合	kg	9.92	0.100	0.730	–	–
	擦洗布料综合	kg	6.38	0.470	–	–	–
	密封填料综合	kg	16.82	4.960	1.440	2.110	1.230
	木材综合	m^3	1376.00	0.010	0.010	0.010	0.020
	型钢综合	kg	4.00	–	2.160	10.170	14.300
	不锈钢电焊条 302	kg	40.00	–	–	1.020	–
	其他材料费	元	–	4.600	2.730	7.800	8.980
机械	运输机械综合(三册)	台班	1104.41	0.084	0.026	0.031	0.031
	吊装机械综合(三册)	台班	1070.74	0.268	0.300	0.367	0.367
	焊接机械综合(三册)	台班	84.05	0.199	0.300	1.874	1.874
	电动空气压缩机 $10m^3/min$	台班	519.44	0.306	–	–	–
	其他机械费	元	–	16.660	11.250	17.540	17.540

十、无水氨设备安装

单位:t

定额编号				3-20-97	3-20-98	3-20-99	3-20-100	3-20-101
项目				吸收塔	冷却(凝)器	换热器	解吸塔	精馏塔
基价(元)				**1403.16**	**985.31**	**957.20**	**1498.50**	**1513.71**
其中	人工费(元)			650.80	482.56	534.00	656.72	690.96
	材料费(元)			200.87	118.21	122.51	250.09	239.16
	机械费(元)			551.49	384.54	300.69	591.69	583.59
	名称	单位	单价(元)	数				量
人工	综合工日	工日	80.00	8.135	6.032	6.675	8.209	8.637
材料	垫铁综合	kg	5.70	6.210	–	–	6.800	6.650
	普通焊条综合	kg	6.57	3.420	2.460	1.980	6.720	6.450
	氧气(含乙炔气)综合	m^3	11.99	7.150	4.560	4.230	9.400	8.910
	清洗油料综合	kg	6.29	0.660	0.390	0.300	0.430	0.440
	润滑油料综合	kg	9.92	0.340	0.430	0.360	0.390	0.391
	擦洗布料综合	kg	6.38	0.350	0.180	0.140	0.270	0.270
	密封填料综合	kg	16.82	1.160	0.670	0.860	0.900	0.810
	木材综合	m^3	1376.00	0.010	0.010	0.010	0.010	0.010
	型钢综合	kg	4.00	2.100	2.760	5.160	2.500	2.330
	其他材料费	元	–	5.850	3.440	3.570	7.280	6.970
机械	运输机械综合(三册)	台班	1104.41	0.098	0.069	0.023	0.119	0.118
	吊装机械综合(三册)	台班	1070.74	0.247	0.213	0.230	0.255	0.298
	焊接机械综合(三册)	台班	84.05	0.255	0.247	0.241	0.459	0.288
	其他机械费	元	–	16.060	11.200	8.760	17.230	17.000
	电动空气压缩机 $10m^3/min$	台班	519.44	0.272	0.093	–	0.253	0.179

单位:t

定额编号				3-20-102	3-20-103	3-20-104	3-20-105
项目				溶(集)液、贮槽			
				不锈钢		碳钢	
				整体	解体	整体	解体
基价(元)				**1349.73**	**2443.10**	**1160.53**	**1922.20**
其中	人工费(元)			597.76	845.84	416.16	661.52
	材料费(元)			257.41	467.17	165.98	252.66
	机械费(元)			494.56	1130.09	578.39	1008.02
名称		单位	单价(元)	数量			
人工	综合工日	工日	80.00	7.472	10.573	5.202	8.269
材料	垫铁综合	kg	5.70	2.800	2.910	2.800	2.910
	普通焊条综合	kg	6.57	0.860	1.610	3.810	7.710
	氧气(含乙炔气)综合	m^3	11.99	3.210	7.210	4.200	7.100
	润滑油料综合	kg	9.92	0.320	0.430	0.313	0.430
	擦洗布料综合	kg	6.38	0.310	0.560	0.298	0.560
	密封填料综合	kg	16.82	1.980	2.240	1.890	2.220
	木材综合	m^3	1376.00	0.010	0.012	0.010	0.012
	型钢综合	kg	4.00	2.300	5.180	4.810	7.810
	不锈钢电焊条 302	kg	40.00	3.210	6.430	–	–
	其他材料费	元	–	7.500	13.610	4.830	7.360
机械	运输机械综合(三册)	台班	1104.41	0.162	0.239	0.162	0.230
	吊装机械综合(三册)	台班	1070.74	0.264	0.624	0.340	0.604
	焊接机械综合(三册)	台班	84.05	0.221	1.964	0.221	0.927
	其他机械费	元	–	14.400	32.920	16.850	29.360

十一、溶剂脱酚设备安装

单位:t

定额编号				3-20-106	3-20-107	3-20-108	3-20-109	3-20-110
项目				萃取塔直径(m)			碱洗塔直径(m)	
				1.3 以下	2.5 以下	4 以下	1 以下	3 以下
基价(元)				**1393.03**	**1316.61**	**1353.82**	**1723.76**	**1440.34**
其中	人工费(元)			857.52	578.24	415.76	722.40	577.44
	材料费(元)			142.68	172.64	194.89	258.69	141.44
	机械费(元)			392.83	565.73	743.17	742.67	721.46
名称		单位	单价(元)	数量				
人工	综合工日	工日	80.00	10.719	7.228	5.197	9.030	7.218
材料	垫铁综合	kg	5.70	4.650	5.500	5.670	14.130	6.650
	普通焊条综合	kg	6.57	2.750	3.500	4.010	6.720	3.730
	氧气(含乙炔气)综合	m^3	11.99	3.230	4.010	4.890	9.400	5.100
	清洗油料综合	kg	6.29	0.300	0.410	0.471	–	–
	润滑油料综合	kg	9.92	0.360	0.380	0.403	–	–
	擦洗布料综合	kg	6.38	0.140	0.170	0.201	–	–
	密封填料综合	kg	16.82	0.860	1.210	1.301	–	–
	木材综合	m^3	1376.00	0.010	0.010	0.012	0.010	0.010
	型钢综合	kg	4.00	5.160	5.910	6.320	–	–
	其他材料费	元	–	4.160	5.030	5.680	7.530	4.120
机械	运输机械综合(三册)	台班	1104.41	0.044	0.069	0.162	0.168	0.161
	吊装机械综合(三册)	台班	1070.74	0.255	0.383	0.442	0.383	0.383
	焊接机械综合(三册)	台班	84.05	0.711	0.749	0.825	1.492	1.339
	其他机械费	元	–	11.440	16.480	21.650	21.630	21.010

单位:t

定额编号				3-20-111	3-20-112	3-20-113	3-20-114	3-20-115
项目				溶剂再生釜直径(m)		氨水加热器直径(m)		陶瓷过滤器
				1 以下	12 以下	0.5 以下	1 以下	
基价(元)				**1557.82**	**1237.87**	**1223.46**	**1040.16**	**1024.15**
其中	人工费(元)			607.76	643.92	720.64	596.88	564.88
	材料费(元)			236.41	205.00	144.82	144.31	127.82
	机械费(元)			713.65	388.95	358.00	298.97	331.45
名称		单位	单价(元)	数				量
人工	综合工日	工日	80.00	7.597	8.049	9.008	7.461	7.061
材料	垫铁综合	kg	5.70	15.360	10.270	6.930	5.390	6.230
	普通焊条综合	kg	6.57	1.030	0.890	0.140	0.100	0.140
	氧气(含乙炔气)综合	m^3	11.99	3.610	5.750	2.610	1.610	1.210
	润滑油料综合	kg	9.92	–	–	0.250	0.130	0.250
	擦洗布料综合	kg	6.38	–	–	0.170	1.420	1.560
	密封填料综合	kg	16.82	4.090	2.420	2.540	3.210	2.220
	木材综合	m^3	1376.00	0.010	0.010	0.010	0.010	0.017
	型钢综合	kg	4.00	2.340	2.810	2.210	2.830	–
	其他材料费	元	–	6.890	5.970	4.220	4.200	3.720
机械	运输机械综合(三册)	台班	1104.41	0.237	0.077	0.115	0.087	0.128
	吊装机械综合(三册)	台班	1070.74	0.375	0.230	0.191	0.168	0.162
	焊接机械综合(三册)	台班	84.05	0.352	0.551	0.191	0.170	0.083
	其他机械费	元	–	20.790	11.330	10.430	8.710	9.650

单位:t

定额编号				3-20-116	3-20-117	3-20-118	3-20-119	3-20-120
项目				冷却(凝)器	脱硫塔直径(m)		溶剂回收塔直径(m)	分离、储槽安装
					2.5 以下	4 以下	2 以下	整体
基价(元)				**1049.79**	**1480.51**	**1354.61**	**1444.48**	**1206.84**
其中	人工费(元)			513.84	786.80	702.24	784.88	551.68
	材料费(元)			115.07	197.22	190.86	197.71	157.88
	机械费(元)			420.88	496.49	461.51	461.89	497.28
名称		单位	单价(元)	数量				
人工	综合工日	工日	80.00	6.423	9.835	8.778	9.811	6.896
材料	垫铁综合	kg	5.70	2.800	6.300	5.810	6.230	2.800
	普通焊条综合	kg	6.57	0.250	5.210	5.020	5.220	3.810
	氧气(含乙炔气)综合	m^3	11.99	1.330	4.650	5.090	4.670	4.200
	润滑油料综合	kg	9.92	0.390	0.340	0.300	0.320	–
	擦洗布料综合	kg	6.38	1.890	0.900	0.710	1.020	0.336
	密封填料综合	kg	16.82	2.310	2.040	1.590	2.040	1.890
	木材综合	m^3	1376.00	0.017	0.010	0.010	0.010	0.010
	型钢综合	kg	4.00	–	2.100	2.540	2.100	3.560
	其他材料费	元	–	3.350	5.740	5.560	5.760	4.600
机械	运输机械综合(三册)	台班	1104.41	0.136	0.131	0.120	0.128	0.122
	吊装机械综合(三册)	台班	1070.74	0.228	0.281	0.264	0.255	0.291
	焊接机械综合(三册)	台班	84.05	0.170	0.434	0.391	0.405	0.434
	其他机械费	元	–	12.260	14.460	13.440	13.450	14.480

单位:t

定额编号				3-20-121	3-20-122	3-20-123	3-20-124
项目				分离、储槽安装	氨分缩器	氨水蒸馏塔 浮阀直径(m)	反应塔直径(m)
				解体		3 以下	4 以下
基价(元)				**1697.00**	**1044.21**	**1311.77**	**1442.51**
其中	人工费(元)			777.44	512.88	593.68	634.16
	材料费(元)			311.74	107.11	206.99	228.26
	机械费(元)			607.82	424.22	511.10	580.09
名称		单位	单价(元)	数量			
人工	综合工日	工日	80.00	9.718	6.411	7.421	7.927
材料	垫铁综合	kg	5.70	3.210	2.760	6.980	6.510
	普通焊条综合	kg	6.57	8.910	0.310	5.430	5.980
	氧气(含乙炔气)综合	m^3	11.99	12.060	1.330	4.680	5.010
	润滑油料综合	kg	9.92	–	0.320	0.320	0.300
	擦洗布料综合	kg	6.38	0.510	1.798	1.190	1.667
	密封填料综合	kg	16.82	2.510	2.080	2.120	2.800
	木材综合	m^3	1376.00	0.012	0.015	0.010	0.010
	型钢综合	kg	4.00	4.810	–	2.300	2.670
	其他材料费	元	–	9.080	3.120	6.030	6.650
机械	运输机械综合(三册)	台班	1104.41	0.162	0.137	0.161	0.170
	吊装机械综合(三册)	台班	1070.74	0.340	0.230	0.264	0.315
	焊接机械综合(三册)	台班	84.05	0.561	0.170	0.425	0.454
	其他机械费	元	–	17.700	12.360	14.890	16.900

十二、洗涤设备安装

单位:t

定额编号				3-20-125	3-20-126	3-20-127	3-20-128	3-20-129	3-20-130
项目				氨水过滤器	最终冷却器	机械化刮萘机	浮喷式洗氨塔直径(m)		木格洗氨塔
							3以下	5以下	
基价(元)				**954.46**	**2276.97**	**2034.94**	**1462.70**	**1409.72**	**1340.71**
其中	人工费(元)			545.12	498.08	630.24	771.52	734.24	682.72
	材料费(元)			90.42	523.45	428.54	127.08	151.77	88.07
	机械费(元)			318.92	1255.44	976.16	564.10	523.71	569.92
名称		单位	单价(元)	数量					
人工	综合工日	工日	80.00	6.814	6.226	7.878	9.644	9.178	8.534
材料	垫铁综合	kg	5.70	4.580	1.580	15.000	5.780	3.510	3.070
	普通焊条综合	kg	6.57	0.120	30.290	15.000	2.420	9.650	3.630
	氧气(含乙炔气)综合	m^3	11.99	2.060	20.510	10.000	3.580	3.150	1.320
	清洗油料综合	kg	6.29	–	0.240	0.800	0.580	0.240	–
	润滑油料综合	kg	9.92	0.110	–	0.150	0.170	0.060	–
	擦洗布料综合	kg	6.38	0.130	–	0.400	0.090	0.140	0.060
	密封填料综合	kg	16.82	1.220	–	–	0.710	0.560	0.470
	木材综合	m^3	1376.00	0.010	0.020	0.040	0.010	0.010	0.010
	型钢综合	kg	4.00	–	6.310	12.000	–	–	1.570
	其他材料费	元	–	2.630	15.250	12.480	3.700	4.420	2.570
机械	运输机械综合(三册)	台班	1104.41	0.046	0.023	0.145	0.092	0.089	0.329
	吊装机械综合(三册)	台班	1070.74	0.221	0.842	0.520	0.383	0.299	0.145
	焊接机械综合(三册)	台班	84.05	0.264	3.473	2.746	0.428	1.071	0.413
	其他机械费	元	–	9.290	36.570	28.430	16.430	15.250	16.600

单位：t

定额编号				3-20-131	3-20-132	3-20-133	3-20-134	3-20-135	3-20-136	3-20-137
项目				空喷洗氨塔	终冷洗萘塔	浮动喷射洗苯塔	筛式洗苯塔直径(m)		木格洗苯塔	加热器
							1 以下	4 以下		
基价（元）				**1186.90**	**1598.95**	**1474.95**	**1445.27**	**1299.64**	**1187.04**	**987.44**
其中	人工费（元）			659.04	647.04	824.96	746.80	716.48	669.76	740.56
	材料费（元）			131.32	368.21	147.57	193.09	155.44	120.34	95.18
	机械费（元）			396.54	583.70	502.42	505.38	427.72	396.94	151.70
名称		单位	单价(元)	数量						
人工	综合工日	工日	80.00	8.238	8.088	10.312	9.335	8.956	8.372	9.257
材料	垫铁综合	kg	5.70	3.870	3.590	3.550	7.550	4.340	3.400	1.400
	普通焊条综合	kg	6.57	6.270	15.060	8.410	2.560	1.760	5.900	3.200
	氧气(含乙炔气)综合	m^3	11.99	2.420	13.100	2.580	5.110	3.680	2.300	3.980
	清洗油料综合	kg	6.29	0.270	0.530	0.120	0.270	0.150	0.160	0.190
	润滑油料综合	kg	9.92	0.100	0.100	0.150	0.140	0.130	0.070	0.199
	擦洗布料综合	kg	6.38	0.070	0.210	0.160	0.250	0.180	0.110	0.870
	密封填料综合	kg	16.82	0.600	0.230	0.420	1.400	1.980	0.280	0.100
	木材综合	m^3	1376.00	0.010	0.040	0.010	0.010	0.010	0.010	–
	型钢综合	kg	4.00	2.060	4.110	3.190	6.090	5.010	2.560	1.320
	其他材料费	元	–	3.820	10.720	4.300	5.620	4.530	3.510	2.770
机械	运输机械综合(三册)	台班	1104.41	0.023	0.023	0.023	0.046	0.102	0.051	0.038
	吊装机械综合(三册)	台班	1070.74	0.283	0.329	0.367	0.367	0.252	0.261	0.077
	焊接机械综合(三册)	台班	84.05	0.673	2.249	0.826	0.558	0.390	0.590	0.272
	其他机械费	元	–	11.550	17.000	14.630	14.720	12.460	11.560	4.420

十三、粗苯蒸馏塔安装

单位：t

定额编号				3-20-138	3-20-139	3-20-140	3-20-141	3-20-142	3-20-143
项目				脱苯塔直径(m)			两苯塔直径(m)		圆筒形管式炉
				1.5 以下	3 以下	4 以下	1.8 以下	2.2 以下	
基价（元）				**1493.99**	**1295.27**	**1146.72**	**1575.95**	**1391.52**	**1572.21**
其中	人工费（元）			785.52	649.12	587.52	657.92	625.12	786.24
	材料费（元）			211.19	110.25	96.05	171.67	155.84	277.99
	机械费（元）			497.28	535.90	463.15	746.36	610.56	507.98
	名称	单位	单价(元)	数量					
人工	综合工日	工日	80.00	9.819	8.114	7.344	8.224	7.814	9.828
材料	垫铁综合	kg	5.70	7.130	4.290	3.310	2.760	2.590	2.660
	普通焊条综合	kg	6.57	5.780	2.520	2.800	1.410	1.050	4.990
	氧气(含乙炔气)综合	m^3	11.99	4.720	2.140	1.580	3.930	2.910	9.970
	清洗油料综合	kg	6.29	0.340	0.500	1.400	0.490	0.260	0.340
	润滑油料综合	kg	9.92	0.110	0.090	0.080	0.450	0.440	0.070
	擦洗布料综合	kg	6.38	0.490	0.240	0.150	0.660	0.540	1.170
	密封填料综合	kg	16.82	2.040	0.830	0.400	3.360	3.980	0.370
	木材综合	m^3	1376.00	0.010	0.010	0.010	0.010	0.010	0.010
	型钢综合	kg	4.00	3.850	1.770	1.500	3.130	1.150	1.330
	不锈钢电焊条 302	kg	40.00	–	–	–	–	–	1.670
	其他材料费	元	–	6.150	3.210	2.800	5.000	4.540	8.100
机械	运输机械综合(三册)	台班	1104.41	0.122	0.061	0.023	0.122	0.077	0.061
	吊装机械综合(三册)	台班	1070.74	0.291	0.268	0.237	0.230	0.184	0.268
	焊接机械综合(三册)	台班	84.05	0.434	0.275	0.230	0.306	0.199	1.652
	电动空气压缩机 $10m^3/min$	台班	519.44	–	0.275	0.291	0.612	0.566	–
	其他机械费	元	–	14.480	15.610	13.490	21.740	17.780	14.800

单位:t

定额编号				3-20-144	3-20-145	3-20-146	3-20-147	3-20-148
项目				再生器直径(m)			冷凝冷却器	热交换器
				1.2 以下	2.4 以下	3.2 以下		
基价(元)				**1351.42**	**1260.81**	**1258.05**	**1558.99**	**1815.02**
其中	人工费(元)			679.52	563.92	495.84	382.80	474.24
	材料费(元)			141.16	132.52	134.87	355.74	293.89
	机械费(元)			530.74	564.37	627.34	820.45	1046.89
名称		单位	单价(元)	数量				
人工	综合工日	工日	80.00	8.494	7.049	6.198	4.785	5.928
材料	垫铁综合	kg	5.70	8.120	9.030	10.430	29.400	12.310
	普通焊条综合	kg	6.57	0.650	0.390	0.300	1.380	1.500
	氧气(含乙炔气)综合	m^3	11.99	1.940	1.450	1.290	11.540	–
	清洗油料综合	kg	6.29	0.660	0.460	0.370	1.240	3.080
	润滑油料综合	kg	9.92	0.330	0.170	0.140	–	–
	擦洗布料综合	kg	6.38	0.740	0.800	1.120	1.380	1.540
	密封填料综合	kg	16.82	1.670	1.270	0.960	–	10.470
	木材综合	m^3	1376.00	0.010	0.010	0.010	0.010	–
	型钢综合	kg	4.00	2.309	3.110	3.320	–	–
	其他材料费	元	–	4.110	3.860	3.930	10.360	8.560
机械	运输机械综合(三册)	台班	1104.41	0.153	0.162	0.179	0.199	0.275
	吊装机械综合(三册)	台班	1070.74	0.306	0.332	0.374	0.490	0.620
	焊接机械综合(三册)	台班	84.05	0.222	0.161	0.130	0.620	0.581
	其他机械费	元	–	15.460	16.440	18.270	23.900	30.490

单位:t

定额编号				3-20-149	3-20-150	3-20-151	3-20-152	3-20-153
项目				贫油冷却器	终冷塔	轻油吸收塔	煤气油、水封槽 不锈钢	放空槽
基价(元)				**1024.20**	**1397.91**	**1443.32**	**1400.63**	**1095.77**
其中	人工费(元)			473.76	707.28	743.20	607.60	477.84
	材料费(元)			136.79	154.15	125.93	266.84	114.40
	机械费(元)			413.65	536.48	574.19	526.19	503.53
名称		单位	单价(元)	数量				
人工	综合工日	工日	80.00	5.922	8.841	9.290	7.595	5.973
材料	垫铁综合	kg	5.70	6.330	8.010	6.560	4.200	3.610
	普通焊条综合	kg	6.57	1.200	2.090	2.110	0.900	2.090
	氧气(含乙炔气)综合	m^3	11.99	3.390	1.560	1.340	2.110	1.760
	清洗油料综合	kg	6.29	1.200	1.810	1.200	0.400	0.410
	润滑油料综合	kg	9.92	–	0.110	0.100	0.140	0.100
	擦洗布料综合	kg	6.38	0.910	0.890	0.879	1.120	0.980
	密封填料综合	kg	16.82	1.090	1.670	1.110	1.540	1.220
	木材综合	m^3	1376.00	0.012	0.010	0.010	0.010	0.010
	型钢综合	kg	4.00	–	2.890	2.090	1.800	2.890
	不锈钢电焊条 302	kg	40.00	–	–	–	3.650	–
	其他材料费	元	–	3.980	4.490	3.670	7.770	3.330
机械	运输机械综合(三册)	台班	1104.41	0.179	0.223	0.213	0.162	0.184
	吊装机械综合(三册)	台班	1070.74	0.176	0.239	0.281	0.290	0.247
	焊接机械综合(三册)	台班	84.05	0.184	0.222	0.254	0.255	0.252
	其他机械费	元	–	12.050	15.630	16.720	15.330	14.670

十四、焦油设备安装

单位:t

定额编号				3-20-154	3-20-155	3-20-156	3-20-157	3-20-158	3-20-159
项目				蒸发器		馏酚蒸馏塔	洗油萘分馏塔	埋入式冷却器(t/台)	
				一段	二段			2 以下	4 以下
基价(元)				**1653.21**	**1434.37**	**1392.64**	**1697.67**	**1440.37**	**1189.75**
其中	人工费(元)			571.68	653.92	782.00	574.08	733.68	694.56
	材料费(元)			357.95	148.74	113.79	201.62	169.48	112.81
	机械费(元)			723.58	631.71	496.85	921.97	537.21	382.38
名称		单位	单价(元)	数量					
人工	综合工日	工日	80.00	7.146	8.174	9.775	7.176	9.171	8.682
材料	垫铁综合	kg	5.70	23.170	5.750	2.220	4.810	9.250	5.780
	普通焊条综合	kg	6.57	0.240	0.240	2.220	2.890	1.510	1.001
	氧气(含乙炔气)综合	m^3	11.99	1.630	1.010	3.110	5.770	4.520	3.470
	清洗油料综合	kg	6.29	1.160	0.480	0.150	1.930	–	–
	润滑油料综合	kg	9.92	0.240	0.240	–	–	–	–
	擦洗布料综合	kg	6.38	2.320	0.960	0.600	4.810	–	–
	密封填料综合	kg	16.82	9.280	4.320	1.630	2.220	1.200	0.870
	木材综合	m^3	1376.00	0.010	0.010	0.010	–	0.020	0.010
	其他材料费	元	–	10.430	4.330	3.310	5.870	4.940	3.290
机械	运输机械综合(三册)	台班	1104.41	0.038	0.061	0.054	0.038	0.122	0.082
	吊装机械综合(三册)	台班	1070.74	0.360	0.321	0.237	0.268	0.306	0.217
	焊接机械综合(三册)	台班	84.05	0.436	0.138	0.589	1.063	0.704	0.575
	电动空气压缩机 $10m^3/min$	台班	519.44	0.459	0.367	0.230	0.918	–	–
	其他机械费	元	–	21.080	18.400	14.470	26.850	15.650	11.140

单位：t

定额编号				3-20-160	3-20-161	3-20-162	3-20-163	3-20-164	3-20-165
项目				冷凝冷却器		萘油脱酚连续洗涤器	洗油脱酚连续洗涤器	机械化结晶器	油水分离器
				蒸发器上	分馏塔上				
基价（元）				**1321.40**	**1221.65**	**1468.65**	**1673.79**	**1160.10**	**1583.11**
其中	人工费（元）			601.84	547.44	433.84	611.84	755.84	622.88
	材料费（元）			201.45	245.28	335.42	537.45	166.17	359.82
	机械费（元）			518.11	428.93	699.39	524.50	238.09	600.41
名称		单位	单价（元）	数量					
人工	综合工日	工日	80.00	7.523	6.843	5.423	7.648	9.448	7.786
材料	垫铁综合	kg	5.70	11.320	7.440	–	–	13.150	–
	普通焊条综合	kg	6.57	0.760	0.600	7.150	10.750	0.530	4.550
	氧气（含乙炔气）综合	m^3	11.99	2.270	1.790	10.290	16.830	3.790	12.000
	清洗油料综合	kg	6.29	1.450	6.820	–	–	–	6.820
	润滑油料综合	kg	9.92	0.760	–	–	–	1.050	6.820
	擦洗布料综合	kg	6.38	0.760	–	1.150	1.870	0.340	10.190
	密封填料综合	kg	16.82	3.780	5.940	4.580	7.480	0.660	–
	木材综合	m^3	1376.00	0.010	0.020	0.010	0.020	0.010	–
	型钢综合	kg	4.00	–	–	14.290	21.030	–	–
	其他材料费	元	–	5.870	7.140	9.770	15.650	4.840	10.480
机械	运输机械综合（三册）	台班	1104.41	0.069	0.061	0.176	0.046	0.051	0.260
	吊装机械综合（三册）	台班	1070.74	0.383	0.314	0.383	0.314	0.153	0.230
	焊接机械综合（三册）	台班	84.05	0.199	0.153	0.887	1.454	0.131	0.589
	其他机械费	元	–	15.090	12.490	20.370	15.280	6.930	17.490

十五、工业苯设备安装

单位:t

定额编号				3-20-166	3-20-167	3-20-168	3-20-169	3-20-170	3-20-171
项目				工业苯转鼓结晶器	洗苯装置液面调节器	鼓形真空过滤器	压苯机	蒽离心机	机械化搅拌装置
基价(元)				**1291.31**	**2092.10**	**1212.90**	**1130.49**	**1336.64**	**1348.26**
其中	人工费(元)			826.00	987.20	764.00	675.12	742.48	654.48
	材料费(元)			144.79	569.34	166.77	103.40	168.13	118.93
	机械费(元)			320.52	535.56	282.13	351.97	426.03	574.85
	名称	单位	单价(元)	数量					
人工	综合工日	工日	80.00	10.325	12.340	9.550	8.439	9.281	8.181
材料	垫铁综合	kg	5.70	9.180	22.600	12.720	7.200	14.680	15.300
	普通焊条综合	kg	6.57	0.310	2.170	0.220	0.230	0.420	0.200
	氧气(含乙炔气)综合	m^3	11.99	1.840	12.000	1.280	0.620	1.670	0.200
	清洗油料综合	kg	6.29	0.920	4.350	2.120	1.520	1.250	1.000
	润滑油料综合	kg	9.92	1.080	10.870	2.970	1.440	2.190	0.220
	擦洗布料综合	kg	6.38	0.460	6.500	0.750	0.240	0.760	0.100
	密封填料综合	kg	16.82	1.840	5.300	0.670	0.670	0.510	0.100
	木材综合	m^3	1376.00	0.010	–	0.010	0.010	0.010	0.010
	其他材料费	元	–	4.220	16.580	4.860	3.010	4.900	3.460
机械	运输机械综合(三册)	台班	1104.41	0.031	0.122	0.068	0.075	0.092	0.107
	吊装机械综合(三册)	台班	1070.74	0.207	0.352	0.179	0.237	0.283	0.352
	焊接机械综合(三册)	台班	84.05	0.658	0.099	0.085	0.061	0.107	0.750
	其他机械费	元	–	9.340	15.600	8.220	10.250	12.410	16.740

十六、煤气脱硫设备安装

单位:t

定额编号				3-20-172	3-20-173	3-20-174	3-20-175
项目				铸铁湿式脱硫槽	结构干式脱硫箱	脱硫塔	
						整体	解体
基价(元)				**1080.73**	**1270.56**	**1185.71**	**1808.31**
其中	人工费(元)			585.28	583.68	469.84	707.76
	材料费(元)			105.70	220.64	117.28	220.98
	机械费(元)			389.75	466.24	598.59	879.57
名称		单位	单价(元)	数量			
人工	综合工日	工日	80.00	7.316	7.296	5.873	8.847
材料	垫铁综合	kg	5.70	3.000	3.000	5.200	3.000
	普通焊条综合	kg	6.57	2.020	7.880	1.460	7.990
	氧气(含乙炔气)综合	m^3	11.99	2.050	7.880	1.030	3.720
	清洗油料综合	kg	6.29	–	0.110	0.070	0.220
	擦洗布料综合	kg	6.38	0.110	–	0.040	0.070
	密封填料综合	kg	16.82	1.370	1.420	1.440	1.360
	木材综合	m^3	1376.00	0.010	0.010	0.010	0.010
	型钢综合	kg	4.00	2.540	3.130	5.900	15.470
	其他材料费	元	–	3.080	6.430	3.420	6.440
机械	运输机械综合(三册)	台班	1104.41	0.102	0.119	0.306	0.374
	吊装机械综合(三册)	台班	1070.74	0.179	0.184	0.145	0.260
	焊接机械综合(三册)	台班	84.05	0.455	1.002	0.620	1.507
	电动空气压缩机 $10m^3/min$	台班	519.44	0.069	0.077	0.069	0.069
	其他机械费	元	–	11.350	13.580	17.430	25.620

单位：t

定额编号				3-20-176	3-20-177	3-20-178	3-20-179	3-20-180	3-20-181
项目				脱硫再生塔	空喷脱硫塔	带加热器的槽器	带机械搅拌器的槽器	缓冲槽	离心分离机
基价（元）				**1451.26**	**1271.96**	**1073.90**	**1153.22**	**1043.47**	**1236.23**
其中	人工费（元）			739.36	750.48	582.64	629.68	518.48	566.96
	材料费（元）			241.23	117.44	86.87	144.01	160.67	183.68
	机械费（元）			470.67	404.04	404.39	379.53	364.32	485.59
名称		单位	单价(元)	数量					
人工	综合工日	工日	80.00	9.242	9.381	7.283	7.871	6.481	7.087
材料	垫铁综合	kg	5.70	3.000	3.000	5.000	5.000	3.400	2.120
	普通焊条综合	kg	6.57	8.000	2.030	1.000	1.500	2.870	4.090
	氧气(含乙炔气)综合	m^3	11.99	6.000	1.480	1.250	2.500	4.300	5.090
	清洗油料综合	kg	6.29	0.320	0.140	–	2.500	0.890	0.230
	润滑油料综合	kg	9.92	–	–	–	0.750	0.760	0.600
	擦洗布料综合	kg	6.38	0.090	0.070	0.200	0.800	0.501	1.120
	密封填料综合	kg	16.82	0.850	0.670	0.550	0.800	0.820	1.330
	木材综合	m^3	1376.00	0.010	0.010	0.010	0.010	0.012	0.012
	型钢综合	kg	4.00	15.490	9.870	2.500	4.000	4.890	6.230
	其他材料费	元	–	7.030	3.420	2.530	4.190	4.680	5.350
机械	运输机械综合(三册)	台班	1104.41	0.031	0.046	0.122	0.092	0.138	0.171
	吊装机械综合(三册)	台班	1070.74	0.207	0.191	0.230	0.245	0.180	0.256
	焊接机械综合(三册)	台班	84.05	1.966	0.826	0.138	0.054	0.102	0.101
	电动空气压缩机 $10m^3/min$	台班	519.44	0.069	0.130	–	–	–	–
	其他机械费	元	–	13.710	11.770	11.780	11.050	10.610	14.140

单位:t

定额编号				3-20-182	3-20-183	3-20-184	3-20-185	3-20-186
项目				浓缩塔	凝缩塔	加热器	冷却器	贮槽
基价（元）				**1381.32**	**1385.54**	**1027.71**	**1080.42**	**1135.88**
其中	人工费（元）			692.80	708.24	540.64	521.20	520.64
	材料费（元）			195.12	189.85	99.56	122.95	199.85
	机械费（元）			493.40	487.45	387.51	436.27	415.39
名称		单位	单价(元)	数量				
人工	综合工日	工日	80.00	8.660	8.853	6.758	6.515	6.508
材料	垫铁综合	kg	5.70	6.320	5.780	–	2.110	2.400
	普通焊条综合	kg	6.57	3.890	4.980	2.120	3.090	4.870
	氧气(含乙炔气)综合	m^3	11.99	4.330	4.230	2.090	2.120	6.410
	清洗油料综合	kg	6.29	0.120	0.090	0.100	0.120	0.780
	润滑油料综合	kg	9.92	0.250	0.190	0.320	0.350	0.650
	擦洗布料综合	kg	6.38	0.980	1.040	1.040	0.980	0.900
	密封填料综合	kg	16.82	1.290	1.109	1.070	1.390	1.090
	木材综合	m^3	1376.00	0.017	0.015	0.010	0.010	0.012
	型钢综合	kg	4.00	5.340	4.890	3.870	3.500	4.890
	其他材料费	元	–	5.680	5.530	2.900	3.580	5.820
机械	运输机械综合(三册)	台班	1104.41	0.196	0.179	0.162	0.164	0.178
	吊装机械综合(三册)	台班	1070.74	0.238	0.236	0.171	0.213	0.179
	焊接机械综合(三册)	台班	84.05	0.092	0.272	0.169	0.171	0.179
	其他机械费	元	–	14.370	14.200	11.290	12.710	12.100

十七、精苯系统设备安装(苯加氢系统设备)

1. 精苯系统

单位:t

定额编号				3-20-187	3-20-188	3-20-189	3-20-190	3-20-191	3-20-192	3-20-193
项目				浮阀式泡罩式塔	栅筛式塔	重沸器	釜槽器	精苯冷凝冷却器(m^2)		
								50以下	120以下	300以下
基价(元)				**1799.55**	**1568.87**	**1500.21**	**1240.92**	**1417.34**	**1171.01**	**1022.19**
其中	人工费(元)			660.48	689.44	694.08	722.88	671.28	552.32	543.92
	材料费(元)			233.41	228.78	237.02	131.23	287.40	222.29	164.30
	机械费(元)			905.66	650.65	569.11	386.81	458.66	396.40	313.97
名称		单位	单价(元)	数量						
人工	综合工日	工日	80.00	8.256	8.618	8.676	9.036	8.391	6.904	6.799
材料	垫铁综合	kg	5.70	3.260	4.000	–	5.000	–	5.840	5.900
	普通焊条综合	kg	6.57	8.390	6.790	2.120	0.500	1.760	1.830	0.850
	氧气(含乙炔气)综合	m^3	11.99	3.770	5.930	6.350	3.000	7.020	5.480	3.310
	清洗油料综合	kg	6.29	0.290	0.500	2.120	–	2.190	1.280	0.950

续前

单位:t

定额编号				3-20-187	3-20-188	3-20-189	3-20-190	3-20-191	3-20-192	3-20-193
项目				浮阀式泡罩式塔	栅筛式塔	重沸器	釜槽器	精苯冷凝冷却器(m^2)		
								50以下	120以下	300以下
材料	润滑油料综合	kg	9.92	0.150	0.150	0.530	0.400	0.530	0.220	0.170
	擦洗布料综合	kg	6.38	0.470	0.250	1.590	0.900	1.320	0.730	0.950
	密封填料综合	kg	16.82	5.210	2.460	1.270	1.200	3.860	1.750	1.520
	木材综合	m^3	1376.00	0.010	0.010	0.010	0.010	0.010	0.010	0.010
	型钢综合	kg	4.00	–	5.560	19.050	4.000	19.290	11.680	6.890
	其他材料费	元	–	6.800	6.660	6.900	3.820	8.370	6.470	4.790
机械	运输机械综合(三册)	台班	1104.41	0.107	0.046	0.069	0.092	0.077	0.069	0.054
	吊装机械综合(三册)	台班	1070.74	0.383	0.344	0.383	0.245	0.298	0.260	0.214
	焊接机械综合(三册)	台班	84.05	1.148	0.780	0.788	0.138	0.490	0.360	0.191
	电动空气压缩机 $10m^3/min$	台班	519.44	0.490	0.283	–	–	–	–	–
	其他机械费	元	–	26.380	18.950	16.580	11.270	13.360	11.550	9.140

2. 苯加氢系统

单位：t

定额编号				3-20-194	3-20-195	3-20-196	3-20-197	3-20-198	3-20-199	3-20-200
项目				过滤器	喷射器	预蒸发器	预热器	反应器原料加热炉	循环氢加热炉	塔类设备 分段
基价（元）				**1219.49**	**1354.72**	**1263.08**	**1256.17**	**1511.78**	**1406.29**	**1611.73**
其中	人工费（元）			688.96	976.08	805.84	729.36	871.36	801.36	768.48
	材料费（元）			139.66	75.42	131.03	114.95	207.02	171.53	262.20
	机械费（元）			390.87	303.22	326.21	411.86	433.40	433.40	581.05
名称		单位	单价(元)	数量						
人工	综合工日	工日	80.00	8.612	12.201	10.073	9.117	10.892	10.017	9.606
材料	垫铁综合	kg	5.70	7.190	2.900	5.760	2.300	7.450	6.800	6.430
	普通焊条综合	kg	6.57	0.930	0.230	2.330	1.720	3.500	3.120	6.330
	氧气(含乙炔气)综合	m^3	11.99	1.460	0.670	2.870	2.980	5.210	4.220	7.980
	清洗油料综合	kg	6.29	1.530	0.670	1.090	0.658	–	–	0.090
	润滑油料综合	kg	9.92	1.100	0.450	0.700	0.454	–	–	0.040
	擦洗布料综合	kg	6.38	0.550	0.340	1.330	0.910	1.200	0.900	0.120
	密封填料综合	kg	16.82	1.640	1.340	1.330	0.800	1.330	1.190	2.090
	木材综合	m^3	1376.00	0.010	0.010	–	0.010	0.015	0.012	0.015
	型钢综合	kg	4.00	1.400	–	–	2.450	5.600	3.600	5.780
	其他材料费	元	–	4.070	2.200	3.820	3.350	6.030	5.000	7.640
机械	运输机械综合(三册)	台班	1104.41	0.077	0.054	0.080	0.161	0.179	0.179	0.227
	吊装机械综合(三册)	台班	1070.74	0.260	0.215	0.200	0.196	0.187	0.187	0.272
	焊接机械综合(三册)	台班	84.05	0.191	0.054	0.169	0.145	0.272	0.272	0.264
	其他机械费	元	–	11.380	8.830	9.500	12.000	12.620	12.620	16.920

单位:t

定额编号				3-20-201	3-20-202	3-20-203	3-20-204	3-20-205	3-20-206
项目				塔类设备（整体）	槽、罐体设备		导热油加热炉系统	装料臂及其活动桥	洗罐器
					整体	解体			
基价（元）				**1280.66**	**1180.39**	**1695.25**	**1559.21**	**1327.62**	**1196.59**
其中	人工费（元）			632.48	570.64	870.72	968.24	772.24	741.84
	材料费（元）			174.81	123.38	238.23	200.10	130.47	100.49
	机械费（元）			473.37	486.37	586.30	390.87	424.91	354.26
	名称	单位	单价(元)	数量					
人工	综合工日	工日	80.00	7.906	7.133	10.884	12.103	9.653	9.273
材料	垫铁综合	kg	5.70	6.400	4.560	5.090	5.500	3.590	3.190
	普通焊条综合	kg	6.57	2.540	1.980	6.870	3.730	1.430	0.730
	氧气(含乙炔气)综合	m^3	11.99	4.010	2.010	7.220	4.000	2.150	1.460
	清洗油料综合	kg	6.29	0.090	0.450	0.600	1.530	1.780	1.530
	润滑油料综合	kg	9.92	0.040	–	–	1.100	0.750	1.100
	擦洗布料综合	kg	6.38	0.140	0.980	1.210	1.200	0.720	0.550
	密封填料综合	kg	16.82	2.001	0.980	1.320	1.100	0.780	0.670
	木材综合	m^3	1376.00	0.010	0.010	0.010	0.010	0.010	0.010
	型钢综合	kg	4.00	4.800	4.340	5.780	7.500	5.230	2.000
	其他材料费	元	–	5.090	3.590	6.940	5.830	3.800	2.930
机械	运输机械综合(三册)	台班	1104.41	0.196	0.187	0.272	0.077	0.107	0.102
	吊装机械综合(三册)	台班	1070.74	0.213	0.238	0.221	0.260	0.260	0.208
	焊接机械综合(三册)	台班	84.05	0.179	0.129	0.383	0.191	0.190	0.102
	其他机械费	元	–	13.790	14.170	17.080	11.380	12.380	10.320

十八、古马隆系统设备安装

单位:t

定额编号				3-20-207	3-20-208	3-20-209	3-20-210
项目				初馏终馏塔		带搅拌装置釜器	带加热器槽器
				磁环式	一般式		
基价(元)				**1647.64**	**1324.48**	**1195.29**	**1274.13**
其中	人工费(元)			826.80	782.72	763.60	676.08
	材料费(元)			126.13	118.07	121.44	158.43
	机械费(元)			694.71	423.69	310.25	439.62
名称		单位	单价(元)	数量			
人工	综合工日	工日	80.00	10.335	9.784	9.545	8.451
材料	垫铁综合	kg	5.70	5.000	4.210	5.000	6.590
	普通焊条综合	kg	6.57	0.690	0.580	0.630	1.430
	氧气(含乙炔气)综合	m^3	11.99	2.050	1.890	1.880	2.150
	清洗油料综合	kg	6.29	0.430	0.380	0.940	2.010
	润滑油料综合	kg	9.92	–	–	0.570	1.440
	擦洗布料综合	kg	6.38	0.260	0.190	0.630	0.720
	密封填料综合	kg	16.82	1.760	1.660	1.090	1.510
	木材综合	m^3	1376.00	0.010	0.010	0.010	0.010
	型钢综合	kg	4.00	4.280	4.720	3.760	2.600
	其他材料费	元	–	3.670	3.440	3.540	4.610
机械	运输机械综合(三册)	台班	1104.41	0.177	0.157	0.054	0.107
	吊装机械综合(三册)	台班	1070.74	0.337	0.218	0.222	0.260
	焊接机械综合(三册)	台班	84.05	0.176	0.054	0.046	0.360
	电动空气压缩机 $10m^3/min$	台班	519.44	0.199	–	–	–
	其他机械费	元	–	20.230	12.340	9.040	12.800

十九、管式热交换器

单位:t

定额编号				3-20-211	3-20-212	3-20-213	3-20-214	3-20-215
项目				设备总量(t)				
				0.3 以内	1.0 以内	2.0 以内	3.0 以内	10.0 以内
基价(元)				**1729.15**	**1325.42**	**1282.99**	**1174.19**	**1148.98**
其中	人工费(元)			798.72	765.68	726.24	629.92	482.16
	材料费(元)			204.63	134.18	125.68	126.64	127.99
	机械费(元)			725.80	425.56	431.07	417.63	538.83
名称		单位	单价(元)	数量				
人工	综合工日	工日	80.00	9.984	9.571	9.078	7.874	6.027
材料	垫铁综合	kg	5.70	22.000	10.000	8.000	7.500	7.000
	普通焊条综合	kg	6.57	1.500	1.000	0.800	0.700	0.600
	氧气(含乙炔气)综合	m^3	11.99	1.500	1.100	1.000	1.000	0.900
	擦洗布料综合	kg	6.38	1.800	2.540	2.900	3.200	3.800
	密封填料综合	kg	16.82	1.200	1.400	1.600	1.750	1.880
	木材综合	m^3	1376.00	0.010	0.010	0.010	0.010	0.010
	其他材料费	元	–	5.960	3.910	3.660	3.690	3.730
机械	运输机械综合(三册)	台班	1104.41	0.161	0.154	0.216	0.201	0.208
	吊装机械综合(三册)	台班	1070.74	0.444	0.191	0.138	0.138	0.253
	焊接机械综合(三册)	台班	84.05	0.612	0.459	0.383	0.425	0.268
	其他机械费	元	–	21.140	12.390	12.560	12.160	15.690

第二十一章　耐火材料设备安装

说　　明

一、本章定额适用耐火材料设备安装。

二、本章定额适用范围：

1. 搅拌机定额适用于桨叶式、圆筒式、湿料式、双轴式等搅拌机安装。

2. 摩擦式压砖机定额适用于带浮动台摩擦压砖机、中心摩擦压砖机安装。

3. 盘式成球机定额适用于固定式和可调式成球机安装。

三、炉箅预热机定额不包括金属结构壳体、排烟管、漏斗、水箱、炉箅底座润滑系统安装，应分别套用第六册《金属结构件制作与安装工程》相应定额和本册第三十章“润滑设备及管道安装”相应定额。

四、隧道窑门安装包括闸门、闸门框架、传动轴、蜗轮减速机和起重链子安装。

五、碾子机安装定额不包括除尘器安装，另套除尘器安装定额。

六、摇篮式运输机安装定额包括支架、轨道、减速机、链轮、链条、伞齿轮和三格篮等安装。

一、搅拌设备安装

单位:t

定额编号				3-21-1	3-21-2	3-21-3	3-21-4	3-21-5	3-21-6
项目				搅拌机(t/台)		混砂机	配料机	称量车	电拖车
				2 以下	4 以下				
基价(元)				**1157.18**	**956.94**	**841.91**	**1329.90**	**826.02**	**800.55**
其中	人工费(元)			498.40	368.96	539.12	682.40	555.20	525.44
	材料费(元)			263.46	197.11	93.32	196.62	136.10	88.68
	机械费(元)			395.32	390.87	209.47	450.88	134.72	186.43
	名称	单位	单价(元)	数量					
人工	综合工日	工日	80.00	6.230	4.612	6.739	8.530	6.940	6.568
材料	垫铁综合	kg	5.70	23.890	18.190	8.900	–	8.000	9.130
	普通焊条综合	kg	6.57	1.430	0.730	0.230	5.880	0.670	0.330
	氧气(含乙炔气)综合	m^3	11.99	2.150	1.460	0.670	5.880	2.000	0.870
	清洗油料综合	kg	6.29	2.010	1.530	0.670	2.940	1.670	1.090
	润滑油料综合	kg	9.92	1.440	1.100	0.450	2.940	1.670	0.700
	擦洗布料综合	kg	6.38	0.720	0.550	0.340	1.470	1.340	0.330
	密封填料综合	kg	16.82	1.510	1.640	0.340	1.470	1.340	0.330
	木材综合	m^3	1376.00	0.020	0.010	0.010	–	–	–
	其他材料费	元	–	7.670	5.740	2.720	5.730	3.960	2.580
机械	运输机械综合(三册)	台班	1104.41	0.096	0.077	0.054	0.083	0.031	0.046
	吊装机械综合(三册)	台班	1070.74	0.234	0.260	0.130	0.220	0.077	0.115
	焊接机械综合(三册)	台班	84.05	0.324	0.191	0.054	1.315	0.168	0.084
	其他机械费	元	–	11.510	11.380	6.100	13.130	3.920	5.430

二、成球设备安装

单位：t

定额编号				3-21-7	3-21-8	3-21-9	3-21-10
项目				运输机			
				摇篮式	电磁振动式	托辊式	埋入刮板式
基价（元）				**1074.19**	**615.49**	**753.79**	**778.34**
其中	人工费（元）			607.92	382.96	443.44	312.80
	材料费（元）			243.06	72.16	46.18	99.26
	机械费（元）			223.21	160.37	264.17	366.28
名称		单位	单价(元)	数量			
人工	综合工日	工日	80.00	7.599	4.787	5.543	3.910
材料	垫铁综合	kg	5.70	11.140	9.350	0.660	7.500
	普通焊条综合	kg	6.57	4.430	0.380	0.790	0.630
	氧气(含乙炔气)综合	m^3	11.99	6.640	1.120	1.580	0.750
	清洗油料综合	kg	6.29	3.990	–	0.920	0.630
	润滑油料综合	kg	9.92	1.780	–	0.730	0.630
	擦洗布料综合	kg	6.38	1.110	–	0.560	0.380
	密封填料综合	kg	16.82	0.010	0.050	0.020	0.020
	木材综合	m^3	1376.00	0.010	–	–	0.020
	其他材料费	元	–	7.080	2.100	1.350	2.890
机械	运输机械综合(三册)	台班	1104.41	0.034	0.038	0.061	0.092
	吊装机械综合(三册)	台班	1070.74	0.090	0.099	0.161	0.230
	焊接机械综合(三册)	台班	84.05	0.985	0.092	0.199	0.092
	其他机械费	元	–	6.500	4.670	7.690	10.670

单位:t

定额编号				3-21-11	3-21-12	3-21-13	3-21-14
项目				制球机	成球机		烧嘴调节机
					盘式	一般式	
基价（元）				**869.40**	**788.86**	**659.54**	**633.95**
其中	人工费（元）			461.12	505.36	349.44	372.56
	材料费（元）			190.24	89.36	91.80	79.11
	机械费（元）			218.04	194.14	218.30	182.28
名称		单位	单价(元)	数量			
人工	综合工日	工日	80.00	5.764	6.317	4.368	4.657
材料	垫铁综合	kg	5.70	20.500	7.830	7.390	5.720
	普通焊条综合	kg	6.57	1.000	0.330	0.820	0.590
	氧气(含乙炔气)综合	m^3	11.99	1.250	0.760	1.070	0.960
	清洗油料综合	kg	6.29	2.500	1.530	0.930	0.870
	润滑油料综合	kg	9.92	1.170	0.550	0.810	0.780
	擦洗布料综合	kg	6.38	0.630	0.210	0.180	0.290
	密封填料综合	kg	16.82	0.070	0.040	–	–
	木材综合	m^3	1376.00	0.010	0.010	0.010	0.010
	其他材料费	元	–	5.540	2.600	2.670	2.300
机械	运输机械综合(三册)	台班	1104.41	0.054	0.046	0.054	0.046
	吊装机械综合(三册)	台班	1070.74	0.130	0.122	0.138	0.107
	焊接机械综合(三册)	台班	84.05	0.153	0.084	0.054	0.138
	其他机械费	元	–	6.350	5.650	6.360	5.310

三、炉窑设备安装

单位:t

定额编号				3-21-15	3-21-16	3-21-17	3-21-18
项目				炉箅预热机	隧道窑门(t/台)		隧道干燥门
					1 以下	3 以下	
基价(元)				**858.99**	**1228.22**	**882.14**	**1232.61**
其中	人工费(元)			508.72	793.52	582.56	663.52
	材料费(元)			94.06	147.73	108.04	137.44
	机械费(元)			256.21	286.97	191.54	431.65
名称		单位	单价(元)	数量			
人工	综合工日	工日	80.00	6.359	9.919	7.282	8.294
材料	垫铁综合	kg	5.70	3.900	15.900	7.490	3.850
	普通焊条综合	kg	6.57	0.420	1.060	0.980	3.690
	氧气(含乙炔气)综合	m^3	11.99	2.500	2.110	2.360	–
	清洗油料综合	kg	6.29	0.490	1.060	0.780	–
	润滑油料综合	kg	9.92	0.360	0.530	0.500	3.850
	擦洗布料综合	kg	6.38	0.210	1.060	0.390	7.690
	密封填料综合	kg	16.82	0.050	0.110	0.080	–
	木材综合	m^3	1376.00	0.020	–	0.010	–
	其他材料费	元	–	2.740	4.300	3.150	4.000
机械	运输机械综合(三册)	台班	1104.41	0.061	0.069	0.046	0.099
	吊装机械综合(三册)	台班	1070.74	0.161	0.168	0.107	0.237
	焊接机械综合(三册)	台班	84.05	0.107	0.268	0.245	0.666
	其他机械费	元	–	7.460	8.360	5.580	12.570

单位:t

定额编号				3-21-19	3-21-20	3-21-21	3-21-22	3-21-23
项目				冷却筒	干燥筒(t/台)		粉碎机(笼型)	回转窑
					15 以下	40 以下		
基价(元)				**843.08**	**846.74**	**767.44**	**891.70**	**1076.86**
其中	人工费(元)			366.96	499.04	344.08	644.40	345.52
	材料费(元)			87.34	161.27	94.84	117.16	156.63
	机械费(元)			388.78	186.43	328.52	130.14	574.71
名称		单位	单价(元)	数量				
人工	综合工日	工日	80.00	4.587	6.238	4.301	8.055	4.319
材料	垫铁综合	kg	5.70	8.790	16.960	7.930	11.180	6.880
	普通焊条综合	kg	6.57	1.060	0.240	0.150	0.460	3.700
	氧气(含乙炔气)综合	m^3	11.99	1.090	0.810	0.530	0.760	0.630
	清洗油料综合	kg	6.29	0.380	0.980	0.570	1.220	0.100
	润滑油料综合	kg	9.92	0.320	0.570	0.330	0.560	0.100
	擦洗布料综合	kg	6.38	0.240	0.320	0.150	0.760	1.300
	密封填料综合	kg	16.82	0.450	0.430	0.250	0.360	0.140
	木材综合	m^3	1376.00	–	0.020	0.020	0.010	0.010
	型钢综合	kg	4.00	–	–	–	–	13.740
	其他材料费	元	–	2.540	4.700	2.760	3.410	4.560
机械	运输机械综合(三册)	台班	1104.41	0.092	0.046	0.084	0.031	0.015
	吊装机械综合(三册)	台班	1070.74	0.230	0.115	0.207	0.077	0.451
	焊接机械综合(三册)	台班	84.05	0.352	0.084	0.054	0.115	0.696
	其他机械费	元	–	11.320	5.430	9.570	3.790	16.740

四、碾泥、挤泥、打泥设备安装

单位:t

定额编号				3-21-24	3-21-25	3-21-26	3-21-27
项目				碾泥机(t/台)			挤泥机
				15 以下	30 以下	50 以下	
基价(元)				**755.22**	**710.05**	**626.33**	**839.25**
其中	人工费(元)			445.04	456.72	403.20	606.72
	材料费(元)			88.60	69.50	57.92	79.27
	机械费(元)			221.58	183.83	165.21	153.26
名称		单位	单价(元)	数量			
人工	综合工日	工日	80.00	5.563	5.709	5.040	7.584
材料	垫铁综合	kg	5.70	5.860	6.520	5.110	6.650
	普通焊条综合	kg	6.57	0.340	0.240	0.180	0.390
	氧气(含乙炔气)综合	m^3	11.99	0.950	0.600	0.450	0.860
	清洗油料综合	kg	6.29	0.610	0.510	0.440	0.610
	润滑油料综合	kg	9.92	0.530	0.290	0.270	0.510
	擦洗布料综合	kg	6.38	0.320	0.240	0.180	0.500
	密封填料综合	kg	16.82	0.020	0.010	0.010	0.020
	木材综合	m^3	1376.00	0.020	0.010	0.010	0.010
	其他材料费	元	–	2.580	2.020	1.690	2.310
机械	运输机械综合(三册)	台班	1104.41	0.054	0.046	0.038	0.038
	吊装机械综合(三册)	台班	1070.74	0.138	0.115	0.107	0.092
	焊接机械综合(三册)	台班	84.05	0.092	0.054	0.046	0.099
	其他机械费	元	–	6.450	5.350	4.810	4.460

单位：t

定额编号				3-21-28	3-21-29	3-21-30	3-21-31
项目				打泥机(t/台)		泥饼打碎机	黏土切割机
				1 以下	6 以下		
基价（元）				**1069.15**	**776.32**	**859.93**	**803.27**
其中	人工费（元）			616.32	505.76	563.92	581.52
	材料费（元）			239.22	128.11	134.34	97.58
	机械费（元）			213.61	142.45	161.67	124.17
名称		单位	单价(元)	数量			
人工	综合工日	工日	80.00	7.704	6.322	7.049	7.269
材料	垫铁综合	kg	5.70	30.000	13.780	12.240	9.720
	普通焊条综合	kg	6.57	1.500	0.670	0.410	0.280
	氧气(含乙炔气)综合	m^3	11.99	2.000	0.890	2.040	0.840
	清洗油料综合	kg	6.29	1.500	0.670	2.550	0.420
	润滑油料综合	kg	9.92	1.000	0.790	1.020	0.700
	擦洗布料综合	kg	6.38	1.000	0.670	1.020	0.560
	密封填料综合	kg	16.82	0.100	0.040	0.050	0.030
	木材综合	m^3	1376.00	–	0.010	–	0.010
	其他材料费	元	–	6.970	3.730	3.910	2.840
机械	运输机械综合(三册)	台班	1104.41	0.046	0.031	0.038	0.031
	吊装机械综合(三册)	台班	1070.74	0.115	0.084	0.099	0.077
	焊接机械综合(三册)	台班	84.05	0.398	0.168	0.107	0.046
	其他机械费	元	–	6.220	4.150	4.710	3.620

五、出料、定量设备安装

单位：t

定额编号				3-21-32	3-21-33	3-21-34	3-21-35
项目				出料机		定量槽及自动计量槽	自动定量槽及定量漏嘴
				托盘式	圆盘式		
基价（元）				**918.31**	**828.56**	**1520.92**	**872.38**
其中	人工费（元）			539.84	565.04	697.28	543.04
	材料费（元）			72.71	106.43	381.42	180.67
	机械费（元）			305.76	157.09	442.22	148.67
名称		单位	单价(元)	数量			
人工	综合工日	工日	80.00	6.748	7.063	8.716	6.788
材料	垫铁综合	kg	5.70	–	7.600	30.000	10.670
	普通焊条综合	kg	6.57	0.690	0.600	5.000	2.000
	氧气(含乙炔气)综合	m^3	11.99	2.110	2.720	10.000	4.000
	清洗油料综合	kg	6.29	1.020	0.400	2.500	1.670
	润滑油料综合	kg	9.92	1.060	0.400	1.500	1.340
	擦洗布料综合	kg	6.38	1.340	0.240	2.500	0.340
	密封填料综合	kg	16.82	0.090	0.100	–	–
	木材综合	m^3	1376.00	0.010	0.010	–	0.020
	其他材料费	元	–	2.120	3.100	11.110	5.260
机械	运输机械综合(三册)	台班	1104.41	0.077	0.038	0.107	0.031
	吊装机械综合(三册)	台班	1070.74	0.184	0.099	0.260	0.077
	焊接机械综合(三册)	台班	84.05	0.176	0.054	0.390	0.329
	其他机械费	元	–	8.910	4.580	12.880	4.330

单位:t

定额编号				3-21-36	3-21-37	3-21-38
项目				加料机		
				圆盘式	回转式	手动式
基价(元)				**878.77**	**758.51**	**926.28**
其中	人工费(元)			555.84	503.28	657.04
	材料费(元)			151.22	95.98	62.70
	机械费(元)			171.71	159.25	206.54
名称		单位	单价(元)	数量		
人工	综合工日	工日	80.00	6.948	6.291	8.213
材料	垫铁综合	kg	5.70	16.900	10.330	3.390
	普通焊条综合	kg	6.57	0.430	0.270	0.340
	氧气(含乙炔气)综合	m^3	11.99	1.270	0.650	1.360
	清洗油料综合	kg	6.29	0.700	0.490	0.340
	润滑油料综合	kg	9.92	0.570	0.380	0.430
	擦洗布料综合	kg	6.38	0.560	0.330	0.340
	密封填料综合	kg	16.82	0.300	0.120	0.040
	木材综合	m^3	1376.00	0.010	0.010	0.010
	其他材料费	元	–	4.400	2.800	1.830
机械	运输机械综合(三册)	台班	1104.41	0.043	0.043	0.051
	吊装机械综合(三册)	台班	1070.74	0.102	0.094	0.128
	焊接机械综合(三册)	台班	84.05	0.119	0.077	0.085
	其他机械费	元	–	5.000	4.640	6.020

六、消化成型设备安装

单位:t

定额编号				3-21-39	3-21-40	3-21-41	3-21-42	3-21-43
项目				消化器	成型锤	压砖机		
						杠杆式	摩擦式	四柱摩擦式
基价(元)				**871.49**	**1061.07**	**864.10**	**907.48**	**680.10**
其中	人工费(元)			654.48	722.80	631.92	630.64	442.24
	材料费(元)			81.59	147.16	50.34	72.90	50.74
	机械费(元)			135.42	191.11	181.84	203.94	187.12
名称		单位	单价(元)	数			量	
人工	综合工日	工日	80.00	8.181	9.035	7.899	7.883	5.528
材料	垫铁综合	kg	5.70	7.290	18.950	4.690	6.750	4.260
	普通焊条综合	kg	6.57	0.710	0.530	0.100	0.380	0.160
	氧气(含乙炔气)综合	m^3	11.99	0.710	0.530	0.100	0.500	0.320
	清洗油料综合	kg	6.29	0.470	0.530	0.390	0.500	0.330
	润滑油料综合	kg	9.92	0.480	0.540	0.290	0.440	0.270
	擦洗布料综合	kg	6.38	0.470	0.270	0.160	0.320	0.220
	密封填料综合	kg	16.82	–	0.050	0.010	0.030	0.010
	木材综合	m^3	1376.00	0.010	0.010	0.010	0.010	0.010
	其他材料费	元	–	2.380	4.290	1.470	2.120	1.480
机械	运输机械综合(三册)	台班	1104.41	0.031	0.046	0.046	0.054	0.046
	吊装机械综合(三册)	台班	1070.74	0.077	0.115	0.115	0.122	0.115
	焊接机械综合(三册)	台班	84.05	0.176	0.138	0.031	0.092	0.092
	其他机械费	元	–	3.940	5.570	5.300	5.940	5.450

七、阀门、升降机、运输机安装

单位:t

定额编号				3-21-44	3-21-45	3-21-46	3-21-47	3-21-48
项目				翻板阀及传动	闸阀			扇形阀
					齿条闸阀	三层闸阀	槽式闸阀	
基价(元)				**1235.84**	**1973.90**	**1238.19**	**1192.18**	**1089.82**
其中	人工费(元)			837.04	938.00	884.40	850.88	558.00
	材料费(元)			117.11	291.20	77.21	94.35	268.05
	机械费(元)			281.69	744.70	276.58	246.95	263.77
名称		单位	单价(元)	数量				
人工	综合工日	工日	80.00	10.463	11.725	11.055	10.636	6.975
材料	垫铁综合	kg	5.70	9.740	–	1.790	–	23.810
	普通焊条综合	kg	6.57	–	1.930	0.360	–	–
	氧气(含乙炔气)综合	m^3	11.99	2.600	11.540	1.790	5.190	7.150
	清洗油料综合	kg	6.29	1.950	5.780	0.720	1.300	–
	润滑油料综合	kg	9.92	0.650	3.860	1.440	1.300	2.380
	擦洗布料综合	kg	6.38	1.300	3.850	0.360	1.300	2.380
	密封填料综合	kg	16.82	–	1.930	0.360	–	–
	木材综合	m^3	1376.00	–	–	0.010	–	–
	其他材料费	元	–	3.410	8.480	2.250	2.750	7.810
机械	运输机械综合(三册)	台班	1104.41	0.077	0.191	0.069	0.061	0.069
	吊装机械综合(三册)	台班	1070.74	0.176	0.474	0.176	0.161	0.168
	焊接机械综合(三册)	台班	84.05	–	0.054	0.046	–	–
	其他机械费	元	–	8.200	21.690	8.060	7.190	7.680

单位:t

定额编号				3-21-49	3-21-50	3-21-51	3-21-52	3-21-53	3-21-54
项目				开闭器(t/台)		干燥车升降机	钢绳返回机	空气输送泵(t/台)	
				1 以下	3 以下			1 以下	4 以下
基价(元)				**1092.38**	**827.12**	**1213.07**	**1280.78**	**1287.42**	**889.96**
其中	人工费(元)			696.80	616.56	910.00	780.00	701.28	531.76
	材料费(元)			70.60	36.34	139.86	280.74	250.61	120.77
	机械费(元)			324.98	174.22	163.21	220.04	335.53	237.43
名称		单位	单价(元)	数量					
人工	综合工日	工日	80.00	8.710	7.707	11.375	9.750	8.766	6.647
材料	垫铁综合	kg	5.70	–	–	12.820	36.620	21.060	8.650
	普通焊条综合	kg	6.57	1.600	1.000	0.860	0.700	2.110	1.080
	氧气(含乙炔气)综合	m^3	11.99	3.200	1.500	1.710	2.070	3.160	1.620
	清洗油料综合	kg	6.29	0.800	0.500	1.290	2.080	2.110	1.080
	润滑油料综合	kg	9.92	0.960	0.520	0.860	0.700	1.590	0.960
	擦洗布料综合	kg	6.38	0.800	0.380	0.860	2.070	4.210	1.620
	密封填料综合	kg	16.82	–	–	0.040	0.070	0.110	0.060
	木材综合	m^3	1376.00	–	–	0.010	–	0.010	0.010
	其他材料费	元	–	2.060	1.060	4.070	8.180	7.300	3.520
机械	运输机械综合(三册)	台班	1104.41	0.077	0.038	0.038	0.054	0.077	0.054
	吊装机械综合(三册)	台班	1070.74	0.184	0.099	0.092	0.130	0.184	0.138
	焊接机械综合(三册)	台班	84.05	0.398	0.252	0.214	0.176	0.520	0.275
	其他机械费	元	–	9.470	5.070	4.750	6.410	9.770	6.920

八、推车机安装

单位：t

定额编号				3-21-55	3-21-56	3-21-57	3-21-58
项目				链式推车机(t/台)			钢绳推车机
				2 以下	4 以下	15 以下	
基价（元）				1250.52	944.35	893.29	1074.34
其中	人工费（元）			645.04	573.92	619.20	672.40
	材料费（元）			312.37	195.52	139.96	188.74
	机械费（元）			293.11	174.91	134.13	213.20
名称		单位	单价(元)	数量			
人工	综合工日	工日	80.00	8.063	7.174	7.740	8.405
材料	垫铁综合	kg	5.70	34.970	20.760	15.630	12.080
	普通焊条综合	kg	6.57	1.740	1.040	0.650	0.800
	氧气(含乙炔气)综合	m^3	11.99	1.740	2.070	0.780	1.600
	清洗油料综合	kg	6.29	3.050	1.700	0.910	2.000
	润滑油料综合	kg	9.92	2.630	1.040	0.910	1.600
	擦洗布料综合	kg	6.38	1.740	0.690	0.650	0.800
	密封填料综合	kg	16.82	0.090	0.040	0.030	0.080
	木材综合	m^3	1376.00	0.010	0.010	0.010	0.040
	其他材料费	元	–	9.100	5.690	4.080	5.500
机械	运输机械综合(三册)	台班	1104.41	0.069	0.038	0.031	0.054
	吊装机械综合(三册)	台班	1070.74	0.161	0.099	0.077	0.122
	焊接机械综合(三册)	台班	84.05	0.428	0.260	0.161	0.199
	其他机械费	元	–	8.540	5.090	3.910	6.210

单位:t

定额编号				3-21-59	3-21-60	3-21-61
项目				旋转推车机(t/台)		隧道干燥推车机
				20 以下	100 以下	
基价(元)				**749.90**	**575.10**	**1041.16**
其中	人工费(元)			425.84	362.56	541.68
	材料费(元)			106.45	39.52	126.78
	机械费(元)			217.61	173.02	372.70
名称		单位	单价(元)	数量		
人工	综合工日	工日	80.00	5.323	4.532	6.771
材料	垫铁综合	kg	5.70	12.840	2.870	14.020
	普通焊条综合	kg	6.57	0.270	0.150	0.320
	氧气(含乙炔气)综合	m^3	11.99	0.270	0.060	0.960
	清洗油料综合	kg	6.29	0.810	0.690	1.600
	润滑油料综合	kg	9.92	0.410	0.150	1.280
	擦洗布料综合	kg	6.38	0.270	0.060	0.960
	密封填料综合	kg	16.82	0.030	0.020	0.040
	木材综合	m^3	1376.00	0.010	0.010	–
	其他材料费	元	–	3.100	1.150	3.690
机械	运输机械综合(三册)	台班	1104.41	0.054	0.046	0.092
	吊装机械综合(三册)	台班	1070.74	0.138	0.107	0.237
	焊接机械综合(三册)	台班	84.05	0.046	0.031	0.077
	其他机械费	元	–	6.340	5.040	10.860

九、磨类、加料钟空气分水器安装

单位:t

定额编号				3-21-62	3-21-63	3-21-64	3-21-65	3-21-66	3-21-67
项目				振动磨	高速磨	振动成型机	加料钟(t/台)		空气分水器
				2	4	15	0.5 以下	2 以下	
基价(元)				**1042.25**	**1298.05**	**1124.29**	**1560.86**	**1423.58**	**1351.38**
其中	人工费(元)			543.84	705.92	590.24	826.80	789.20	564.00
	材料费(元)			406.72	410.54	366.84	167.67	105.73	498.31
	机械费(元)			91.69	181.59	167.21	566.39	528.65	289.07
名称		单位	单价(元)	数量					
人工	综合工日	工日	80.00	6.798	8.824	7.378	10.335	9.865	7.050
材料	垫铁综合	kg	5.70	50.000	50.000	45.000	–	–	52.180
	普通焊条综合	kg	6.57	0.280	0.500	0.250	–	–	4.350
	氧气(含乙炔气)综合	m^3	11.99	0.830	1.500	1.250	7.270	4.800	8.700
	清洗油料综合	kg	6.29	1.660	1.500	1.750	5.460	1.400	2.170
	润滑油料综合	kg	9.92	1.390	2.000	2.000	1.820	1.600	2.620
	擦洗布料综合	kg	6.38	0.560	1.000	0.750	3.640	3.200	2.170
	密封填料综合	kg	16.82	3.360	2.550	2.000	–	–	–
	木材综合	m^3	1376.00	0.010	0.010	0.010	–	–	–
	其他材料费	元	–	11.850	11.960	10.680	4.880	3.080	14.510
机械	运输机械综合(三册)	台班	1104.41	0.023	0.046	0.038	0.145	0.138	0.061
	吊装机械综合(三册)	台班	1070.74	0.054	0.107	0.107	0.364	0.337	0.155
	焊接机械综合(三册)	台班	84.05	0.069	0.130	0.069	–	–	0.563
	其他机械费	元	–	2.670	5.290	4.870	16.500	15.400	8.420

十、出灰机、压密机、洗石机安装

单位：t

定额编号				3-21-68	3-21-69	3-21-70	3-21-71	3-21-72
项目				出灰机		压密机	阻气门	洗石机
				螺锥式	星形式			
基价（元）				**688.17**	**789.44**	**835.27**	**960.61**	**947.90**
其中	人工费（元）			432.40	504.00	577.60	714.16	682.96
	材料费（元）			98.08	127.06	105.01	109.04	112.28
	机械费（元）			157.69	158.38	152.66	137.41	152.66
名称		单位	单价（元）	数量				
人工	综合工日	工日	80.00	5.405	6.300	7.220	8.927	8.537
材料	垫铁综合	kg	5.70	10.750	13.860	10.180	8.460	12.220
	普通焊条综合	kg	6.57	0.240	0.290	0.330	0.770	0.350
	氧气（含乙炔气）综合	m^3	11.99	0.670	0.860	0.650	2.050	0.880
	清洗油料综合	kg	6.29	0.580	1.430	1.520	0.770	2.450
	润滑油料综合	kg	9.92	0.340	0.580	0.660	0.780	0.710
	擦洗布料综合	kg	6.38	0.240	0.570	0.220	0.260	0.530
	密封填料综合	kg	16.82	0.120	–	0.160	–	0.040
	木材综合	m^3	1376.00	0.010	0.010	0.010	0.010	–
	其他材料费	元	–	2.860	3.700	3.060	3.180	3.270
机械	运输机械综合（三册）	台班	1104.41	0.038	0.038	0.038	0.031	0.038
	吊装机械综合（三册）	台班	1070.74	0.099	0.099	0.092	0.077	0.092
	焊接机械综合（三册）	台班	84.05	0.061	0.069	0.092	0.199	0.092
	其他机械费	元	–	4.590	4.610	4.450	4.000	4.450

第二十二章　炼铁设备安装

说　　明

一、本章定额适用于容积为 1000 ~ 5500m^3 的高炉设备安装。

二、本章定额包括的内容:

1. 电动开口机:包括单轨悬臂吊和吊架安装。

2. 电动泥炮、液压泥炮机。

3. 气动渣口塞:包括支座、吊架、滑轮座、气缸座和传动装置安装。

4. 渣口装置:包括试压工作。

5. 风门装置:包括大、中、小套,进风弯管,窥视孔,喷嘴,吊架,拉紧装置等安装试压工作。

6. 煤气取样装置:包括卷扬机、取样机、填料机、取样器、取样管、滑轮、滑车、钢绳及支架安装。

7. 测量炉料探尺:包括探尺、气封、塞型开闭器、更换装置安装。

8. 带大钟装料设备:包括大钟、大钟漏斗、外罩内衬板、大钟保护套、保护板、拉杆等安装。

9. 炉顶均压阀、放散阀:包括阀的研磨。

10. 炉顶受料斗:1000m^3 以下高炉为整体安装;1000m^3 以上高炉为 2 ~4 块拼装。

11. 无料钟炉顶设备:包括移动受料斗、料罐、上下密封阀、气密箱及布料装置、导料管及中心管、节流阀、旋转溜槽、溜槽更换吊具、均压阀、均压放散阀、炉顶放散阀的安装。

12. 料车卷扬机:包括减速机,制动抱闸安装。钢绳安装另套挂钢绳定额。

13. 大小钟卷扬机:包括倒向装置、松松紧装置和滑轮安装。

14. 碎焦卷扬机:包括滑轮、滑轮座、钢丝绳安装。

15. 阀用卷扬机:包括绳轮及钢丝绳安装。

16. 煤气燃烧器:包括压紧装置和风机安装。

17. 圆盘浇铸机:包括环轨拼装,回转机构、滚轮、挡轮、锭模夹、锭模翻转机构、石灰乳喷浆装置安装,场内材料运输。不含液压传动系统、锭模安装。

18. 高炉冷却壁砖壁合一为耐火材料,砌筑在冷却壁上后一起吊装,安装重量按冷却壁重量计算,不另计耐火材料总量。

19. 水渣粒化装置:包括传动装置、转股部分、分配器、粒化装置等安装。

20. 高炉无料钟炉顶主上料钢芯皮带机安装套用本册第二十八章相应子目。

一、炼铁设备

单位：t

定额编号				3-22-1	3-22-2	3-22-3	3-22-4
项目				电动开口机 炉容(m^3)			
				1000 以下	2000 以下	4200 以下	5500 以下
基价（元）				**1470.28**	**1344.99**	**1115.71**	**1003.75**
其中	人工费（元）			538.32	511.04	480.40	432.32
	材料费（元）			174.37	163.67	142.19	128.12
	机械费（元）			757.59	670.28	493.12	443.31
名称		单位	单价(元)	数量			
人工	综合工日	工日	80.00	6.729	6.388	6.005	5.404
材料	垫铁综合	kg	5.70	0.570	0.520	0.410	0.369
	普通焊条综合	kg	6.57	2.800	2.680	2.440	2.196
	氧气(含乙炔气)综合	m^3	11.99	3.600	3.380	2.930	2.637
	清洗油料综合	kg	6.29	0.800	0.730	0.590	0.531
	润滑油料综合	kg	9.92	0.920	0.870	0.770	0.693
	擦洗布料综合	kg	6.38	0.400	0.370	0.300	0.270
	密封填料综合	kg	16.82	4.400	4.070	3.420	3.087
	木材综合	m^3	1376.00	0.010	0.010	0.010	0.009
	其他材料费	元	–	5.080	4.770	4.140	3.730
机械	运输机械综合(三册)	台班	1104.41	0.161	0.138	0.099	0.089
	吊装机械综合(三册)	台班	1070.74	0.474	0.421	0.306	0.275
	焊接机械综合(三册)	台班	84.05	0.597	0.566	0.497	0.448
	其他机械费	元	–	22.070	19.520	14.360	12.910

单位:t

定额编号				3-22-5	3-22-6	3-22-7	3-22-8
项目				电动泥炮 炉容(m^3)			
				1000 以下	2000 以下	4200 以下	5500 以下
基价(元)				**1076.08**	**798.59**	**603.40**	**546.76**
其中	人工费(元)			448.72	387.92	322.40	278.56
	材料费(元)			194.91	114.53	65.70	63.19
	机械费(元)			432.45	296.14	215.30	205.01
名称		单位	单价(元)	数量			
人工	综合工日	工日	80.00	5.609	4.849	4.030	3.482
材料	垫铁综合	kg	5.70	7.020	3.930	1.900	1.810
	普通焊条综合	kg	6.57	0.600	0.310	0.180	0.171
	氧气(含乙炔气)综合	m^3	11.99	1.210	0.720	0.450	0.430
	清洗油料综合	kg	6.29	7.410	4.060	2.130	2.024
	润滑油料综合	kg	9.92	3.080	1.770	0.840	0.798
	擦洗布料综合	kg	6.38	2.580	1.540	0.810	0.770
	密封填料综合	kg	16.82	1.390	0.680	0.340	0.323
	木材综合	m^3	1376.00	0.010	0.010	0.010	0.010
	其他材料费	元	–	5.680	3.340	1.910	1.840
机械	运输机械综合(三册)	台班	1104.41	0.092	0.061	0.060	0.057
	吊装机械综合(三册)	台班	1070.74	0.275	0.199	0.128	0.122
	焊接机械综合(三册)	台班	84.05	0.283	0.084	0.068	0.065
	其他机械费	元	–	12.600	8.630	6.270	5.970

单位:t

定额编号				3-22-9	3-22-10	3-22-11	3-22-12
项目				液压泥炮机 炉容(m^3)			
				1000 以下	2000 以下	4200 以下	5500 以下
基价(元)				**1094.27**	**828.13**	**650.83**	**629.97**
其中	人工费(元)			449.60	408.48	362.48	344.40
	材料费(元)			214.66	123.51	73.05	70.27
	机械费(元)			430.01	296.14	215.30	215.30
名称		单位	单价(元)	数量			
人工	综合工日	工日	80.00	5.620	5.106	4.531	4.305
材料	垫铁综合	kg	5.70	7.020	3.930	1.900	1.810
	普通焊条综合	kg	6.57	0.610	0.310	0.180	0.171
	氧气(含乙炔气)综合	m^3	11.99	1.210	0.720	0.150	0.143
	清洗油料综合	kg	6.29	8.200	4.450	3.000	2.850
	润滑油料综合	kg	9.92	3.120	1.880	1.020	0.970
	擦洗布料综合	kg	6.38	2.600	1.560	0.880	0.854
	密封填料综合	kg	16.82	2.200	0.980	0.520	0.494
	木材综合	m^3	1376.00	0.010	0.010	0.010	0.010
	其他材料费	元	–	6.250	3.600	2.130	2.050
机械	运输机械综合(三册)	台班	1104.41	0.092	0.061	0.060	0.060
	吊装机械综合(三册)	台班	1070.74	0.275	0.199	0.128	0.128
	焊接机械综合(三册)	台班	84.05	0.255	0.084	0.068	0.068
	其他机械费	元	–	12.520	8.630	6.270	6.270

单位:t

定额编号				3-22-13	3-22-14	3-22-15	3-22-16
项目				气动渣口塞 炉容(m^3)			
				1000 以下	2000 以下	4200 以下	5500 以下
基价(元)				**1342.39**	**1179.20**	**945.62**	**852.34**
其中	人工费(元)			628.72	531.20	443.44	399.04
	材料费(元)			361.27	323.07	232.39	211.42
	机械费(元)			352.40	324.93	269.79	241.88
名称		单位	单价(元)	数量			
人工	综合工日	工日	80.00	7.859	6.640	5.543	4.988
材料	垫铁综合	kg	5.70	0.950	0.800	0.500	0.450
	普通焊条综合	kg	6.57	6.000	5.100	3.300	3.300
	氧气(含乙炔气)综合	m^3	11.99	5.330	4.910	4.070	3.663
	清洗油料综合	kg	6.29	8.000	6.920	4.750	4.280
	润滑油料综合	kg	9.92	5.330	5.750	6.590	5.931
	擦洗布料综合	kg	6.38	6.530	5.470	3.360	3.024
	密封填料综合	kg	16.82	3.930	3.150	1.580	1.422
	木材综合	m^3	1376.00	0.010	0.010	–	–
	白铅油	kg	5.90	2.930	2.460	1.530	1.377
	其他材料费	元	–	10.520	9.410	6.770	6.160
机械	运输机械综合(三册)	台班	1104.41	0.046	0.038	0.031	0.027
	吊装机械综合(三册)	台班	1070.74	0.191	0.184	0.161	0.145
	焊接机械综合(三册)	台班	84.05	1.033	0.910	0.658	0.592
	其他机械费	元	–	10.260	9.460	7.860	7.050

单位:t

定额编号				3-22-17	3-22-18	3-22-19
项目				铁渣沟隔断装置	铁渣沟	液压接盖机
基价(元)				**684.84**	**369.39**	**1021.69**
其中	人工费(元)			406.56	180.80	373.28
	材料费(元)			43.59	19.95	49.55
	机械费(元)			234.69	168.64	598.86
名称		单位	单价(元)	数量		
人工	综合工日	工日	80.00	5.082	2.260	4.666
材料	垫铁综合	kg	5.70	1.670	0.640	–
	普通焊条综合	kg	6.57	1.470	0.200	0.940
	氧气(含乙炔气)综合	m^3	11.99	1.930	0.500	0.750
	清洗油料综合	kg	6.29	–	–	0.630
	润滑油料综合	kg	9.92	–	–	0.320
	擦洗布料综合	kg	6.38	–	–	0.320
	密封填料综合	kg	16.82	–	0.500	–
	木材综合	m^3	1376.00	–	–	0.010
	型钢综合	kg	4.00	–	–	2.500
	其他材料费	元	–	1.270	0.580	1.440
机械	运输机械综合(三册)	台班	1104.41	0.034	0.017	0.145
	吊装机械综合(三册)	台班	1070.74	0.153	0.128	0.352
	焊接机械综合(三册)	台班	84.05	0.315	0.094	0.528
	其他机械费	元	–	6.840	4.910	17.440

二、高炉炉体设备安装

单位：t

定额编号				3-22-20	3-22-21	3-22-22	3-22-23	3-22-24
项目				出铁口框架	渣口装置 炉容(m^3)			
					1000 以下	2000 以下	4200 以下	5500 以下
基价（元）				**1385.18**	**1401.60**	**1184.59**	**899.70**	**809.38**
其中	人工费（元）			666.16	639.76	583.84	500.48	450.40
	材料费（元）			339.80	342.51	248.99	165.81	149.23
	机械费（元）			379.22	419.33	351.76	233.41	209.75
名称		单位	单价(元)	数量				
人工	综合工日	工日	80.00	8.327	7.997	7.298	6.256	5.630
材料	普通焊条综合	kg	6.57	3.240	3.470	2.870	1.660	1.494
	氧气(含乙炔气)综合	m^3	11.99	6.000	4.950	4.000	2.110	1.899
	密封填料综合	kg	16.82	–	4.080	1.570	1.720	1.548
	木材综合	m^3	1376.00	0.070	0.040	0.030	0.020	0.018
	型钢综合	kg	4.00	–	31.680	26.810	17.080	15.372
	焦炭	kg	1.50	93.570	–	–	–	–
	其他材料费	元	–	9.900	9.980	7.250	4.830	4.350
机械	运输机械综合(三册)	台班	1104.41	0.117	0.115	0.099	0.077	0.069
	吊装机械综合(三册)	台班	1070.74	0.207	0.216	0.179	0.110	0.099
	焊接机械综合(三册)	台班	84.05	0.206	0.581	0.482	0.283	0.255
	其他机械费	元	–	11.050	12.210	10.250	6.800	6.110

单位:t

定额编号				3-22-25	3-22-26	3-22-27	3-22-28
项目				风口装置 炉容(m^3)			
				1000 以下	2000 以下	4200 以下	5500 以下
基价(元)				**1080.61**	**956.47**	**862.45**	**776.36**
其中	人工费(元)			466.80	402.80	322.96	290.64
	材料费(元)			206.60	186.67	132.44	119.19
	机械费(元)			407.21	367.00	407.05	366.53
名称		单位	单价(元)	数量			
人工	综合工日	工日	80.00	5.835	5.035	4.037	3.633
材料	普通焊条综合	kg	6.57	1.920	1.650	1.120	1.008
	氧气(含乙炔气)综合	m^3	11.99	2.410	2.140	1.590	1.431
	润滑油料综合	kg	9.92	0.420	0.380	0.300	0.270
	密封填料综合	kg	16.82	2.170	1.850	1.200	1.080
	木材综合	m^3	1376.00	0.030	0.030	0.020	0.018
	型钢综合	kg	4.00	19.280	17.140	12.870	11.583
	其他材料费	元	–	6.020	5.440	3.860	3.470
机械	运输机械综合(三册)	台班	1104.41	0.122	0.107	0.084	0.076
	吊装机械综合(三册)	台班	1070.74	0.220	0.202	0.268	0.241
	焊接机械综合(三册)	台班	84.05	0.298	0.260	0.184	0.165
	其他机械费	元	–	11.860	10.690	11.860	10.680

单位：t

定额编号				3-22-29	3-22-30	3-22-31	3-22-32	3-22-33	3-22-34
项目				煤气取样机 炉容(m^3)				渣口框架	热风围管吊装
				1000以下	2000以下	4200以下	5500以下		
基价(元)				**1532.70**	**1427.88**	**1011.38**	**911.88**	**1438.68**	**1010.42**
其中	人工费(元)			784.40	763.76	632.48	569.20	634.00	424.24
	材料费(元)			346.55	274.44	145.07	130.56	312.83	34.44
	机械费(元)			401.75	389.68	233.83	212.12	491.85	551.74
名称		单位	单价(元)	数量					
人工	综合工日	工日	80.00	9.805	9.547	7.906	7.115	7.925	5.303
材料	普通焊条综合	kg	6.57	5.000	3.200	1.760	1.584	23.260	2.170
	氧气(含乙炔气)综合	m^3	11.99	5.000	4.080	2.640	2.376	4.650	1.600
	清洗油料综合	kg	6.29	5.000	3.200	1.870	1.683	–	–
	润滑油料综合	kg	9.92	8.440	7.600	4.520	4.068	–	–
	擦洗布料综合	kg	6.38	4.380	5.170	1.760	1.584	–	–
	密封填料综合	kg	16.82	4.500	2.790	1.540	1.386	–	–
	木材综合	m^3	1376.00	0.010	0.010	–	–	0.010	–
	焦炭	kg	1.50	–	–	–	–	54.260	–
	白铅油	kg	5.90	1.880	1.240	0.660	0.594	–	–
	其他材料费	元	–	10.090	7.990	4.230	3.800	9.110	1.000
机械	运输机械综合(三册)	台班	1104.41	0.096	0.099	0.038	0.035	0.059	0.122
	吊装机械综合(三册)	台班	1070.74	0.214	0.202	0.147	0.133	0.125	0.360
	焊接机械综合(三册)	台班	84.05	0.653	0.627	0.329	0.296	2.090	0.184
	电动空气压缩机 $10m^3/min$	台班	519.44	–	–	–	–	0.198	–
	其他机械费	元	–	11.700	11.350	6.810	6.180	14.330	16.070

单位:t

定额编号				3-22-35	3-22-36	3-22-37	3-22-38
项目				高炉冷却壁 炉容(m^3)			
				1000 以下	2000 以下	4200 以下	5500 以下
基价(元)				**781.76**	**767.06**	**751.93**	**676.56**
其中	人工费(元)			209.92	207.36	204.80	184.24
	材料费(元)			149.70	143.90	138.85	124.97
	机械费(元)			422.14	415.80	408.28	367.35
名称		单位	单价(元)	数量			
人工	综合工日	工日	80.00	2.624	2.592	2.560	2.303
材料	垫铁综合	kg	5.70	6.000	5.500	5.000	4.500
	普通焊条综合	kg	6.57	4.200	4.100	4.000	3.600
	氧气(含乙炔气)综合	m^3	11.99	4.800	4.800	4.800	4.320
	擦洗布料综合	kg	6.38	0.100	0.080	0.050	0.045
	木材综合	m^3	1376.00	0.010	0.010	0.010	0.009
	型钢综合	kg	4.00	2.900	2.400	2.100	1.890
	其他材料费	元	–	4.360	4.190	4.040	3.640
机械	运输机械综合(三册)	台班	1104.41	0.107	0.107	0.107	0.096
	吊装机械综合(三册)	台班	1070.74	0.237	0.230	0.222	0.200
	焊接机械综合(三册)	台班	84.05	0.451	0.467	0.482	0.434
	其他机械费	元	–	12.300	12.110	11.890	10.700

单位:t

定额编号				3-22-39	3-22-40	3-22-41	3-22-42
项目				高炉冷却壁砖壁合一 炉容(m^3)			
				1000 以下	2000 以下	4200 以下	5500 以下
基价(元)				**1206.77**	**1182.77**	**1159.52**	**1047.93**
其中	人工费(元)			251.84	248.80	245.84	221.28
	材料费(元)			149.70	143.90	138.85	124.97
	机械费(元)			805.23	790.07	774.83	701.68
名称		单位	单价(元)	数量			
人工	综合工日	工日	80.00	3.148	3.110	3.073	2.766
材料	垫铁综合	kg	5.70	6.000	5.500	5.000	4.500
	普通焊条综合	kg	6.57	4.200	4.100	4.000	3.600
	氧气(含乙炔气)综合	m^3	11.99	4.800	4.800	4.800	4.320
	擦洗布料综合	kg	6.38	0.100	0.080	0.050	0.045
	木材综合	m^3	1376.00	0.010	0.010	0.010	0.009
	型钢综合	kg	4.00	2.900	2.400	2.100	1.890
	其他材料费	元	–	4.360	4.190	4.040	3.640
机械	运输机械综合(三册)	台班	1104.41	0.214	0.214	0.214	0.196
	吊装机械综合(三册)	台班	1070.74	0.474	0.459	0.444	0.400
	焊接机械综合(三册)	台班	84.05	0.451	0.467	0.482	0.434
	其他机械费	元	–	23.450	23.010	22.570	20.440

单位:t

定额编号				3-22-43	3-22-44	3-22-45	3-22-46
项目				冷却器、冷却水箱 炉容(m^3)			
				1000 以下	2000 以下	4200 以下	5500 以下
基价(元)				**1264.75**	**1190.83**	**1119.34**	**1007.41**
其中	人工费(元)			375.44	362.88	349.92	314.96
	材料费(元)			243.62	214.46	195.40	175.86
	机械费(元)			645.69	613.49	574.02	516.59
名称		单位	单价(元)	数量			
人工	综合工日	工日	80.00	4.693	4.536	4.374	3.937
材料	垫铁综合	kg	5.70	2.800	3.000	4.300	3.870
	普通焊条综合	kg	6.57	14.000	13.000	12.000	10.800
	氧气(含乙炔气)综合	m^3	11.99	5.000	5.000	5.000	4.500
	密封填料综合	kg	16.82	4.080	2.720	1.570	1.413
	其他材料费	元	–	7.100	6.250	5.690	5.120
机械	运输机械综合(三册)	台班	1104.41	0.145	0.145	0.138	0.124
	吊装机械综合(三册)	台班	1070.74	0.314	0.283	0.252	0.227
	焊接机械综合(三册)	台班	84.05	1.553	1.576	1.607	1.446
	其他机械费	元	–	18.810	17.870	16.720	15.050

单位:t

定额编号				3-22-47	3-22-48	3-22-49	3-22-50
项目				冷却设备单体试压高炉容积(m^3)			
				1000 以下	2000 以下	4200 以下	5500 以下
基价(元)				**52.62**	**45.92**	**40.35**	**38.29**
其中	人工费(元)			20.72	16.88	13.84	12.48
	材料费(元)			1.43	1.03	0.81	0.73
	机械费(元)			30.47	28.01	25.70	25.08
名称		单位	单价(元)	数量			
人工	综合工日	工日	80.00	0.259	0.211	0.173	0.156
材料	普通焊条综合	kg	6.57	0.050	0.040	0.030	0.027
	氧气(含乙炔气)综合	m^3	11.99	0.030	0.020	0.020	0.018
	擦洗布料综合	kg	6.38	0.040	0.030	0.020	0.018
	焊接钢管 DN25	kg	4.43	0.100	0.070	0.050	0.045
	其他材料费	元	–	0.040	0.030	0.020	0.020
机械	运输机械综合(三册)	台班	1104.41	0.008	0.008	0.008	0.008
	吊装机械综合(三册)	台班	1070.74	0.008	0.008	0.008	0.008
	焊接机械综合(三册)	台班	84.05	0.008	0.008	0.008	0.008
	试压泵 30MPa	台班	149.39	0.077	0.061	0.046	0.042
	其他机械费	元	–	0.890	0.820	0.750	0.730

三、高炉炉顶设备安装

单位:t

定额编号				3-22-51	3-22-52	3-22-53	3-22-54	3-22-55
项目				测量炉料探尺	带大钟的装料设备 炉容(m^3)			
					1000 以下	2000 以下	4200 以下	5500 以下
基价(元)				**1179.71**	**1198.57**	**1083.83**	**891.36**	**801.16**
其中	人工费(元)			560.32	406.96	365.04	312.96	281.68
	材料费(元)			144.46	246.64	254.67	256.53	230.87
	机械费(元)			474.93	544.97	464.12	321.87	288.61
名称		单位	单价(元)	数量				
人工	综合工日	工日	80.00	7.004	5.087	4.563	3.912	3.521
材料	普通焊条综合	kg	6.57	2.880	2.130	1.820	1.200	1.080
	氧气(含乙炔气)综合	m^3	11.99	1.540	1.280	1.070	0.650	0.585
	清洗油料综合	kg	6.29	0.570	0.510	0.430	0.280	0.252
	润滑油料综合	kg	9.92	1.140	0.260	0.220	0.130	0.117
	擦洗布料综合	kg	6.38	2.000	0.260	0.220	0.150	0.135
	密封填料综合	kg	16.82	1.080	2.310	2.020	1.440	1.296
	木材综合	m^3	1376.00	0.040	0.030	0.040	0.050	0.045
	型钢综合	kg	4.00	–	22.500	24.920	29.750	26.775
	白铅油	kg	5.90	0.340	–	–	–	–
	紫铜棒 各种规格	kg	72.30	–	0.450	0.380	0.240	0.216
	其他材料费	元	–	4.210	7.180	7.420	7.470	6.720
机械	运输机械综合(三册)	台班	1104.41	0.077	0.092	0.084	0.068	0.061
	吊装机械综合(三册)	台班	1070.74	0.329	0.383	0.321	0.213	0.191
	焊接机械综合(三册)	台班	84.05	0.283	0.207	0.168	0.111	0.099
	其他机械费	元	–	13.830	15.870	13.520	9.370	8.410

单位：t

定额编号				3-22-56	3-22-57	3-22-58	3-22-59
项目				旋转布料器 炉容(m^3)			
				1000 以下	2000 以下	4200 以下	5500 以下
基价（元）				**913.33**	**664.23**	**635.49**	**571.16**
其中	人工费（元）			460.32	356.72	335.84	302.24
	材料费（元）			148.04	66.61	60.31	54.27
	机械费（元）			304.97	240.90	239.34	214.65
名称		单位	单价(元)	数量			
人工	综合工日	工日	80.00	5.754	4.459	4.198	3.778
材料	垫铁综合	kg	5.70	2.220	0.630	0.530	0.477
	普通焊条综合	kg	6.57	0.380	0.140	0.130	0.117
	氧气(含乙炔气)综合	m^3	11.99	1.420	0.590	0.550	0.495
	清洗油料综合	kg	6.29	2.610	0.880	0.860	0.774
	润滑油料综合	kg	9.92	2.390	0.860	0.790	0.711
	擦洗布料综合	kg	6.38	0.920	0.350	0.300	0.270
	密封填料综合	kg	16.82	2.100	1.320	1.090	0.981
	木材综合	m^3	1376.00	0.020	0.010	0.010	0.009
	白铅油	kg	5.90	0.460	0.140	0.140	0.126
	其他材料费	元	–	4.310	1.940	1.760	1.580
机械	运输机械综合(三册)	台班	1104.41	0.061	0.046	0.043	0.038
	吊装机械综合(三册)	台班	1070.74	0.210	0.168	0.170	0.153
	焊接机械综合(三册)	台班	84.05	0.046	0.038	0.034	0.031
	其他机械费	元	–	8.880	7.020	6.970	6.250

单位：t

定额编号				3-22-60	3-22-61	3-22-62	3-22-63	3-22-64
项目				炉顶小车	大小钟平衡装置旋转布料器 炉容(m^3)			
					1000 以下	2000 以下	4200 以下	5500 以下
基价（元）				**986.08**	**1407.52**	**1357.33**	**896.18**	**806.46**
其中	人工费（元）			441.12	428.00	402.24	342.72	308.48
	材料费（元）			87.94	87.41	75.68	38.08	34.28
	机械费（元）			457.02	892.11	879.41	515.38	463.70
名称		单位	单价(元)	数量				
人工	综合工日	工日	80.00	5.514	5.350	5.028	4.284	3.856
材料	普通焊条综合	kg	6.57	2.360	0.750	0.590	0.280	0.252
	氧气(含乙炔气)综合	m^3	11.99	0.780	2.270	1.770	0.770	0.693
	清洗油料综合	kg	6.29	0.940	3.170	2.510	1.190	1.071
	润滑油料综合	kg	9.92	1.850	0.240	0.280	0.360	0.324
	擦洗布料综合	kg	6.38	0.500	0.450	0.360	0.170	0.153
	密封填料综合	kg	16.82	0.330	–	–	–	–
	木材综合	m^3	1376.00	0.020	0.020	0.020	0.010	0.009
	其他材料费	元	–	2.560	2.550	2.200	1.110	1.000
机械	运输机械综合(三册)	台班	1104.41	0.085	0.200	0.191	0.092	0.082
	吊装机械综合(三册)	台班	1070.74	0.306	0.591	0.589	0.367	0.331
	焊接机械综合(三册)	台班	84.05	0.264	0.148	0.145	0.069	0.062
	其他机械费	元	–	13.310	25.980	25.610	15.010	13.510

单位：t

定额编号				3-22-65	3-22-66	3-22-67	3-22-68	3-22-69
项目				炉顶均压阀旋转布料器 炉容(m^3)				受料漏斗护板
				1000 以下	2000 以下	4200 以下	5500 以下	
基价（元）				**3011.75**	**2640.80**	**1910.30**	**1717.82**	**698.54**
其中	人工费（元）			1174.72	1067.20	851.92	766.88	333.20
	材料费（元）			299.84	245.25	149.98	134.97	53.08
	机械费（元）			1537.19	1328.35	908.40	815.97	312.26
名称		单位	单价(元)	数量				
人工	综合工日	工日	80.00	14.684	13.340	10.649	9.586	4.165
材料	普通焊条综合	kg	6.57	2.000	1.720	1.170	1.053	–
	氧气(含乙炔气)综合	m^3	11.99	4.000	3.450	2.340	2.106	3.150
	清洗油料综合	kg	6.29	3.800	3.190	1.970	1.773	–
	润滑油料综合	kg	9.92	3.600	3.060	1.990	1.790	–
	擦洗布料综合	kg	6.38	1.600	1.330	0.780	0.702	–
	密封填料综合	kg	16.82	1.600	1.330	0.780	0.702	–
	木材综合	m^3	1376.00	0.090	0.070	0.040	0.036	0.010
	白铅油	kg	5.90	1.600	1.330	0.780	0.702	–
	其他材料费	元	–	8.730	7.140	4.370	3.930	1.550
机械	运输机械综合(三册)	台班	1104.41	0.260	0.230	0.168	0.151	0.068
	吊装机械综合(三册)	台班	1070.74	1.086	0.933	0.627	0.563	0.213
	焊接机械综合(三册)	台班	84.05	0.505	0.436	0.298	0.269	–
	其他机械费	元	–	44.770	38.690	26.460	23.770	9.090

单位：t

定额编号				3-22-70	3-22-71	3-22-72	3-22-73
项目				炉顶放散阀(m^3)			
				1000 以下	2000 以下	4200 以下	5500 以下
基价(元)				**2406.45**	**1854.92**	**1331.14**	**1046.34**
其中	人工费(元)			1303.60	1049.60	845.68	608.88
	材料费(元)			223.25	182.59	86.62	77.96
	机械费(元)			879.60	622.73	398.84	359.50
名称		单位	单价(元)	数量			
人工	综合工日	工日	80.00	16.295	13.120	10.571	7.611
材料	普通焊条综合	kg	6.57	3.340	2.700	1.410	1.269
	氧气(含乙炔气)综合	m^3	11.99	2.500	2.090	1.260	1.134
	清洗油料综合	kg	6.29	2.900	2.170	0.700	0.630
	润滑油料综合	kg	9.92	2.110	1.490	0.240	0.216
	擦洗布料综合	kg	6.38	0.840	0.700	0.430	0.387
	密封填料综合	kg	16.82	1.250	0.990	0.460	0.414
	木材综合	m^3	1376.00	0.070	0.060	0.030	0.027
	白铅油	kg	5.90	0.500	0.400	0.200	0.180
	其他材料费	元	–	6.500	5.320	2.520	2.270
机械	运输机械综合(三册)	台班	1104.41	0.207	0.084	0.084	0.076
	吊装机械综合(三册)	台班	1070.74	0.551	0.451	0.260	0.234
	焊接机械综合(三册)	台班	84.05	0.421	0.344	0.191	0.173
	其他机械费	元	–	25.620	18.140	11.620	10.470

单位:t

定额编号				3-22-74	3-22-75	3-22-76	3-22-77	3-22-78
项目				炉顶受料斗(m^3)				挂钢绳
				1000 以下	2000 以下	4200 以下	5500 以下	
基价(元)				**1149.82**	**1024.46**	**1210.65**	**1094.29**	**1497.89**
其中	人工费(元)			267.84	339.12	481.28	433.12	748.00
	材料费(元)			52.28	74.82	105.60	95.04	344.75
	机械费(元)			829.70	610.52	623.77	566.13	405.14
名称		单位	单价(元)	数			量	
人工	综合工日	工日	80.00	3.348	4.239	6.016	5.414	9.350
材料	普通焊条综合	kg	6.57	0.800	2.450	5.750	5.175	1.510
	氧气(含乙炔气)综合	m^3	11.99	1.500	1.670	2.000	1.800	6.000
	木材综合	m^3	1376.00	0.020	0.020	0.010	0.009	0.010
	型钢综合	kg	4.00	–	2.250	6.750	6.075	47.160
	麻绳	kg	8.50	–	–	–	–	2.500
	钢丝绳 单股 $\phi=4.5$	kg	7.30	–	–	–	–	4.000
	其他材料费	元	–	1.520	2.180	3.080	2.770	10.040
机械	运输机械综合(三册)	台班	1104.41	0.107	0.107	0.099	0.094	0.090
	吊装机械综合(三册)	台班	1070.74	0.428	0.421	0.413	0.371	0.260
	焊接机械综合(三册)	台班	84.05	0.099	0.283	0.643	0.578	0.185
	电动空气压缩机 $10m^3/min$	台班	519.44	0.425	–	–	–	–
	其他机械费	元	–	24.170	17.780	18.170	16.490	11.800

单位:t

定额编号				3-22-79	3-22-80	3-22-81	3-22-82
项目				炉顶法兰盘(m^3)			
				1000 以下	2000 以下	4200 以下	5500 以下
基价(元)				**1963.43**	**1122.00**	**808.21**	**726.09**
其中	人工费(元)			836.80	579.76	412.96	371.68
	材料费(元)			377.58	200.95	138.70	124.84
	机械费(元)			749.05	341.29	256.55	229.57
名称		单位	单价(元)	数量			
人工	综合工日	工日	80.00	10.460	7.247	5.162	4.646
材料	垫铁综合	kg	5.70	6.000	3.000	1.400	1.260
	普通焊条综合	kg	6.57	19.050	13.140	10.740	9.666
	氧气(含乙炔气)综合	m^3	11.99	3.080	1.700	1.110	0.999
	擦洗布料综合	kg	6.38	0.810	0.390	0.240	0.216
	木材综合	m^3	1376.00	0.120	0.050	0.030	0.027
	其他材料费	元	-	11.000	5.850	4.040	3.640
机械	运输机械综合(三册)	台班	1104.41	0.122	0.038	0.031	0.027
	吊装机械综合(三册)	台班	1070.74	0.390	0.161	0.107	0.096
	焊接机械综合(三册)	台班	84.05	2.081	1.392	1.193	1.074
	其他机械费	元	-	21.820	9.940	7.470	6.690

单位：t

定额编号				3-22-83	3-22-84	3-22-85	3-22-86
项目				无料钟炉顶(m^3)			
				1000 以下	2000 以下	4200 以下	5500 以下
基价（元）				**1170.15**	**1138.45**	**1083.38**	**977.11**
其中	人工费（元）			547.36	534.80	510.16	459.20
	材料费（元）			117.44	115.44	111.35	100.23
	机械费（元）			505.35	488.21	461.87	417.68
名称		单位	单价(元)	数量			
人工	综合工日	工日	80.00	6.842	6.685	6.377	5.740
材料	垫铁综合	kg	5.70	0.400	0.360	0.300	0.270
	普通焊条综合	kg	6.57	1.260	1.260	1.250	1.125
	氧气(含乙炔气)综合	m^3	11.99	1.720	1.720	1.710	1.540
	清洗油料综合	kg	6.29	1.370	1.330	1.250	1.125
	润滑油料综合	kg	9.92	0.840	0.830	0.800	0.720
	擦洗布料综合	kg	6.38	0.490	0.470	0.450	0.405
	密封填料综合	kg	16.82	1.190	1.150	1.060	0.954
	木材综合	m^3	1376.00	0.020	0.020	0.020	0.018
	型钢综合	kg	4.00	3.290	3.180	2.960	2.664
	白铅油	kg	5.90	0.350	0.330	0.310	0.279
	其他材料费	元	–	3.420	3.360	3.240	2.920
机械	运输机械综合(三册)	台班	1104.41	0.115	0.115	0.107	0.096
	吊装机械综合(三册)	台班	1070.74	0.321	0.306	0.291	0.264
	焊接机械综合(三册)	台班	84.05	0.237	0.230	0.222	0.200
	其他机械费	元	–	14.720	14.220	13.450	12.170

单位：t

定额编号				3-22-87	3-22-88	3-22-89
项目				炉顶装料设备	平衡装置	炉顶吊车
基价（元）				**538.16**	**632.87**	**598.12**
其中	人工费（元）			338.72	341.04	377.84
	材料费（元）			49.54	22.93	28.94
	机械费（元）			149.90	268.90	191.34
名称		单位	单价(元)	数量		
人工	综合工日	工日	80.00	4.234	4.263	4.723
材料	垫铁综合	kg	5.70	–	0.030	0.030
	普通焊条综合	kg	6.57	0.460	0.130	0.190
	氧气(含乙炔气)综合	m^3	11.99	0.340	0.300	0.550
	清洗油料综合	kg	6.29	0.180	0.230	0.390
	润滑油料综合	kg	9.92	0.080	0.160	0.300
	擦洗布料综合	kg	6.38	0.090	0.080	0.140
	密封填料综合	kg	16.82	0.660	0.020	–
	木材综合	m^3	1376.00	0.010	0.010	0.010
	型钢综合	kg	4.00	3.410	–	–
	其他材料费	元	–	1.440	0.670	0.840
机械	运输机械综合(三册)	台班	1104.41	0.017	0.026	0.026
	吊装机械综合(三册)	台班	1070.74	0.111	0.213	0.136
	焊接机械综合(三册)	台班	84.05	0.094	0.051	0.136
	其他机械费	元	–	4.370	7.830	5.570

单位:t

定额编号				3-22-90	3-22-91	3-22-92
项目				活动炉喉	炉顶密封阀	炉喉钢砖
基价(元)				**634.58**	**920.96**	**998.31**
其中	人工费(元)			310.40	459.84	455.76
	材料费(元)			35.75	86.32	106.89
	机械费(元)			288.43	374.80	435.66
名称		单位	单价(元)	数量		
人工	综合工日	工日	80.00	3.880	5.748	5.697
材料	垫铁综合	kg	5.70	0.020	–	0.500
	普通焊条综合	kg	6.57	0.110	0.800	3.000
	氧气(含乙炔气)综合	m^3	11.99	0.230	1.590	4.000
	清洗油料综合	kg	6.29	0.420	1.590	–
	润滑油料综合	kg	9.92	0.060	0.670	–
	擦洗布料综合	kg	6.38	0.050	0.530	1.000
	密封填料综合	kg	16.82	–	0.270	–
	木材综合	m^3	1376.00	0.010	0.010	0.005
	型钢综合	kg	4.00	3.450	5.290	5.000
	其他材料费	元	–	1.040	2.510	3.110
机械	运输机械综合(三册)	台班	1104.41	0.026	0.026	0.145
	吊装机械综合(三册)	台班	1070.74	0.230	0.289	0.207
	焊接机械综合(三册)	台班	84.05	0.060	0.306	0.490
	其他机械费	元	–	8.400	10.920	12.690

四、高炉斜桥及卷扬机室设备安装

单位:t

定额编号				3-22-93	3-22-94	3-22-95	3-22-96	3-22-97	3-22-98
项目				料车(m^3)		料车卷扬机 炉容(m^3)			
				1000 以下	3000 以下	1000 以下	2000 以下	4200 以下	5500 以下
基价(元)				**685.09**	**562.11**	**861.87**	**624.55**	**582.17**	**522.87**
其中	人工费(元)			414.72	359.12	467.44	343.20	332.80	299.52
	材料费(元)			62.36	31.66	88.51	125.63	113.18	101.86
	机械费(元)			208.01	171.33	305.92	155.72	136.19	121.49
名称		单位	单价(元)	数量					
人工	综合工日	工日	80.00	5.184	4.489	5.843	4.290	4.160	3.744
材料	垫铁综合	kg	5.70	–	–	1.660	11.320	12.530	11.277
	普通焊条综合	kg	6.57	–	–	0.360	0.150	0.130	0.117
	氧气(含乙炔气)综合	m^3	11.99	–	–	1.010	0.550	0.450	0.405
	清洗油料综合	kg	6.29	1.050	0.640	2.430	1.610	1.480	1.332
	润滑油料综合	kg	9.92	1.120	0.550	1.440	0.920	0.680	0.612
	擦洗布料综合	kg	6.38	0.790	0.410	0.610	0.380	0.270	0.243
	密封填料综合	kg	16.82	0.610	0.290	0.060	0.040	0.040	0.036
	木材综合	m^3	1376.00	0.020	0.010	0.020	0.020	0.010	0.009
	其他材料费	元	–	1.820	0.920	2.580	3.660	3.300	2.970
机械	运输机械综合(三册)	台班	1104.41	0.051	0.043	0.069	0.026	0.026	0.023
	吊装机械综合(三册)	台班	1070.74	0.136	0.111	0.199	0.111	0.094	0.084
	焊接机械综合(三册)	台班	84.05	–	–	0.092	0.043	0.034	0.031
	其他机械费	元	–	6.060	4.990	8.910	4.540	3.970	3.540

单位:t

定额编号				3-22-99	3-22-100	3-22-101	3-22-102	3-22-103
项目				大小钟卷扬机	探尺卷扬机	阀用卷扬机	大绳轮	导向滑轮
基价（元）				**846.24**	**1419.21**	**1272.93**	**1434.42**	**2177.14**
其中	人工费（元）			432.96	620.08	755.12	657.04	1232.72
	材料费（元）			194.73	428.89	238.13	187.03	435.26
	机械费（元）			218.55	370.24	279.68	590.35	509.16
	名称	单位	单价(元)	数量				
人工	综合工日	工日	80.00	5.412	7.751	9.439	8.213	15.409
材料	垫铁综合	kg	5.70	17.520	13.470	16.080	8.480	20.000
	普通焊条综合	kg	6.57	0.430	5.270	1.870	1.250	1.500
	氧气(含乙炔气)综合	m^3	11.99	1.070	11.060	3.850	1.800	2.000
	清洗油料综合	kg	6.29	2.910	6.590	3.480	3.740	9.250
	润滑油料综合	kg	9.92	1.010	7.910	3.020	2.860	4.000
	擦洗布料综合	kg	6.38	0.380	5.540	2.030	1.610	4.000
	密封填料综合	kg	16.82	0.090	0.200	0.150	–	–
	木材综合	m^3	1376.00	0.030	0.010	0.010	0.030	0.110
	其他材料费	元	–	5.670	12.490	6.940	5.450	12.680
机械	运输机械综合(三册)	台班	1104.41	0.026	0.054	0.038	0.122	–
	吊装机械综合(三册)	台班	1070.74	0.162	0.268	0.191	0.383	0.344
	焊接机械综合(三册)	台班	84.05	0.119	0.153	0.298	0.337	1.499
	其他机械费	元	–	6.370	10.780	8.150	17.190	14.830

五、高炉斜车坑设备安装

单位:t

定额编号				3-22-104	3-22-105	3-22-106	3-22-107	3-22-108	3-22-109
项目				碎焦卷扬机		称量漏斗及阀门		碎焦升降机下闸门	碎焦料车
				1000	3000	1000	3000		
基价(元)				**1296.84**	**884.64**	**1454.10**	**968.57**	**1275.54**	**1270.30**
其中	人工费(元)			639.36	483.36	893.84	586.56	733.60	825.36
	材料费(元)			251.59	134.56	230.03	144.66	287.98	217.65
	机械费(元)			405.89	266.72	330.23	237.35	253.96	227.29
名称		单位	单价(元)	数量					
人工	综合工日	工日	80.00	7.992	6.042	11.173	7.332	9.170	10.317
材料	垫铁综合	kg	5.70	12.930	6.530	6.410	3.940	-	-
	普通焊条综合	kg	6.57	1.930	1.310	6.120	4.050	9.030	4.330
	氧气(含乙炔气)综合	m^3	11.99	3.940	2.350	7.510	4.930	15.030	6.210
	清洗油料综合	kg	6.29	4.240	2.720	1.880	1.260	-	3.100
	润滑油料综合	kg	9.92	3.680	1.760	1.290	0.810	2.220	2.010
	擦洗布料综合	kg	6.38	2.810	1.170	0.690	0.400	0.670	2.040
	密封填料综合	kg	16.82	0.120	0.050	-	-	-	1.690
	木材综合	m^3	1376.00	0.020	0.010	0.020	0.010	0.010	0.020
	其他材料费	元	-	7.330	3.920	6.700	4.210	8.390	6.340
机械	运输机械综合(三册)	台班	1104.41	0.038	0.026	0.038	0.026	0.031	0.038
	吊装机械综合(三册)	台班	1070.74	0.291	0.187	0.214	0.153	0.122	0.084
	焊接机械综合(三册)	台班	84.05	0.482	0.357	0.589	0.451	0.972	1.056
	其他机械费	元	-	11.820	7.770	9.620	6.910	7.400	6.620

单位：t

定额编号				3-22-110	3-22-111	3-22-112	3-22-113	3-22-114
项目				碎焦上流槽	焦炭滚动筛	称量车	电拖车	贮矿槽转筒闸
				1000	3000	1000	3000	
基价（元）				**688.65**	**783.09**	**653.54**	**403.42**	**962.35**
其中	人工费（元）			371.20	499.20	394.08	254.64	588.96
	材料费（元）			82.55	105.90	46.81	31.34	65.54
	机械费（元）			234.90	177.99	212.65	117.44	307.85
名称		单位	单价(元)	数量				
人工	综合工日	工日	80.00	4.640	6.240	4.926	3.183	7.362
材料	垫铁综合	kg	5.70	–	7.600	0.070	–	1.300
	普通焊条综合	kg	6.57	1.770	0.260	0.180	0.140	0.570
	氧气(含乙炔气)综合	m^3	11.99	3.420	0.500	0.550	0.310	2.270
	清洗油料综合	kg	6.29	–	2.020	1.870	0.920	0.810
	润滑油料综合	kg	9.92	–	2.010	0.490	0.480	0.420
	擦洗布料综合	kg	6.38	–	0.660	0.500	0.180	0.350
	密封填料综合	kg	16.82	–	0.070	0.220	0.020	–
	木材综合	m^3	1376.00	0.020	0.010	0.010	0.010	0.010
	其他材料费	元	–	2.400	3.080	1.360	0.910	1.910
机械	运输机械综合(三册)	台班	1104.41	0.051	0.043	0.026	0.026	0.077
	吊装机械综合(三册)	台班	1070.74	0.145	0.111	0.162	0.077	0.187
	焊接机械综合(三册)	台班	84.05	0.196	0.077	0.051	0.034	0.162
	其他机械费	元	–	6.840	5.180	6.190	3.420	8.970

六、高炉粗煤气及煤气清洗系统设备安装

单位:t

定额编号				3-22-115	3-22-116	3-22-117	3-22-118	3-22-119
项目				清灰阀	遮断阀 炉容(m^3)			煤气放散阀
					2000 以下	4200 以下	5500 以下	
基价(元)				**1499.61**	**983.50**	**607.06**	**548.50**	**866.31**
其中	人工费(元)			906.24	517.12	332.64	299.52	583.68
	材料费(元)			189.54	106.55	48.14	44.85	40.09
	机械费(元)			403.83	359.83	226.28	204.13	242.54
名称		单位	单价(元)	数量				
人工	综合工日	工日	80.00	11.328	6.464	4.158	3.744	7.296
材料	普通焊条综合	kg	6.57	3.000	2.510	1.400	1.260	1.100
	氧气(含乙炔气)综合	m^3	11.99	2.560	2.320	1.240	1.120	1.300
	清洗油料综合	kg	6.29	–	–	–	–	0.150
	润滑油料综合	kg	9.92	0.450	–	–	–	–
	擦洗布料综合	kg	6.38	–	–	–	–	0.220
	密封填料综合	kg	16.82	2.770	1.880	0.530	0.480	–
	木材综合	m^3	1376.00	0.060	0.020	0.010	0.010	0.010
	其他材料费	元	–	5.520	3.100	1.400	1.310	1.170
机械	运输机械综合(三册)	台班	1104.41	0.054	0.038	0.026	0.023	0.017
	吊装机械综合(三册)	台班	1070.74	0.260	0.245	0.145	0.128	0.187
	焊接机械综合(三册)	台班	84.05	0.643	0.536	0.425	0.425	0.196
	其他机械费	元	–	11.760	10.480	6.590	5.950	7.060

单位:t

定额编号				3-22-120	3-22-121	3-22-122	3-22-123	3-22-124	3-22-125
项目				洗涤塔 炉容(m^3)				重力除尘壳体	除尘器内部结构
				1000 以下	2000 以下	4200 以下	5500 以下		
基价(元)				**1593.22**	**1534.76**	**1482.87**	**1332.73**	**1123.01**	**1337.29**
其中	人工费(元)			491.20	476.08	461.84	415.60	476.48	643.92
	材料费(元)			293.92	280.35	271.22	245.42	262.77	311.75
	机械费(元)			808.10	778.33	749.81	671.71	383.76	381.62
名称		单位	单价(元)	数量					
人工	综合工日	工日	80.00	6.140	5.951	5.773	5.195	5.956	8.049
材料	垫铁综合	kg	5.70	3.800	4.000	4.300	3.900	6.250	5.900
	普通焊条综合	kg	6.57	23.500	22.400	21.600	19.400	22.550	30.000
	氧气(含乙炔气)综合	m^3	11.99	6.100	5.900	5.800	5.220	5.950	6.000
	密封填料综合	kg	16.82	0.690	0.530	0.380	0.342	–	–
	木材综合	m^3	1376.00	0.010	0.010	0.010	0.010	–	–
	型钢综合	kg	4.00	2.700	2.200	1.800	1.620	–	–
	其他材料费	元	–	8.560	8.170	7.900	7.150	7.650	9.080
机械	运输机械综合(三册)	台班	1104.41	0.145	0.138	0.130	0.114	0.141	0.080
	吊装机械综合(三册)	台班	1070.74	0.383	0.367	0.353	0.318	0.038	0.031
	焊接机械综合(三册)	台班	84.05	2.550	2.502	2.456	2.210	2.096	2.962
	其他机械费	元	–	23.540	22.670	21.840	19.560	11.180	11.120

单位:t

定额编号				3-22-126	3-22-127	3-22-128
项目				高炉煤气余压发电		
				透平发电机		
				6000kV	12500kV 以下	12500kV
基价(元)				**1293.11**	**1399.32**	**1213.63**
其中	人工费(元)			690.80	665.28	648.08
	材料费(元)			192.53	188.19	182.98
	机械费(元)			409.78	545.85	382.57
名称		单位	单价(元)	数量		
人工	综合工日	工日	80.00	8.635	8.316	8.101
材料	垫铁综合	kg	5.70	11.710	11.350	10.990
	普通焊条综合	kg	6.57	0.610	0.590	0.570
	氧气(含乙炔气)综合	m^3	11.99	1.360	1.320	1.280
	清洗油料综合	kg	6.29	3.020	2.930	2.830
	润滑油料综合	kg	9.92	0.780	0.760	0.740
	擦洗布料综合	kg	6.38	2.210	2.150	2.080
	密封填料综合	kg	16.82	0.670	0.650	0.630
	木材综合	m^3	1376.00	0.030	0.030	0.030
	白铅油	kg	5.90	0.160	0.150	0.150
	铜丝布	m	79.00	0.070	0.070	0.060
	其他材料费	元	–	5.610	5.480	5.330
机械	运输机械综合(三册)	台班	1104.41	0.061	0.110	0.055
	吊装机械综合(三册)	台班	1070.74	0.300	0.373	0.282
	焊接机械综合(三册)	台班	84.05	0.110	0.108	0.104
	其他机械费	元	–	11.940	15.900	11.140

七、高炉热风炉系统设备安装

单位:t

定额编号				3-22-129	3-22-130	3-22-131
项目				煤气燃烧器(m^3)		
				1000 以下	2000 以下	3000 以下
基价(元)				**1313.04**	**1120.68**	**798.24**
其中	人工费(元)			769.36	695.52	609.12
	材料费(元)			181.43	156.85	108.34
	机械费(元)			362.25	268.31	80.78
名称		单位	单价(元)	数量		
人工	综合工日	工日	80.00	9.617	8.694	7.614
材料	垫铁综合	kg	5.70	14.560	11.980	6.830
	普通焊条综合	kg	6.57	0.820	0.740	0.580
	氧气(含乙炔气)综合	m^3	11.99	1.970	1.790	1.430
	清洗油料综合	kg	6.29	1.740	1.520	1.070
	润滑油料综合	kg	9.92	1.180	1.020	0.700
	擦洗布料综合	kg	6.38	0.330	0.290	0.210
	密封填料综合	kg	16.82	1.150	1.020	0.760
	木材综合	m^3	1376.00	0.010	0.010	0.010
	白铅油	kg	5.90	0.660	0.580	0.430
	羊毛毡	m^2	60.00	0.040	0.030	0.020
	其他材料费	元	-	5.280	4.570	3.160
机械	运输机械综合(三册)	台班	1104.41	0.015	0.015	0.017
	吊装机械综合(三册)	台班	1070.74	0.298	0.214	0.043
	焊接机械综合(三册)	台班	84.05	0.191	0.176	0.162
	其他机械费	元	-	10.550	7.810	2.350

单位:t

定额编号				3-22-132	3-22-133	3-22-134	3-22-135	3-22-136
项目				手动卷扬	热风炉阀门	阀门传动装置		热风炉箅子、支柱
						机械	手动	
基价（元）				**1752.70**	**1715.06**	**1308.25**	**828.24**	**841.13**
其中	人工费（元）			1344.80	1234.64	715.36	719.52	197.44
	材料费（元）			350.24	128.11	278.50	84.39	78.19
	机械费（元）			57.66	352.31	314.39	24.33	565.50
名称		单位	单价(元)	数量				
人工	综合工日	工日	80.00	16.810	15.433	8.942	8.994	2.468
材料	垫铁综合	kg	5.70	–	0.380	18.550	–	4.500
	普通焊条综合	kg	6.57	2.810	0.500	0.800	1.000	4.000
	氧气(含乙炔气)综合	m^3	11.99	7.690	1.200	1.350	2.000	2.000
	清洗油料综合	kg	6.29	12.310	1.700	6.750	4.000	–
	润滑油料综合	kg	9.92	13.040	1.400	6.000	2.000	–
	擦洗布料综合	kg	6.38	3.540	0.710	2.150	1.000	–
	密封填料综合	kg	16.82	–	1.750	–	–	–
	木材综合	m^3	1376.00	–	0.030	0.020	–	–
	白铅油	kg	5.90	–	0.800	–	–	–
	其他材料费	元	–	10.200	3.730	8.110	2.460	2.280
机械	运输机械综合(三册)	台班	1104.41	–	0.046	0.046	–	0.444
	吊装机械综合(三册)	台班	1070.74	–	0.260	0.222	–	0.023
	焊接机械综合(三册)	台班	84.05	0.666	0.153	0.199	0.281	0.405
	其他机械费	元	–	1.680	10.260	9.160	0.710	16.470

八、铸铁机安装

单位:t

定额编号				3-22-137	3-22-138	3-22-139	3-22-140
项目				翻罐卷扬	双带铸铁机(t/台)		
					100 以下	200 以下	300 以下
基价(元)				**638.34**	**972.08**	**822.12**	**643.75**
其中	人工费(元)			244.32	513.20	431.12	304.96
	材料费(元)			81.79	113.34	97.48	78.36
	机械费(元)			312.23	345.54	293.52	260.43
名称		单位	单价(元)	数量			
人工	综合工日	工日	80.00	3.054	6.415	5.389	3.812
材料	垫铁综合	kg	5.70	4.250	11.580	9.730	7.300
	普通焊条综合	kg	6.57	1.170	0.350	0.290	0.260
	氧气(含乙炔气)综合	m^3	11.99	1.240	0.560	0.470	0.380
	清洗油料综合	kg	6.29	0.720	1.460	1.230	0.950
	润滑油料综合	kg	9.92	1.140	0.920	0.770	0.640
	擦洗布料综合	kg	6.38	0.370	0.410	0.340	0.280
	密封填料综合	kg	16.82	0.040	0.020	0.020	0.020
	木材综合	m^3	1376.00	0.010	0.010	0.010	0.010
	其他材料费	元	–	2.380	3.300	2.840	2.280
机械	运输机械综合(三册)	台班	1104.41	0.034	0.023	0.023	0.023
	吊装机械综合(三册)	台班	1070.74	0.238	0.283	0.237	0.207
	焊接机械综合(三册)	台班	84.05	0.128	0.084	0.069	0.069
	其他机械费	元	–	9.090	10.060	8.550	7.590

单位：t

定额编号				3-22-141	3-22-142	3-22-143	3-22-144	3-22-145
项目				电动绞车	挂罐吊车	圆盘浇铸机	水渣粒化装置 茵芭系统 5000×6000	水渣粒化装置 法轮系统 7000×3150
基价（元）				**758.64**	**570.54**	**1397.33**	**831.00**	**846.19**
其中	人工费（元）			406.48	382.16	558.48	297.60	278.40
	材料费（元）			114.38	26.09	309.81	100.44	99.64
	机械费（元）			237.78	162.29	529.04	432.96	468.15
名称		单位	单价(元)	数量				
人工	综合工日	工日	80.00	5.081	4.777	6.981	3.720	3.480
材料	垫铁综合	kg	5.70	9.900	0.030	4.380	10.050	9.800
	普通焊条综合	kg	6.57	0.440	0.060	3.400	0.350	0.350
	氧气(含乙炔气)综合	m^3	11.99	0.950	0.260	5.660	0.820	0.850
	清洗油料综合	kg	6.29	1.290	0.580	0.320	0.820	0.820
	润滑油料综合	kg	9.92	1.100	0.310	0.160	0.590	0.590
	擦洗布料综合	kg	6.38	1.000	0.130	0.160	0.310	0.330
	密封填料综合	kg	16.82	0.070	0.020	–	0.080	0.090
	木材综合	m^3	1376.00	0.010	0.010	0.090	0.010	0.010
	型钢综合	kg	4.00	–	–	14.290	–	–
	其他材料费	元	–	3.330	0.760	9.020	2.930	2.900
机械	运输机械综合(三册)	台班	1104.41	0.038	0.026	0.084	0.103	0.121
	吊装机械综合(三册)	台班	1070.74	0.168	0.119	0.375	0.273	0.285
	焊接机械综合(三册)	台班	84.05	0.107	0.017	0.230	0.170	0.187
	其他机械费	元	–	6.930	4.730	15.410	12.610	13.640

第二十三章　炼钢设备安装

说　　明

一、本定额适用于炼钢转炉,电炉,铁合金电炉和连续炼钢设备的安装。

1. 转炉设备定额适用于容量为 30～300t 转炉设备安装。

2. 电弧炉炼钢设备定额适用于容量为 15～100t 电弧炼钢炉设备安装。

3. 铁合金电炉设备定额适用于 3500～2500kV · A 铁合金电炉设备安装。

4. 连续铸钢设备定额适用于小型方圆坯、中型方坯、大型板坯及薄板坯连续铸钢设备安装。

二、脱硫装置定额未包括金属骨架和液压、润滑系统的安装,另套本册相应子目。

三、转炉设备安装定额包括热装法所发生的费用,烟罩安装定额包括其卷扬机安装。

四、电炉设备安装定额包括电子搅拌装置安装,但不包括烟罩和除尘器设备安装,应另套金属结构安装和除尘设备安装定额。

五、铁合金电炉的炉壳安装和烟道安装,分别套用金属结构和化铁炉安装定额。

六、钢铸模设备中的焦油储油箱和过滤器安装定额均包括试压工作。

七、连铸机分类:

小型连铸机:方坯 150mm 以下,板坯宽度 600mm 以下。

中型连铸机:方坯 150～200mm,板坯宽度 600～1300mm。

大型连铸机:方坯 200mm 以上,板坯宽度 1300mm 以上。

薄板坯连铸机:板坯厚 70mm 以下。

八、连续铸钢设备中立式连铸机主体设备安装按同等级定额乘以系数 1.1。

九、连续铸钢设备的辅助设备，如运输辊道，升降挡板，推钢机，冷床，方板坯收集装置等设备安装，套用相应轧机的辅助设备安装定额，大型板坯连铸辅机安装套用第二类轧机辅助设备安装定额，中型方板坯连铸辅机安装套用第三类轧机辅助设备安装定额，小型方板坯连铸辅机安装套用第四类轧机辅助设备安装定额。

一、混铁炉及脱硫装置安装

单位：t

定额编号				3-23-1	3-23-2	3-23-3	3-23-4	3-23-5	3-23-6
项目				混铁炉 容量(t)		混铁车 容量(t)		脱硫机械	辅助设备
				600 以下	1300 以下	260 以下	360 以下		
基价（元）				**827.63**	**697.95**	**598.03**	**500.87**	**579.09**	**673.81**
其中	人工费（元）			426.24	385.68	338.56	299.20	247.20	312.00
	材料费（元）			156.90	129.41	50.25	44.99	102.50	145.27
	机械费（元）			244.49	182.86	209.22	156.68	229.39	216.54
名称		单位	单价(元)	数				量	
人工	综合工日	工日	80.00	5.328	4.821	4.232	3.740	3.090	3.900
材料	垫铁综合	kg	5.70	7.020	5.020	2.500	2.300	5.700	8.200
	普通焊条综合	kg	6.57	8.000	6.700	0.090	0.070	1.920	3.800
	氧气(含乙炔气)综合	m^3	11.99	1.000	0.700	0.050	0.040	0.720	2.620
	清洗油料综合	kg	6.29	0.160	0.110	0.220	0.200	0.270	0.720
	润滑油料综合	kg	9.92	0.080	0.060	0.030	0.020	0.200	0.310
	擦洗布料综合	kg	6.38	0.040	0.030	0.120	0.010	0.100	0.460
	密封填料综合	kg	16.82	0.160	0.120	0.050	0.030	0.010	0.810
	木材综合	m^3	1376.00	0.010	0.010	0.012	0.011	0.030	0.010
	型钢综合	kg	4.00	6.100	5.700	2.400	2.300	–	–
	尼龙砂轮片 ϕ100	片	7.60	0.640	0.600	0.520	0.430	–	–
	其他材料费	元	–	4.570	3.770	1.460	1.310	2.990	4.230
机械	运输机械综合(三册)	台班	1104.41	0.051	0.034	0.021	0.002	0.051	0.085
	吊装机械综合(三册)	台班	1070.74	0.119	0.094	0.154	0.128	0.136	0.102
	焊接机械综合(三册)	台班	84.05	0.638	0.468	0.179	0.153	0.247	0.085
	其他机械费	元	–	7.120	5.330	6.090	4.560	6.680	6.310

二、转炉设备安装

单位:t

定额编号				3-23-7	3-23-8	3-23-9	3-23-10	3-23-11
项目				转炉 容量(t)				
				30 以下	50 以下	100 以下	150 以下	300 以下
基价(元)				**1199.49**	**1176.87**	**1069.99**	**1134.23**	**1106.24**
其中	人工费(元)			675.20	654.88	628.56	628.56	628.56
	材料费(元)			105.79	111.21	126.83	200.09	142.16
	机械费(元)			418.50	410.78	314.60	305.58	335.52
名称		单位	单价(元)	数量				
人工	综合工日	工日	80.00	8.440	8.186	7.857	7.857	7.857
材料	垫铁综合	kg	5.70	11.080	10.750	9.050	11.420	6.550
	普通焊条综合	kg	6.57	1.500	1.460	3.540	7.790	6.030
	氧气(含乙炔气)综合	m^3	11.99	0.280	0.270	1.230	3.400	2.400
	清洗油料综合	kg	6.29	1.530	1.480	1.170	1.140	0.770
	润滑油料综合	kg	9.92	0.140	0.140	0.140	0.180	0.140
	擦洗布料综合	kg	6.38	0.220	0.210	0.150	0.150	0.140
	密封填料综合	kg	16.82	0.010	0.010	0.130	0.330	0.250
	木材综合	m^3	1376.00	0.010	0.010	0.010	0.010	0.010
	不锈钢电焊条 302	kg	40.00	–	0.010	0.010	0.020	0.030
	铝焊药	kg	30.00	–	0.250	0.250	0.240	0.200
	其他材料费	元	–	3.080	3.240	3.690	5.830	4.140
机械	运输机械综合(三册)	台班	1104.41	0.092	0.092	0.077	0.077	0.069
	吊装机械综合(三册)	台班	1070.74	0.275	0.268	0.168	0.161	0.161
	焊接机械综合(三册)	台班	84.05	0.122	0.122	0.482	0.467	0.918
	其他机械费	元	–	12.190	11.960	9.160	8.900	9.770

单位:t

定额编号			3-23-12	3-23-13	3-23-14	3-23-15	3-23-16
项目			修炉及炉底更换设备	半废热锅炉汽化冷却	挡板	罐座	吹氧装置
基价(元)			**617.88**	**908.48**	**975.44**	**382.27**	**713.78**
其中	人工费(元)		279.36	343.04	423.36	226.56	330.24
	材料费(元)		61.90	189.03	89.77	66.24	69.79
	机械费(元)		276.62	376.41	462.31	89.47	313.75
名称	单位	单价(元)	数			量	
人工 综合工日	工日	80.00	3.492	4.288	5.292	2.832	4.128
材料 垫铁综合	kg	5.70	1.720	–	4.910	10.000	3.110
普通焊条综合	kg	6.57	0.650	4.460	1.510	0.200	0.520
氧气(含乙炔气)综合	m^3	11.99	1.720	4.590	2.690	0.500	1.750
清洗油料综合	kg	6.29	0.700	–	0.270	–	0.570
润滑油料综合	kg	9.92	0.440	–	0.110	–	0.260
擦洗布料综合	kg	6.38	0.240	–	0.070	–	0.210
密封填料综合	kg	16.82	0.080	1.440	–	–	0.010
木材综合	m^3	1376.00	0.010	0.010	0.010	–	0.010
型钢综合	kg	4.00	–	15.300	–	–	1.050
其他材料费	元	–	1.800	5.510	2.610	1.930	2.030
机械 运输机械综合(三册)	台班	1104.41	0.068	0.077	0.107	0.020	0.077
吊装机械综合(三册)	台班	1070.74	0.162	0.191	0.268	0.055	0.179
焊接机械综合(三册)	台班	84.05	0.238	0.903	0.520	0.070	0.332
其他机械费	元	–	8.060	10.960	13.470	2.610	9.140

单位:t

定额编号				3-23-17	3-23-18	3-23-19	3-23-20	3-23-21
项目				烟罩	加料装置	电子称量车	炉渣台车	排渣台车
基价(元)				**783.61**	**1141.73**	**579.59**	**589.18**	**719.91**
其中	人工费(元)			376.32	718.00	332.16	323.84	324.00
	材料费(元)			77.05	148.72	44.93	28.34	32.69
	机械费(元)			330.24	275.01	202.50	237.00	363.22
名称		单位	单价(元)	数			量	
人工	综合工日	工日	80.00	4.704	8.975	4.152	4.048	4.050
材料	垫铁综合	kg	5.70	1.860	4.970	3.080	0.030	0.040
	普通焊条综合	kg	6.57	1.170	1.940	0.100	0.130	0.170
	氧气(含乙炔气)综合	m^3	11.99	1.600	6.270	0.300	0.200	0.260
	清洗油料综合	kg	6.29	0.510	1.430	0.690	0.680	0.900
	润滑油料综合	kg	9.92	0.540	0.350	0.210	0.320	0.420
	擦洗布料综合	kg	6.38	0.170	0.300	0.150	0.160	0.210
	密封填料综合	kg	16.82	0.010	–	0.040	0.110	0.140
	木材综合	m^3	1376.00	0.020	0.010	0.010	0.010	0.010
	其他材料费	元	–	2.240	4.330	1.310	0.830	0.950
机械	运输机械综合(三册)	台班	1104.41	0.077	0.054	0.051	0.060	0.094
	吊装机械综合(三册)	台班	1070.74	0.196	0.130	0.119	0.145	0.221
	焊接机械综合(三册)	台班	84.05	0.306	0.811	0.153	0.102	0.145
	其他机械费	元	–	9.620	8.010	5.900	6.900	10.580

单位：t

定额编号				3-23-22	3-23-23	3-23-24	3-23-25
项目				扒渣车	烘罐装置	炉上加料装置	活动烟罩卷扬
基价（元）				**556.13**	**687.06**	**1045.45**	**643.87**
其中	人工费（元）			301.44	335.52	523.52	248.16
	材料费（元）			79.26	58.58	128.24	43.69
	机械费（元）			175.43	292.96	393.69	352.02
名称		单位	单价（元）	数量			
人工	综合工日	工日	80.00	3.768	4.194	6.544	3.102
材料	垫铁综合	kg	5.70	6.820	–	5.470	2.110
	普通焊条综合	kg	6.57	0.350	3.000	1.640	0.110
	氧气（含乙炔气）综合	m^3	11.99	1.260	2.000	4.930	0.630
	清洗油料综合	kg	6.29	0.420	0.600	0.600	0.470
	润滑油料综合	kg	9.92	0.280	0.280	0.280	0.170
	擦洗布料综合	kg	6.38	0.180	0.300	0.490	0.530
	密封填料综合	kg	16.82	0.020	0.280	–	0.020
	木材综合	m^3	1376.00	0.010	–	0.010	0.010
	其他材料费	元	–	2.310	1.710	3.740	1.270
机械	运输机械综合（三册）	台班	1104.41	0.043	0.094	0.023	0.026
	吊装机械综合（三册）	台班	1070.74	0.102	0.150	0.275	0.289
	焊接机械综合（三册）	台班	84.05	0.162	0.238	0.742	0.043
	其他机械费	元	–	5.110	8.530	11.470	10.250

单位:t

定额编号				3-23-26	3-23-27	3-23-28	3-23-29
项目				铁合金旋转漏斗	引渡车 40t	汽包 13t	蓄热器
基价(元)				**1244.78**	**526.63**	**545.68**	**565.94**
其中	人工费(元)			534.72	330.24	326.40	349.20
	材料费(元)			210.58	56.50	79.70	48.63
	机械费(元)			499.48	139.89	139.58	168.11
名称		单位	单价(元)	数量			
人工	综合工日	工日	80.00	6.684	4.128	4.080	4.365
材料	普通焊条综合	kg	6.57	3.140	1.250	1.620	0.820
	氧气(含乙炔气)综合	m^3	11.99	12.680	3.000	3.230	1.640
	清洗油料综合	kg	6.29	1.210	0.440	–	–
	润滑油料综合	kg	9.92	0.600	0.330	–	–
	擦洗布料综合	kg	6.38	0.700	0.530	–	–
	密封填料综合	kg	16.82	–	0.020	–	–
	木材综合	m^3	1376.00	0.010	–	0.010	0.010
	型钢综合	kg	4.00	–	–	1.540	0.910
	紫铜皮 各种规格	kg	72.90	–	0.010	–	–
	铁丝 8 号	kg	3.50	–	0.050	2.310	1.360
	其他材料费	元	–	6.130	1.650	2.320	1.420
机械	运输机械综合(三册)	台班	1104.41	0.038	0.026	0.017	0.013
	吊装机械综合(三册)	台班	1070.74	0.329	0.064	0.077	0.115
	焊接机械综合(三册)	台班	84.05	1.079	0.459	0.408	0.306
	其他机械费	元	–	14.550	4.070	4.070	4.900

三、电弧炼钢炉设备安装

单位:t

定额编号				3-23-30	3-23-31	3-23-32	3-23-33
项目				电弧炼钢炉 容量(t)			
				15 以下	30 以下	50 以下	100 以下
基价(元)				**871.64**	**756.28**	**741.45**	**729.26**
其中	人工费(元)			326.40	279.36	271.68	263.52
	材料费(元)			103.69	93.20	105.45	120.72
	机械费(元)			441.55	383.72	364.32	345.02
	名称	单位	单价(元)	数量			
人工	综合工日	工日	80.00	4.080	3.492	3.396	3.294
材料	垫铁综合	kg	5.70	8.010	8.010	8.100	8.010
	普通焊条综合	kg	6.57	2.000	1.500	2.500	3.500
	氧气(含乙炔气)综合	m^3	11.99	0.520	0.380	1.025	1.670
	清洗油料综合	kg	6.29	0.610	0.520	0.625	0.730
	润滑油料综合	kg	9.92	0.190	0.170	0.215	0.260
	擦洗布料综合	kg	6.38	0.180	0.170	0.175	0.180
	密封填料综合	kg	16.82	0.500	0.370	0.370	0.370
	木材综合	m^3	1376.00	0.010	0.010	0.010	0.010
	云母板 $\delta=0.5$	kg	22.00	0.300	0.200	0.015	0.010
	其他材料费	元	–	3.020	2.710	3.070	3.520
机械	运输机械综合(三册)	台班	1104.41	0.128	0.102	0.085	0.068
	吊装机械综合(三册)	台班	1070.74	0.255	0.230	0.217	0.204
	焊接机械综合(三册)	台班	84.05	0.170	0.162	0.327	0.493
	其他机械费	元	–	12.860	11.180	10.610	10.050

单位:t

定额编号				3-23-34	3-23-35	3-23-36	3-23-37
项目				精炼炉 容量(t)			电渣炉
				30 以下	60 以下	180 以下	
基价(元)				**872.90**	**752.77**	**635.98**	**1121.27**
其中	人工费(元)			398.40	312.00	274.56	564.64
	材料费(元)			120.83	116.36	102.57	109.29
	机械费(元)			353.67	324.41	258.85	447.34
名称		单位	单价(元)	数量			
人工	综合工日	工日	80.00	4.980	3.900	3.432	7.058
材料	垫铁综合	kg	5.70	8.010	8.010	8.010	8.010
	普通焊条综合	kg	6.57	3.660	3.420	2.736	1.000
	氧气(含乙炔气)综合	m^3	11.99	1.800	1.700	1.360	1.400
	清洗油料综合	kg	6.29	0.550	0.390	0.312	1.080
	润滑油料综合	kg	9.92	0.170	0.140	0.112	0.750
	擦洗布料综合	kg	6.38	0.140	0.100	0.080	0.460
	密封填料综合	kg	16.82	0.370	0.370	0.300	0.040
	木材综合	m^3	1376.00	0.010	0.010	0.008	0.010
	云母板 $\delta=0.5$	kg	22.00	–	–	–	0.250
	其他材料费	元	–	3.520	3.390	2.990	3.180
机械	运输机械综合(三册)	台班	1104.41	0.085	0.068	0.054	0.122
	吊装机械综合(三册)	台班	1070.74	0.221	0.204	0.163	0.260
	焊接机械综合(三册)	台班	84.05	0.153	0.255	0.204	0.252
	其他机械费	元	–	10.300	9.450	7.540	13.030

四、铁合金电炉设备安装

单位:t

定额编号				3-23-38	3-23-39	3-23-40	3-23-41	3-23-42	3-23-43
项目				电炉规格(kV·A)					
				3500 以下	6000 以下	9000 以下	12500 以下	20000 以下	25000 以下
基价(元)				**1027.39**	**959.69**	**904.27**	**853.05**	**790.91**	**751.96**
其中	人工费(元)			371.52	350.80	308.48	293.76	280.80	267.84
	材料费(元)			263.96	261.40	248.30	239.85	215.17	207.02
	机械费(元)			391.91	347.49	347.49	319.44	294.94	277.10
名称		单位	单价(元)	数量					
人工	综合工日	工日	80.00	4.644	4.385	3.856	3.672	3.510	3.348
材料	垫铁综合	kg	5.70	10.200	10.200	10.200	9.300	9.000	8.100
	普通焊条综合	kg	6.57	2.420	2.250	2.240	2.050	2.050	1.860
	氧气(含乙炔气)综合	m^3	11.99	1.220	1.200	1.160	1.070	1.020	0.950
	清洗油料综合	kg	6.29	0.610	0.580	0.530	0.500	0.480	0.460
	润滑油料综合	kg	9.92	0.250	0.220	0.210	0.200	0.190	0.180
	擦洗布料综合	kg	6.38	0.320	0.300	0.270	0.250	0.240	0.220
	密封填料综合	kg	16.82	0.510	0.480	0.420	0.400	0.360	0.340
	木材综合	m^3	1376.00	0.010	0.010	0.010	0.010	0.010	0.010
	云母板 $\delta=0.5$	kg	22.00	0.240	0.240	0.220	0.220	0.200	0.200
	电极糊	kg	1012.50	0.130	0.130	0.120	0.120	0.100	0.100
	其他材料费	元	–	7.690	7.610	7.230	6.990	6.270	6.030
机械	运输机械综合(三册)	台班	1104.41	0.107	0.092	0.092	0.084	0.077	0.077
	吊装机械综合(三册)	台班	1070.74	0.230	0.207	0.207	0.191	0.176	0.161
	焊接机械综合(三册)	台班	84.05	0.191	0.168	0.168	0.153	0.153	0.138
	其他机械费	元	–	11.410	10.120	10.120	9.300	8.590	8.070

五、连续铸钢设备安装

单位:t

定额编号				3-23-44	3-23-45	3-23-46	3-23-47	3-23-48	3-23-49
项目				连铸主体设备					
				小型方圆坯	中型方板坯	大型板坯	小型薄板坯	中型薄板坯	大型薄板坯
基价(元)				**1015.81**	**935.67**	**795.32**	**1103.25**	**1028.26**	**865.89**
其中	人工费(元)			561.92	527.36	433.28	618.72	580.08	476.64
	材料费(元)			71.23	66.41	59.38	76.94	71.84	56.81
	机械费(元)			382.66	341.90	302.66	407.59	376.34	332.44
名称		单位	单价(元)	数量					
人工	综合工日	工日	80.00	7.024	6.592	5.416	7.734	7.251	5.958
材料	垫铁综合	kg	5.70	5.350	4.940	4.230	5.885	5.434	4.653
	普通焊条综合	kg	6.57	0.120	0.100	0.090	0.132	0.110	0.009
	氧气(含乙炔气)综合	m^3	11.99	0.360	0.330	0.300	0.396	0.363	0.330
	清洗油料综合	kg	6.29	1.680	1.510	1.250	1.848	1.661	0.375
	润滑油料综合	kg	9.92	0.730	0.670	0.610	0.803	0.757	0.671
	擦洗布料综合	kg	6.38	0.260	0.230	0.210	0.286	0.253	0.231
	密封填料综合	kg	16.82	0.020	0.020	0.020	0.022	0.022	0.022
	木材综合	m^3	1376.00	0.010	0.010	0.010	0.010	0.010	0.010
	其他材料费	元	–	2.070	1.930	1.730	2.240	2.090	1.650
机械	运输机械综合(三册)	台班	1104.41	0.094	0.085	0.077	0.103	0.094	0.084
	吊装机械综合(三册)	台班	1070.74	0.238	0.213	0.187	0.262	0.234	0.206
	焊接机械综合(三册)	台班	84.05	0.153	0.119	0.102	0.017	0.131	0.112
	其他机械费	元	–	11.150	9.960	8.820	11.870	10.960	9.680

单位：t

定额编号				3-23-50	3-23-51	3-23-52	3-23-53	3-23-54
项目				钢水罐旋转台			加热烘烤干燥设备	塞棒干燥炉
				小型方坯	中型方板坯	大型板坯		
基价（元）				**757.69**	**589.22**	**623.70**	**746.48**	**619.67**
其中	人工费（元）			421.12	346.40	443.12	507.84	457.68
	材料费（元）			119.73	84.35	70.81	97.97	59.58
	机械费（元）			216.84	158.47	109.77	140.67	102.41
名称		单位	单价（元）	数量				
人工	综合工日	工日	80.00	5.264	4.330	5.539	6.348	5.721
材料	垫铁综合	kg	5.70	12.780	8.500	6.870	2.400	5.100
	普通焊条综合	kg	6.57	0.200	0.130	0.110	0.740	0.210
	氧气（含乙炔气）综合	m^3	11.99	0.570	0.380	0.310	2.370	0.620
	清洗油料综合	kg	6.29	2.160	1.430	1.160	1.190	0.410
	润滑油料综合	kg	9.92	0.520	0.350	0.280	0.640	0.230
	擦洗布料综合	kg	6.38	0.350	0.230	0.180	0.350	0.210
	密封填料综合	kg	16.82	0.030	0.020	0.010	1.090	–
	木材综合	m^3	1376.00	0.010	0.010	0.010	0.010	0.010
	其他材料费	元	–	3.490	2.460	2.060	2.850	1.740
机械	运输机械综合（三册）	台班	1104.41	0.051	0.043	0.026	0.026	0.026
	吊装机械综合（三册）	台班	1070.74	0.136	0.094	0.068	0.068	0.060
	焊接机械综合（三册）	台班	84.05	0.102	0.068	0.060	0.417	0.077
	其他机械费	元	–	6.320	4.620	3.200	4.100	2.980

单位:t

定额编号				3-23-55	3-23-56	3-23-57	3-23-58	3-23-59	3-23-60
项目				悬臂吊	真空脱气及处理设备	吹氩设备及秤	火焰清理机	火焰切割机	摆动飞剪机
基价（元）				**1143.24**	**634.04**	**686.88**	**604.90**	**578.78**	**759.32**
其中	人工费（元）			592.64	476.96	423.84	360.32	326.40	416.16
	材料费（元）			53.15	57.15	47.30	126.77	167.18	123.00
	机械费（元）			497.45	99.93	215.74	117.81	85.20	220.16
名称		单位	单价(元)	数量					
人工	综合工日	工日	80.00	7.408	5.962	5.298	4.504	4.080	5.202
材料	垫铁综合	kg	5.70	0.040	5.260	–	17.500	19.480	13.280
	普通焊条综合	kg	6.57	–	0.190	1.020	0.300	0.320	0.700
	氧气(含乙炔气)综合	m^3	11.99	–	0.360	0.510	0.300	0.970	0.600
	清洗油料综合	kg	6.29	1.450	0.530	0.950	0.440	2.140	0.850
	润滑油料综合	kg	9.92	0.990	0.100	1.020	0.060	0.650	0.370
	擦洗布料综合	kg	6.38	0.770	0.160	0.510	0.100	0.580	0.380
	密封填料综合	kg	16.82	–	0.050	–	–	0.010	0.400
	木材综合	m^3	1376.00	0.020	0.010	0.010	0.010	0.010	0.010
	其他材料费	元	–	1.550	1.660	1.380	3.690	4.870	3.580
机械	运输机械综合(三册)	台班	1104.41	0.129	0.023	0.051	0.026	0.017	0.051
	吊装机械综合(三册)	台班	1070.74	0.318	0.057	0.119	0.068	0.043	0.119
	焊接机械综合(三册)	台班	84.05	–	0.126	0.306	0.153	0.213	0.357
	其他机械费	元	–	14.490	2.910	6.280	3.430	2.480	6.410

单位:t

定额编号				3-23-61	3-23-62	3-23-63	3-23-64	3-23-65
项目				中间罐倾翻装置	升降板坯辊道			尾板运输辊道
					小型方坯	中型方板坯	大型板坯	
基价(元)				**571.02**	**738.30**	**654.70**	**592.78**	**679.61**
其中	人工费(元)			323.84	405.60	360.00	324.00	418.00
	材料费(元)			33.28	87.57	79.34	72.86	91.37
	机械费(元)			213.90	245.13	215.36	195.92	170.24
名称		单位	单价(元)	数量				
人工	综合工日	工日	80.00	4.048	5.070	4.500	4.050	5.225
材料	垫铁综合	kg	5.70	0.490	7.720	6.860	6.170	9.690
	普通焊条综合	kg	6.57	0.310	0.110	0.100	0.090	0.110
	氧气(含乙炔气)综合	m^3	11.99	1.570	0.560	0.500	0.450	0.330
	清洗油料综合	kg	6.29	0.620	2.030	1.800	1.620	1.430
	润滑油料综合	kg	9.92	0.370	0.640	0.560	0.510	0.400
	擦洗布料综合	kg	6.38	0.170	0.110	0.100	0.090	0.220
	密封填料综合	kg	16.82	–	–	–	–	0.040
	木材综合	m^3	1376.00	–	0.010	0.010	0.010	0.010
	其他材料费	元	–	0.970	2.550	2.310	2.120	2.660
机械	运输机械综合(三册)	台班	1104.41	0.051	0.060	0.051	0.051	0.043
	吊装机械综合(三册)	台班	1070.74	0.128	0.153	0.136	0.119	0.102
	焊接机械综合(三册)	台班	84.05	0.170	0.094	0.085	0.077	0.102
	其他机械费	元	–	6.230	7.140	6.270	5.710	4.960

六、冶金铸造设备

单位:t

定额编号				3-23-66	3-23-67	3-23-68	3-23-69	3-23-70	3-23-71
项目				水冷式离心机(t/台)					
				40 以内	60 以内	80 以内	100 以内	150 以内	180 以内
基价(元)				**1432.86**	**1299.67**	**1142.82**	**1054.50**	**845.47**	**762.50**
其中	人工费(元)			695.92	676.00	594.32	588.32	470.40	423.84
	材料费(元)			436.42	364.48	328.31	283.96	230.00	206.83
	机械费(元)			300.52	259.19	220.19	182.22	145.07	131.83
名称		单位	单价(元)	数量					
人工	综合工日	工日	80.00	8.699	8.450	7.429	7.354	5.880	5.298
材料	垫铁综合	kg	5.70	44.250	40.530	37.060	33.340	26.672	24.010
	普通焊条综合	kg	6.57	12.060	8.370	7.080	5.420	4.336	3.902
	氧气(含乙炔气)综合	m^3	11.99	3.270	2.290	1.940	1.480	1.184	1.070
	清洗油料综合	kg	6.29	0.550	0.180	0.320	0.250	0.200	0.180
	润滑油料综合	kg	9.92	0.280	0.200	0.160	0.130	0.104	0.094
	擦洗布料综合	kg	6.38	0.650	0.450	0.390	0.300	0.240	0.220
	木材综合	m^3	1376.00	0.031	0.025	0.023	0.020	0.018	0.016
	其他材料费	元	–	12.710	10.620	9.560	8.270	6.700	6.020
机械	运输机械综合(三册)	台班	1104.41	0.063	0.049	0.042	0.041	0.032	0.030
	吊装机械综合(三册)	台班	1070.74	0.082	0.076	0.068	0.061	0.049	0.044
	焊接机械综合(三册)	台班	84.05	1.130	0.974	0.791	0.789	0.631	0.568
	氩弧焊机 500A	台班	116.61	0.338	0.294	0.241	–	–	–
	其他机械费	元	–	8.750	7.550	6.410	5.310	4.230	3.840

单位:t

定额编号				3-23-72	3-23-73
项目				退火炉传动设备	
				三段	四段
基价(元)				**1115.92**	**1004.45**
其中	人工费(元)			563.36	511.84
	材料费(元)			89.73	84.96
	机械费(元)			462.83	407.65
名称		单位	单价(元)	数量	
人工	综合工日	工日	80.00	7.042	6.398
材料	垫铁综合	kg	5.70	6.290	5.670
	普通焊条综合	kg	6.57	0.660	0.630
	氧气(含乙炔气)综合	m^3	11.99	0.980	0.930
	清洗油料综合	kg	6.29	0.130	0.130
	润滑油料综合	kg	9.92	0.580	0.550
	擦洗布料综合	kg	6.38	0.170	0.170
	木材综合	m^3	1376.00	0.020	0.020
	其他材料费	元	-	2.610	2.470
机械	运输机械综合(三册)	台班	1104.41	0.136	0.122
	吊装机械综合(三册)	台班	1070.74	0.264	0.231
	焊接机械综合(三册)	台班	84.05	0.196	0.163
	其他机械费	元	-	13.480	11.870

第二十四章　轧钢设备安装

说　　明

一、本定额适用于各种型材、板材、管材等轧钢设备和金属制品设备的安装。

二、本定额将轧钢设备划分为六类：

1. 型材、板材轧机按轧机工作辊的直径划分类别：

一类：D800mm 以上；

二类：D500 ~ 800mm；

三类：D150 ~ 500mm；

四类：D150mm 以下。

2. 钢管轧机按管径划分类别：

五类：ϕ108 ~ 400mm；

六类：ϕ76 ~ 108mm。

3. 连轧机则按中间机架的工作辊径确定类别，如五机架连轧机按第三机架的工作辊径确定类别。

4. 其他轧机在定额中均以具体规格表示，如硅钢森吉米尔轧机一般是 20 辊轧机，不锈钢有 12 辊、20 辊轧机，均套用 20 辊子目。

三、钢管轧制设备安装定额适用于无缝钢管、直缝焊管、螺旋焊管等轧制设备的安装。

四、轧钢机安装包括齿轮箱、接轴、换辊、机架辊及其主体设备安装。

五、酸库设备：包括库内全部设备的安装和烟囱、酸槽揭盖机安装。

六、带钢卷及钢板检测设备，适用于钢板测厚、钢卷张力等设备安装。

七、工业炉安装不包括液压传动系统设备安装（即液压缸、液压站、液压管道）。

一、轧钢工业炉设备安装

单位：t

定额编号				3-24-1	3-24-2	3-24-3	3-24-4
项目				均热炉、推钢式加热炉、罩式炉	环形加热炉	步进式加热炉	环形预热炉
基价（元）				**934.36**	**1077.21**	**1031.18**	**1075.78**
其中	人工费（元）			603.44	577.68	519.44	518.00
	材料费（元）			94.45	143.56	162.68	198.87
	机械费（元）			236.47	355.97	349.06	358.91
名称		单位	单价（元）	数量			
人工	综合工日	工日	80.00	7.543	7.221	6.493	6.475
材料	垫铁综合	kg	5.70	8.310	16.360	16.800	23.830
	普通焊条综合	kg	6.57	0.270	0.460	1.250	0.550
	氧气（含乙炔气）综合	m^3	11.99	0.490	1.430	1.500	1.100
	清洗油料综合	kg	6.29	1.650	0.620	0.400	0.300
	润滑油料综合	kg	9.92	0.440	0.420	0.340	0.410
	擦洗布料综合	kg	6.38	0.290	0.120	0.350	0.170
	密封填料综合	kg	16.82	0.040	0.200	0.020	0.240
	木材综合	m^3	1376.00	0.010	0.010	0.020	0.010
	焦炭	kg	1.50	–	–	–	10.410
	二硫化钼	kg	62.90	0.090	–	–	–
	其他材料费	元	–	2.750	4.180	4.740	5.790
机械	运输机械综合（三册）	台班	1104.41	0.034	0.077	0.068	0.077
	吊装机械综合（三册）	台班	1070.74	0.170	0.230	0.213	0.230
	焊接机械综合（三册）	台班	84.05	0.119	0.170	0.425	0.204
	其他机械费	元	–	6.890	10.370	10.170	10.450

单位:t

定额编号				3-24-5	3-24-6	3-24-7	3-24-8
项目				冷轧连续退火炉（立式炉）	冷轧连续退火炉（卧式炉）	硅钢连续退火炉	酸再生站焙烧炉
基价（元）				**1131.20**	**1023.14**	**1082.60**	**976.57**
其中	人工费（元）			606.32	548.56	545.36	633.60
	材料费（元）			151.45	137.09	170.82	93.78
	机械费（元）			373.43	337.49	366.42	249.19
名称		单位	单价(元)	数量			
人工	综合工日	工日	80.00	7.579	6.857	6.817	7.920
材料	垫铁综合	kg	5.70	17.178	15.542	17.640	8.726
	普通焊条综合	kg	6.57	0.483	0.437	1.313	0.284
	氧气(含乙炔气)综合	m^3	11.99	1.502	1.359	1.575	0.515
	清洗油料综合	kg	6.29	0.651	0.589	0.420	1.733
	润滑油料综合	kg	9.92	0.441	0.399	0.357	0.462
	擦洗布料综合	kg	6.38	0.126	0.114	0.368	0.305
	密封填料综合	kg	16.82	0.210	0.190	0.021	0.042
	木材综合	m^3	1376.00	0.011	0.010	0.021	0.011
	其他材料费	元	–	4.410	3.990	4.980	2.730
机械	运输机械综合(三册)	台班	1104.41	0.081	0.073	0.071	0.036
	吊装机械综合(三册)	台班	1070.74	0.241	0.218	0.224	0.179
	焊接机械综合(三册)	台班	84.05	0.179	0.162	0.446	0.125
	其他机械费	元	–	10.880	9.830	10.670	7.260

单位:t

定额编号				3-24-9	3-24-10	3-24-11
项目				装出料设备	再加热炉装料槽	环形炉加料栈桥
基价（元）				**902.34**	**883.30**	**877.72**
其中	人工费（元）			660.80	540.40	536.88
	材料费（元）			80.72	74.10	70.97
	机械费（元）			160.82	268.80	269.87
名称		单位	单价(元)	数量		
人工	综合工日	工日	80.00	8.260	6.755	6.711
材料	垫铁综合	kg	5.70	8.120	8.300	6.300
	普通焊条综合	kg	6.57	0.240	0.110	0.440
	氧气(含乙炔气)综合	m^3	11.99	0.900	0.660	1.320
	清洗油料综合	kg	6.29	0.240	–	–
	润滑油料综合	kg	9.92	0.110	–	–
	擦洗布料综合	kg	6.38	0.130	0.350	0.080
	密封填料综合	kg	16.82	0.150	–	–
	木材综合	m^3	1376.00	0.010	0.010	0.010
	其他材料费	元	–	2.350	2.160	2.070
机械	运输机械综合(三册)	台班	1104.41	0.026	0.043	0.043
	吊装机械综合(三册)	台班	1070.74	0.111	0.196	0.187
	焊接机械综合(三册)	台班	84.05	0.102	0.043	0.170
	其他机械费	元	–	4.680	7.830	7.860

二、型、板材轧制设备安装

单位：t

定额编号				3-24-12	3-24-13	3-24-14
项目				酸轧联合机组	单机架可逆轧机	双机架轧机
基价（元）				**1246.49**	**1024.33**	**1046.08**
其中	人工费（元）			386.72	576.32	587.20
	材料费（元）			196.63	146.03	149.99
	机械费（元）			663.14	301.98	308.89
名称		单位	单价(元)	数量		
人工	综合工日	工日	80.00	4.834	7.204	7.340
材料	垫铁综合	kg	5.70	21.042	17.582	17.924
	普通焊条综合	kg	6.57	0.525	0.371	0.378
	氧气(含乙炔气)综合	m^3	11.99	0.924	0.515	0.525
	清洗油料综合	kg	6.29	0.809	1.576	1.607
	润滑油料综合	kg	9.92	0.368	0.515	0.525
	擦洗布料综合	kg	6.38	0.116	0.309	0.315
	密封填料综合	kg	16.82	0.095	0.052	0.053
	木材综合	m^3	1376.00	0.032	0.010	0.011
	二硫化钼	kg	62.90	0.021	0.021	0.021
	其他材料费	元	–	5.730	4.250	4.370
机械	运输机械综合(三册)	台班	1104.41	0.081	0.026	0.027
	吊装机械综合(三册)	台班	1070.74	0.496	0.236	0.241
	焊接机械综合(三册)	台班	84.05	0.277	0.140	0.143
	其他机械费	元	–	19.310	8.800	9.000

单位:t

定额编号				3-24-15	3-24-16	3-24-17	3-24-18	3-24-19
项目				型、板材轧钢机				
				一类	二类	三类	四类	20 辊
基价(元)				**741.48**	**904.19**	**1008.73**	**1113.83**	**1172.88**
其中	人工费(元)			417.20	525.04	575.44	604.80	621.44
	材料费(元)			101.43	123.34	139.98	171.56	203.94
	机械费(元)			222.85	255.81	293.31	337.47	347.50
名称		单位	单价(元)	数量				
人工	综合工日	工日	80.00	5.215	6.563	7.193	7.560	7.768
材料	垫铁综合	kg	5.70	12.030	14.040	16.050	18.060	25.120
	普通焊条综合	kg	6.57	0.150	0.420	0.460	0.580	1.000
	氧气(含乙炔气)综合	m^3	11.99	0.600	0.930	1.150	2.000	0.720
	清洗油料综合	kg	6.29	0.590	0.760	0.840	1.440	1.900
	润滑油料综合	kg	9.92	0.230	0.370	0.430	0.750	0.800
	擦洗布料综合	kg	6.38	0.080	0.130	0.160	0.280	0.600
	密封填料综合	kg	16.82	0.050	0.090	0.120	0.150	0.090
	木材综合	m^3	1376.00	0.010	0.010	0.010	0.010	0.010
	二硫化钼	kg	62.90	0.010	0.020	0.020	0.020	0.010
	其他材料费	元	-	2.950	3.590	4.080	5.000	5.940
机械	运输机械综合(三册)	台班	1104.41	0.043	0.051	0.051	0.051	0.043
	吊装机械综合(三册)	台班	1070.74	0.145	0.162	0.196	0.230	0.230
	焊接机械综合(三册)	台班	84.05	0.162	0.221	0.221	0.298	0.519
	其他机械费	元	-	6.490	7.450	8.540	9.830	10.120

三、钢管轧制设备安装

单位:t

定额编号				3-24-20	3-24-21	3-24-22	3-24-23
项目				钢管轧机		张力减径机(t/台)	
				五类	六类	100 以下	300 以下
基价(元)				**1058.26**	**1171.36**	**1108.37**	**913.03**
其中	人工费(元)			507.60	517.44	671.20	573.60
	材料费(元)			186.56	208.34	142.16	97.73
	机械费(元)			364.10	445.58	295.01	241.70
名称		单位	单价(元)	数量			
人工	综合工日	工日	80.00	6.345	6.468	8.390	7.170
材料	垫铁综合	kg	5.70	20.040	25.050	17.070	9.380
	普通焊条综合	kg	6.57	0.500	0.630	0.360	0.190
	氧气(含乙炔气)综合	m^3	11.99	0.880	1.100	0.500	0.460
	清洗油料综合	kg	6.29	0.770	0.970	1.530	1.610
	润滑油料综合	kg	9.92	0.350	0.440	0.500	0.510
	擦洗布料综合	kg	6.38	0.110	0.140	0.300	0.440
	密封填料综合	kg	16.82	0.090	0.120	0.050	0.060
	木材综合	m^3	1376.00	0.030	0.020	0.010	0.010
	二硫化钼	kg	62.90	0.020	0.020	0.020	0.030
	其他材料费	元	–	5.430	6.070	4.140	2.850
机械	运输机械综合(三册)	台班	1104.41	0.077	0.094	0.026	0.026
	吊装机械综合(三册)	台班	1070.74	0.230	0.281	0.230	0.187
	焊接机械综合(三册)	台班	84.05	0.264	0.332	0.136	0.068
	其他机械费	元	–	10.600	12.980	8.590	7.040

单位:t

定额编号				3-24-24	3-24-25	3-24-26	3-24-27
项目				均整机	穿孔机	延伸机	定径机
基价(元)				**814.56**	**915.92**	**864.17**	**963.33**
其中	人工费(元)			584.80	620.88	627.36	604.16
	材料费(元)			91.27	118.35	123.72	123.99
	机械费(元)			138.49	176.69	113.09	235.18
名称		单位	单价(元)	数			量
人工	综合工日	工日	80.00	7.310	7.761	7.842	7.552
材料	垫铁综合	kg	5.70	10.040	15.400	15.400	15.400
	普通焊条综合	kg	6.57	0.200	0.220	0.260	0.300
	氧气(含乙炔气)综合	m^3	11.99	0.200	0.100	0.200	0.200
	清洗油料综合	kg	6.29	0.800	0.720	1.080	1.080
	润滑油料综合	kg	9.92	0.700	0.380	0.530	0.530
	擦洗布料综合	kg	6.38	0.250	0.300	0.300	0.300
	密封填料综合	kg	16.82	0.020	0.030	0.030	0.030
	木材综合	m^3	1376.00	0.010	0.010	0.010	0.010
	其他材料费	元	-	2.660	3.450	3.600	3.610
机械	运输机械综合(三册)	台班	1104.41	0.017	0.017	0.017	0.017
	吊装机械综合(三册)	台班	1070.74	0.102	0.136	0.077	0.187
	焊接机械综合(三册)	台班	84.05	0.077	0.085	0.102	0.111
	其他机械费	元	-	4.030	5.150	3.290	6.850

单位:t

定额编号				3-24-28	3-24-29	3-24-30	3-24-31
项目				管端加厚机	钢管扩口机	切管机	管坯切断机
基价（元）				**821.41**	**984.20**	**884.17**	**968.93**
其中	人工费（元）			460.00	571.04	501.36	546.88
	材料费（元）			95.39	108.55	127.41	136.18
	机械费（元）			266.02	304.61	255.40	285.87
名称		单位	单价(元)	数量			
人工	综合工日	工日	80.00	5.750	7.138	6.267	6.836
材料	垫铁综合	kg	5.70	9.060	11.850	15.200	17.000
	普通焊条综合	kg	6.57	0.360	0.370	0.330	0.300
	氧气(含乙炔气)综合	m^3	11.99	1.000	0.580	0.600	0.330
	清洗油料综合	kg	6.29	1.100	1.310	1.050	1.310
	润滑油料综合	kg	9.92	0.340	0.450	0.300	0.420
	擦洗布料综合	kg	6.38	0.270	0.260	0.420	0.320
	密封填料综合	kg	16.82	0.050	0.020	0.100	0.070
	木材综合	m^3	1376.00	0.010	0.010	0.010	0.010
	其他材料费	元	–	2.780	3.160	3.710	3.970
机械	运输机械综合(三册)	台班	1104.41	0.017	0.026	0.017	0.026
	吊装机械综合(三册)	台班	1070.74	0.213	0.238	0.204	0.221
	焊接机械综合(三册)	台班	84.05	0.136	0.145	0.128	0.145
	其他机械费	元	–	7.750	8.870	7.440	8.330

四、带钢设备安装

单位：t

定额编号				3-24-32	3-24-33	3-24-34	3-24-35
项目				带钢取卷、开卷、打捆机（t/台）		捆带剥离机	带钢焊接机
				50 以下	100 以下		
基价（元）				**1019.35**	**856.85**	**887.10**	**1101.43**
其中	人工费（元）			415.28	453.60	544.32	428.72
	材料费（元）			123.54	141.48	64.51	127.12
	机械费（元）			480.53	261.77	278.27	545.59
名称		单位	单价（元）	数量			
人工	综合工日	工日	80.00	5.191	5.670	6.804	5.359
材料	垫铁综合	kg	5.70	14.570	18.150	0.210	14.920
	普通焊条综合	kg	6.57	0.400	0.270	0.440	0.410
	氧气（含乙炔气）综合	m^3	11.99	0.590	0.850	1.250	0.590
	清洗油料综合	kg	6.29	0.840	0.560	1.050	0.940
	润滑油料综合	kg	9.92	0.400	0.260	0.630	0.590
	擦洗布料综合	kg	6.38	0.550	0.220	0.420	0.430
	密封填料综合	kg	16.82	0.040	0.040	0.030	0.020
	木材综合	m^3	1376.00	0.010	0.010	0.020	0.010
	其他材料费	元	–	3.600	4.120	1.880	3.700
机械	运输机械综合（三册）	台班	1104.41	0.128	0.034	0.051	0.255
	吊装机械综合（三册）	台班	1070.74	0.289	0.179	0.187	0.213
	焊接机械综合（三册）	台班	84.05	0.187	0.136	0.162	0.238
	电动空气压缩机 $10m^3/min$	台班	519.44	–	0.026	–	–
	其他机械费	元	–	14.000	7.620	8.100	15.890

单位：t

定额编号				3-24-36	3-24-37	3-24-38	3-24-39
项目				导向辊	活套装置	夹送辊	防偏、压紧装置
基价（元）				**913.34**	**765.51**	**964.49**	**724.29**
其中	人工费（元）			562.72	559.28	552.00	418.56
	材料费（元）			86.58	90.89	141.84	111.55
	机械费（元）			264.04	115.34	270.65	194.18
名称		单位	单价(元)	数量			
人工	综合工日	工日	80.00	7.034	6.991	6.900	5.232
材料	垫铁综合	kg	5.70	8.610	10.100	16.270	7.060
	普通焊条综合	kg	6.57	0.600	0.140	0.100	0.450
	氧气(含乙炔气)综合	m^3	11.99	0.640	0.500	0.420	0.750
	清洗油料综合	kg	6.29	0.720	0.600	0.890	1.000
	润滑油料综合	kg	9.92	0.330	0.400	0.360	0.470
	擦洗布料综合	kg	6.38	0.230	0.300	0.300	0.370
	密封填料综合	kg	16.82	0.020	0.020	0.040	0.090
	木材综合	m^3	1376.00	0.010	0.010	0.020	0.030
	其他材料费	元	–	2.520	2.650	4.130	3.250
机械	运输机械综合(三册)	台班	1104.41	0.034	0.017	0.043	0.043
	吊装机械综合(三册)	台班	1070.74	0.187	0.077	0.179	0.119
	焊接机械综合(三册)	台班	84.05	0.221	0.128	0.281	0.162
	其他机械费	元	–	7.690	3.360	7.880	5.660

单位：t

定额编号				3-24-40	3-24-41	3-24-42	3-24-43	3-24-44	3-24-45
项目				带钢其他设备					
				引带小车	动力拉紧	带卷清理	汽头翻板	支持器	侧边打孔
基价（元）				**745.52**	**699.61**	**614.53**	**865.97**	**778.60**	**569.54**
其中	人工费（元）			567.76	428.64	333.28	555.28	492.24	413.68
	材料费（元）			96.98	89.04	132.52	94.44	36.44	77.17
	机械费（元）			80.78	181.93	148.73	216.25	249.92	78.69
名称		单位	单价(元)	数量					
人工	综合工日	工日	80.00	7.097	5.358	4.166	6.941	6.153	5.171
材料	垫铁综合	kg	5.70	13.290	9.100	17.110	10.300	0.020	8.410
	普通焊条综合	kg	6.57	0.460	0.360	0.160	0.260	0.400	0.120
	氧气(含乙炔气)综合	m^3	11.99	0.190	1.100	0.400	0.600	1.000	0.500
	清洗油料综合	kg	6.29	1.140	0.490	0.800	0.660	1.050	0.250
	润滑油料综合	kg	9.92	0.290	0.120	0.430	0.420	0.930	0.270
	擦洗布料综合	kg	6.38	0.400	0.130	0.350	0.260	0.650	0.290
	密封填料综合	kg	16.82	0.030	0.010	–	0.020	0.040	0.020
	木材综合	m^3	1376.00	–	0.010	0.010	0.010	–	0.010
	其他材料费	元	–	2.820	2.590	3.860	2.750	1.060	2.250
机械	运输机械综合(三册)	台班	1104.41	0.017	0.009	0.026	0.034	0.051	0.033
	吊装机械综合(三册)	台班	1070.74	0.043	0.145	0.102	0.153	0.162	0.033
	焊接机械综合(三册)	台班	84.05	0.162	0.136	0.077	0.102	0.153	0.055
	其他机械费	元	–	2.350	5.300	4.330	6.300	7.280	2.290

五、金属制品设备安装

单位：t

定额编号				3-24-46	3-24-47	3-24-48	3-24-49	3-24-50	3-24-51
项目				捻股机	制绳机		拉丝机		
					筐篮式	管式	连续式	直线式	单拉式
基价（元）				**898.20**	**871.81**	**993.22**	**822.28**	**945.21**	**976.33**
其中	人工费（元）			541.28	478.24	564.00	433.76	524.24	501.76
	材料费（元）			137.00	166.62	191.98	162.03	192.24	189.19
	机械费（元）			219.92	226.95	237.24	226.49	228.73	285.38
名称		单位	单价（元）	数量					
人工	综合工日	工日	80.00	6.766	5.978	7.050	5.422	6.553	6.272
材料	垫铁综合	kg	5.70	15.220	20.810	25.320	20.470	25.560	25.510
	普通焊条综合	kg	6.57	0.460	0.410	0.480	0.370	0.460	0.420
	氧气（含乙炔气）综合	m^3	11.99	0.800	0.750	0.750	0.650	0.750	0.700
	清洗油料综合	kg	6.29	1.040	1.070	0.980	1.020	0.900	0.800
	润滑油料综合	kg	9.92	0.720	0.850	0.700	0.740	0.700	0.600
	擦洗布料综合	kg	6.38	0.470	0.320	0.400	0.400	0.350	0.320
	密封填料综合	kg	16.82	0.190	0.030	0.030	0.020	0.020	0.020
	木材综合	m^3	1376.00	0.010	0.010	0.010	0.010	0.010	0.010
	其他材料费	元	–	3.990	4.850	5.590	4.720	5.600	5.510
机械	运输机械综合（三册）	台班	1104.41	0.043	0.034	0.034	0.043	0.043	0.077
	吊装机械综合（三册）	台班	1070.74	0.145	0.162	0.170	0.153	0.153	0.170
	焊接机械综合（三册）	台班	84.05	0.128	0.111	0.128	0.102	0.128	0.119
	其他机械费	元	–	6.410	6.610	6.910	6.600	6.660	8.310

单位:t

定额编号				3-24-52	3-24-53	3-24-54	3-24-55	3-24-56	3-24-57
项目				小方坯、管坯		线材加工设备		管材加工设备	高速线材轧机
				分离装置	筐篮式	旋转式承卷机	摘、拔机		
基价(元)				**699.61**	**896.80**	**1115.06**	**1023.31**	**1079.81**	**1131.93**
其中	人工费(元)			428.64	550.88	489.52	562.64	496.24	537.20
	材料费(元)			89.04	129.67	229.27	183.45	136.50	241.65
	机械费(元)			181.93	216.25	396.27	277.22	447.07	353.08
名称		单位	单价(元)	数				量	
人工	综合工日	工日	80.00	5.358	6.886	6.119	7.033	6.203	6.715
材料	垫铁综合	kg	5.70	9.100	16.300	25.750	17.390	16.280	25.000
	普通焊条综合	kg	6.57	0.360	0.260	0.550	0.520	0.230	0.520
	氧气(含乙炔气)综合	m^3	11.99	1.100	0.600	1.630	1.910	0.530	2.120
	清洗油料综合	kg	6.29	0.490	0.660	2.200	2.100	1.480	1.920
	润滑油料综合	kg	9.92	0.120	0.420	1.350	1.270	0.610	1.250
	擦洗布料综合	kg	6.38	0.130	0.260	1.750	1.500	0.350	1.670
	密封填料综合	kg	16.82	0.010	0.020	0.030	0.210	0.030	0.090
	木材综合	m^3	1376.00	0.010	0.010	0.010	0.010	0.010	0.010
	型钢综合	kg	4.00	–	–	–	–	–	1.830
	钢丝绳 单股 $\phi=4.2$	kg	7.30	–	–	–	–	–	0.760
	其他材料费	元	–	2.590	3.780	6.680	5.340	3.980	7.040
机械	运输机械综合(三册)	台班	1104.41	0.009	0.034	0.051	0.043	0.213	0.068
	吊装机械综合(三册)	台班	1070.74	0.145	0.153	0.298	0.187	0.179	0.230
	焊接机械综合(三册)	台班	84.05	0.136	0.102	0.111	0.255	0.085	0.255
	其他机械费	元	–	5.300	6.300	11.540	8.070	13.020	10.280

六、辊道设备安装

单位:t

定额编号				3-24-58	3-24-59	3-24-60	3-24-61
项目				单独辊道		炉底辊道	辊道盖板
				一、二类轧机	其余各类轧机		
基价(元)				**724.13**	**913.91**	**935.72**	**780.70**
其中	人工费(元)			379.60	511.92	450.88	264.24
	材料费(元)			183.76	164.11	169.26	75.52
	机械费(元)			160.77	237.88	315.58	440.94
名称		单位	单价(元)	数量			
人工	综合工日	工日	80.00	4.745	6.399	5.636	3.303
材料	垫铁综合	kg	5.70	20.170	15.250	10.420	10.100
	普通焊条综合	kg	6.57	0.120	0.090	0.400	0.140
	氧气(含乙炔气)综合	m^3	11.99	0.680	0.680	0.400	1.200
	清洗油料综合	kg	6.29	1.690	1.300	0.780	–
	润滑油料综合	kg	9.92	1.270	0.970	0.530	–
	擦洗布料综合	kg	6.38	0.350	0.480	0.250	0.070
	密封填料综合	kg	16.82	0.090	0.090	0.190	–
	木材综合	m^3	1376.00	0.020	0.030	0.060	–
	其他材料费	元	–	5.350	4.780	4.930	2.200
机械	运输机械综合(三册)	台班	1104.41	0.034	0.043	0.068	0.153
	吊装机械综合(三册)	台班	1070.74	0.102	0.162	0.204	0.238
	焊接机械综合(三册)	台班	84.05	0.111	0.119	0.153	0.051
	其他机械费	元	–	4.680	6.930	9.190	12.840

单位:t

定额编号				3-24-62	3-24-63	3-24-64	3-24-65
项目				成组辊道		挡板	导板
				一、二类轧机	其余各类轧机		
基价(元)				**623.65**	**842.04**	**732.97**	**887.87**
其中	人工费(元)			327.92	459.12	414.32	479.60
	材料费(元)			126.08	153.50	104.63	116.59
	机械费(元)			169.65	229.42	214.02	291.68
名称		单位	单价(元)	数量			
人工	综合工日	工日	80.00	4.099	5.739	5.179	5.995
材料	垫铁综合	kg	5.70	16.150	17.260	10.020	10.000
	普通焊条综合	kg	6.57	0.100	0.110	0.180	0.390
	氧气(含乙炔气)综合	m^3	11.99	0.350	0.500	1.000	2.500
	清洗油料综合	kg	6.29	0.770	1.170	1.540	0.830
	润滑油料综合	kg	9.92	0.440	0.610	0.520	0.210
	擦洗布料综合	kg	6.38	0.160	0.180	0.210	0.300
	密封填料综合	kg	16.82	0.090	0.110	0.080	0.040
	木材综合	m^3	1376.00	0.010	0.020	0.010	0.010
	其他材料费	元	–	3.670	4.470	3.050	3.400
机械	运输机械综合(三册)	台班	1104.41	0.026	0.043	0.043	0.051
	吊装机械综合(三册)	台班	1070.74	0.119	0.153	0.145	0.179
	焊接机械综合(三册)	台班	84.05	0.102	0.136	0.060	0.153
	电动空气压缩机 $10m^3/min$	台班	519.44	–	–	–	0.043
	其他机械费	元	–	4.940	6.680	6.230	8.500

七、台架及运输设备安装

单位:t

定额编号				3-24-66	3-24-67	3-24-68	3-24-69
项目				传动台架		无传动台架	
				一、二类轧机	其余各类轧机	一、二类轧机	其余各类轧机
基价(元)				**762.22**	**716.29**	**561.29**	**617.02**
其中	人工费(元)			454.32	455.60	340.56	357.04
	材料费(元)			101.64	110.10	112.74	121.54
	机械费(元)			206.26	150.59	107.99	138.44
名称		单位	单价(元)	数量			
人工	综合工日	工日	80.00	5.679	5.695	4.257	4.463
材料	垫铁综合	kg	5.70	12.130	12.160	15.160	15.180
	普通焊条综合	kg	6.57	0.100	0.200	0.090	0.200
	氧气(含乙炔气)综合	m^3	11.99	0.300	0.600	0.350	0.750
	清洗油料综合	kg	6.29	0.900	1.200	0.360	0.470
	润滑油料综合	kg	9.92	0.310	0.420	0.180	0.320
	擦洗布料综合	kg	6.38	0.200	0.300	0.070	0.200
	密封填料综合	kg	16.82	0.090	0.100	–	–
	木材综合	m^3	1376.00	0.010	0.010	0.010	0.010
	其他材料费	元	–	2.960	3.210	3.280	3.540
机械	运输机械综合(三册)	台班	1104.41	0.043	0.017	0.017	0.026
	吊装机械综合(三册)	台班	1070.74	0.136	0.111	0.077	0.094
	焊接机械综合(三册)	台班	84.05	0.085	0.102	0.043	0.060
	其他机械费	元	–	6.010	4.390	3.150	4.030

单位：t

定额编号				3-24-70	3-24-71	3-24-72	3-24-73
项目				箅条	链式运输机		
					一、二类轧机	其余各类轧机	鞍形
基价（元）				**734.37**	**730.67**	**955.20**	**776.56**
其中	人工费（元）			512.64	402.24	563.36	391.44
	材料费（元）			24.88	142.20	156.06	181.60
	机械费（元）			196.85	186.23	235.78	203.52
名称		单位	单价（元）	数量			
人工	综合工日	工日	80.00	6.408	5.028	7.042	4.893
材料	垫铁综合	kg	5.70	0.010	18.170	18.240	24.640
	普通焊条综合	kg	6.57	0.220	0.120	0.200	0.450
	氧气（含乙炔气）综合	m^3	11.99	0.750	0.500	0.800	0.550
	清洗油料综合	kg	6.29	1.200	1.080	1.800	0.690
	润滑油料综合	kg	9.92	0.520	0.510	0.840	0.500
	擦洗布料综合	kg	6.38	0.150	0.250	0.400	0.430
	密封填料综合	kg	16.82	–	0.030	0.040	0.030
	木材综合	m^3	1376.00	–	0.010	0.010	0.010
	其他材料费	元	–	0.720	4.140	4.550	5.290
机械	运输机械综合（三册）	台班	1104.41	0.026	0.026	0.034	0.026
	吊装机械综合（三册）	台班	1070.74	0.145	0.136	0.170	0.145
	焊接机械综合（三册）	台班	84.05	0.085	0.077	0.111	0.162
	其他机械费	元	–	5.730	5.420	6.870	5.930

单位:t

定额编号				3-24-74	3-24-75	3-24-76	3-24-77	3-24-78	3-24-79
项目				成品移送机	运输机	回转升降台		推料、翻料机	
						一、二类机	其余各类轧机	一、二类机	其余各类轧机
基价(元)				**721.81**	**707.36**	**676.61**	**903.52**	**700.58**	**890.78**
其中	人工费(元)			384.40	410.00	402.48	557.92	367.28	423.04
	材料费(元)			164.51	106.02	116.25	127.11	126.85	132.53
	机械费(元)			172.90	191.34	157.88	218.49	206.45	335.21
名称		单位	单价(元)	数量					
人工	综合工日	工日	80.00	4.805	5.125	5.031	6.974	4.591	5.288
材料	垫铁综合	kg	5.70	25.000	11.300	15.060	15.130	13.670	13.710
	普通焊条综合	kg	6.57	0.350	0.480	0.120	0.300	0.130	0.180
	氧气(含乙炔气)综合	m^3	11.99	0.800	0.690	0.400	0.600	0.450	0.550
	清洗油料综合	kg	6.29	0.330	0.950	0.300	0.660	0.570	0.760
	润滑油料综合	kg	9.92	0.230	0.480	0.300	0.540	0.480	0.640
	擦洗布料综合	kg	6.38	0.100	0.380	0.150	0.400	0.200	0.300
	密封填料综合	kg	16.82	0.020	0.010	0.110	0.130	0.110	0.130
	木材综合	m^3	1376.00	–	0.010	0.010	0.010	0.020	0.020
	其他材料费	元	–	4.790	3.090	3.390	3.700	3.690	3.860
机械	运输机械综合(三册)	台班	1104.41	0.017	0.026	0.026	0.034	0.026	0.136
	吊装机械综合(三册)	台班	1070.74	0.111	0.128	0.111	0.153	0.153	0.153
	焊接机械综合(三册)	台班	84.05	0.094	0.238	0.068	0.128	0.094	0.136
	电动空气压缩机 $10m^3/min$	台班	519.44	0.043	–	–	–	–	–
	其他机械费	元	–	5.040	5.570	4.600	6.360	6.010	9.760

八、剪切、锯切、打印、定尺设备安装

单位:t

定额编号				3-24-80	3-24-81	3-24-82	3-24-83
项目				切断机	锯切机	打印机	定尺机
基价（元）				**841.50**	**794.60**	**871.46**	**806.12**
其中	人工费（元）			441.76	500.24	497.68	473.20
	材料费（元）			153.16	140.24	114.01	88.27
	机械费（元）			246.58	154.12	259.77	244.65
名称		单位	单价(元)	数量			
人工	综合工日	工日	80.00	5.522	6.253	6.221	5.915
材料	垫铁综合	kg	5.70	15.140	17.260	12.130	10.220
	普通焊条综合	kg	6.57	0.240	0.260	0.460	0.260
	氧气(含乙炔气)综合	m^3	11.99	0.550	0.780	0.750	0.300
	清洗油料综合	kg	6.29	1.200	0.910	1.000	0.360
	润滑油料综合	kg	9.92	0.350	0.460	0.550	0.210
	擦洗布料综合	kg	6.38	0.250	0.260	0.500	0.500
	密封填料综合	kg	16.82	0.020	0.060	0.050	0.050
	木材综合	m^3	1376.00	0.030	0.010	0.010	0.010
	其他材料费	元	–	4.460	4.080	3.320	2.570
机械	运输机械综合(三册)	台班	1104.41	0.017	0.034	0.026	0.026
	吊装机械综合(三册)	台班	1070.74	0.196	0.094	0.196	0.187
	焊接机械综合(三册)	台班	84.05	0.128	0.136	0.162	0.102
	其他机械费	元	–	7.180	4.490	7.570	7.130

九、矫直、精整、成品堆垛设备安装

单位:t

定额编号				3-24-84	3-24-85	3-24-86	3-24-87
项目				5~9 辊矫直机		11~29 辊矫直机	
				一、二类轧机	其余各类轧机	一、二类轧机	其余各类轧机
基价(元)				**775.45**	**869.13**	**1009.17**	**1084.41**
其中	人工费(元)			420.00	506.24	588.40	631.92
	材料费(元)			112.28	127.07	127.23	137.26
	机械费(元)			243.17	235.82	293.54	315.23
名称		单位	单价(元)	数量			
人工	综合工日	工日	80.00	5.250	6.328	7.355	7.899
材料	垫铁综合	kg	5.70	13.100	13.550	13.380	13.490
	普通焊条综合	kg	6.57	0.100	0.250	0.320	0.400
	氧气(含乙炔气)综合	m^3	11.99	0.300	0.600	0.300	0.400
	清洗油料综合	kg	6.29	1.420	1.960	2.000	2.450
	润滑油料综合	kg	9.92	0.600	0.920	0.920	1.140
	擦洗布料综合	kg	6.38	0.200	0.300	0.400	0.510
	密封填料综合	kg	16.82	0.010	0.010	0.210	0.310
	木材综合	m^3	1376.00	0.010	0.010	0.010	0.010
	其他材料费	元	–	3.270	3.700	3.710	4.000
机械	运输机械综合(三册)	台班	1104.41	0.026	0.026	0.026	0.026
	吊装机械综合(三册)	台班	1070.74	0.187	0.179	0.230	0.247
	焊接机械综合(三册)	台班	84.05	0.085	0.102	0.119	0.153
	其他机械费	元	–	7.080	6.870	8.550	9.180

单位:t

定额编号				3-24-88	3-24-89	3-24-90	3-24-91
项目				其他矫直机		拉伸机	轧件直头机
				拉伸矫直机	其余各类轧机		
基价(元)				**660.65**	**817.31**	**1007.33**	**795.66**
其中	人工费(元)			358.40	425.28	660.56	509.60
	材料费(元)			152.83	148.08	137.69	121.46
	机械费(元)			149.42	243.95	209.08	164.60
名称		单位	单价(元)	数量			
人工	综合工日	工日	80.00	4.480	5.316	8.257	6.370
材料	垫铁综合	kg	5.70	20.510	15.100	16.540	15.310
	普通焊条综合	kg	6.57	0.100	0.240	0.340	0.100
	氧气(含乙炔气)综合	m^3	11.99	0.600	1.200	0.510	0.290
	清洗油料综合	kg	6.29	0.600	2.160	1.220	1.030
	润滑油料综合	kg	9.92	0.500	0.980	0.630	0.430
	擦洗布料综合	kg	6.38	0.150	0.600	0.370	0.290
	密封填料综合	kg	16.82	0.010	0.050	0.060	0.010
	木材综合	m^3	1376.00	0.010	0.010	0.010	0.010
	其他材料费	元	–	4.450	4.310	4.010	3.540
机械	运输机械综合(三册)	台班	1104.41	0.026	0.026	0.017	0.017
	吊装机械综合(三册)	台班	1070.74	0.102	0.187	0.162	0.119
	焊接机械综合(三册)	台班	84.05	0.085	0.094	0.128	0.162
	其他机械费	元	–	4.350	7.110	6.090	4.790

单位:t

定额编号				3-24-92	3-24-93	3-24-94	3-24-95
项目				抛光机		坯面及衬套处理机	去毛刺机
				板面抛光	带材抛光		
基价(元)				**852.79**	**839.83**	**758.93**	**881.17**
其中	人工费(元)			532.00	441.44	499.12	493.04
	材料费(元)			106.66	125.77	80.18	90.28
	机械费(元)			214.13	272.62	179.63	297.85
名称		单位	单价(元)	数量			
人工	综合工日	工日	80.00	6.650	5.518	6.239	6.163
材料	垫铁综合	kg	5.70	10.330	10.390	9.100	8.300
	普通焊条综合	kg	6.57	0.180	0.240	0.240	0.460
	氧气(含乙炔气)综合	m^3	11.99	1.000	2.000	0.300	1.000
	清洗油料综合	kg	6.29	0.720	1.200	0.480	0.810
	润滑油料综合	kg	9.92	1.040	1.260	0.270	0.280
	擦洗布料综合	kg	6.38	0.400	0.500	0.130	0.500
	密封填料综合	kg	16.82	0.020	0.020	0.030	0.030
	木材综合	m^3	1376.00	0.010	0.010	0.010	0.010
	其他材料费	元	–	3.110	3.660	2.340	2.630
机械	运输机械综合(三册)	台班	1104.41	0.026	0.026	0.017	0.043
	吊装机械综合(三册)	台班	1070.74	0.162	0.213	0.136	0.213
	焊接机械综合(三册)	台班	84.05	0.068	0.094	0.119	0.162
	其他机械费	元	–	6.240	7.940	5.230	8.680

单位:t

定额编号				3-24-96	3-24-97	3-24-98	3-24-99
项目				折叠装置	堆垛装置	成品运输机	
						线卷带卷	磁力式
基价(元)				**794.16**	**616.24**	**639.99**	**593.42**
其中	人工费(元)			423.68	469.04	329.04	387.44
	材料费(元)			117.39	95.09	85.75	74.52
	机械费(元)			253.09	52.11	225.20	131.46
名称		单位	单价(元)	数量			
人工	综合工日	工日	80.00	5.296	5.863	4.113	4.843
材料	垫铁综合	kg	5.70	12.040	10.560	9.870	8.010
	普通焊条综合	kg	6.57	0.220	0.210	0.180	0.180
	氧气(含乙炔气)综合	m^3	11.99	0.600	0.600	0.280	0.300
	清洗油料综合	kg	6.29	2.160	0.780	0.410	0.390
	润滑油料综合	kg	9.92	0.540	0.230	0.400	0.300
	擦洗布料综合	kg	6.38	0.600	0.330	0.310	0.400
	密封填料综合	kg	16.82	0.010	0.030	0.010	0.010
	木材综合	m^3	1376.00	0.010	0.010	0.010	0.010
	其他材料费	元	–	3.420	2.770	2.500	2.170
机械	运输机械综合(三册)	台班	1104.41	0.026	0.017	0.026	0.026
	吊装机械综合(三册)	台班	1070.74	0.196	0.017	0.170	0.085
	焊接机械综合(三册)	台班	84.05	0.085	0.162	0.094	0.094
	其他机械费	元	–	7.370	1.520	6.560	3.830

十、称量及检测设备安装

单位：台

定额编号				3-24-100	3-24-101	3-24-102	3-24-103
项目				电子秤	地中衡	电动台车 载重(t)	
						30以下	60以下
基价（元）				**685.48**	**926.37**	**1058.25**	903.13
其中	人工费（元）			359.44	168.48	596.32	507.04
	材料费（元）			73.17	308.90	104.89	63.69
	机械费（元）			252.87	448.99	357.04	332.40
名称		单位	单价(元)	数量			
人工	综合工日	工日	80.00	4.493	2.106	7.454	6.338
材料	垫铁综合	kg	5.70	6.190	30.000	–	–
	普通焊条综合	kg	6.57	0.560	3.080	0.670	0.230
	氧气(含乙炔气)综合	m^3	11.99	0.650	4.620	2.000	1.030
	清洗油料综合	kg	6.29	0.820	3.860	3.800	3.020
	润滑油料综合	kg	9.92	0.270	2.080	2.830	1.580
	擦洗布料综合	kg	6.38	0.290	1.310	0.840	0.400
	密封填料综合	kg	16.82	0.050	–	0.140	0.110
	木材综合	m^3	1376.00	0.010	–	0.010	0.010
	其他材料费	元	–	2.130	9.000	3.060	2.000
机械	运输机械综合(三册)	台班	1104.41	0.051	0.043	0.043	0.043
	吊装机械综合(三册)	台班	1070.74	0.162	0.298	0.264	0.247
	焊接机械综合(三册)	台班	84.05	0.187	0.825	0.196	0.128
	其他机械费	元	–	7.370	13.080	10.400	9.680

单位：t

定额编号				3-24-104	3-24-105	3-24-106	3-24-107
项目				钢板检测设备	控制装置		检查镜
					记录控制	边缘控制	
基价（元）				**646.79**	**803.53**	**1205.30**	**757.17**
其中	人工费（元）			351.12	441.60	550.48	303.84
	材料费（元）			107.37	135.97	222.32	50.84
	机械费（元）			188.30	225.96	432.50	402.49
名称		单位	单价(元)	数量			
人工	综合工日	工日	80.00	4.389	5.520	6.881	3.798
材料	垫铁综合	kg	5.70	10.330	15.120	24.120	8.100
	普通焊条综合	kg	6.57	0.540	0.420	0.600	0.200
	氧气(含乙炔气)综合	m^3	11.99	0.670	1.600	4.000	0.050
	清洗油料综合	kg	6.29	1.330	0.350	0.600	–
	润滑油料综合	kg	9.92	0.770	0.250	0.400	–
	擦洗布料综合	kg	6.38	0.550	0.800	0.750	0.200
	密封填料综合	kg	16.82	0.030	0.020	0.010	–
	木材综合	m^3	1376.00	0.010	0.010	0.010	–
	其他材料费	元	–	3.130	3.960	6.480	1.480
机械	运输机械综合(三册)	台班	1104.41	0.043	0.017	0.068	0.009
	吊装机械综合(三册)	台班	1070.74	0.111	0.170	0.298	0.349
	焊接机械综合(三册)	台班	84.05	0.196	0.221	0.306	0.085
	其他机械费	元	–	5.480	6.580	12.600	11.720

十一、酸洗、镀锌、镀锡设备安装

单位:t

定额编号				3-24-108	3-24-109	3-24-110	3-24-111
项目				酸库设备	酸洗、镀锌、镀锡	镀层气刀装置	涂油设备
基价(元)				**901.80**	**770.17**	**1167.26**	**720.34**
其中	人工费(元)			452.16	475.20	606.16	331.20
	材料费(元)			151.72	92.93	85.12	127.32
	机械费(元)			297.92	202.04	475.98	261.82
名称		单位	单价(元)	数量			
人工	综合工日	工日	80.00	5.652	5.940	7.577	4.140
材料	垫铁综合	kg	5.70	19.720	10.300	4.000	15.340
	普通焊条综合	kg	6.57	0.790	0.320	0.250	0.200
	氧气(含乙炔气)综合	m^3	11.99	0.910	0.530	3.000	0.600
	清洗油料综合	kg	6.29	0.800	0.800	0.500	0.920
	润滑油料综合	kg	9.92	–	0.280	–	0.480
	擦洗布料综合	kg	6.38	–	0.180	0.570	0.500
	密封填料综合	kg	16.82	–	0.020	0.100	0.010
	木材综合	m^3	1376.00	0.010	0.010	0.010	0.010
	其他材料费	元	–	4.420	2.710	2.480	3.710
机械	运输机械综合(三册)	台班	1104.41	0.034	0.026	0.026	0.043
	吊装机械综合(三册)	台班	1070.74	0.213	0.145	0.255	0.187
	焊接机械综合(三册)	台班	84.05	0.281	0.145	0.332	0.077
	电动空气压缩机 $10m^3/min$	台班	519.44	–	–	0.255	–
	其他机械费	元	–	8.680	5.880	13.860	7.630

单位:t

定额编号				3-24-112	3-24-113	3-24-114	3-24-115
项目				水电解槽	再生回收		废酸液过滤装置
					废酸再生	电解液回收	
基价(元)				**1207.88**	**1091.81**	**787.81**	**579.69**
其中	人工费(元)			633.76	515.36	508.56	378.80
	材料费(元)			160.05	205.08	71.26	53.56
	机械费(元)			414.07	371.37	207.99	147.33
名称		单位	单价(元)	数量			
人工	综合工日	工日	80.00	7.922	6.442	6.357	4.735
材料	垫铁综合	kg	5.70	9.500	20.540	7.500	–
	普通焊条综合	kg	6.57	2.000	1.200	0.460	1.250
	氧气(含乙炔气)综合	m^3	11.99	2.500	3.960	0.330	1.780
	清洗油料综合	kg	6.29	0.340	1.240	0.250	1.560
	润滑油料综合	kg	9.92	0.500	–	0.270	–
	擦洗布料综合	kg	6.38	0.260	0.800	0.200	1.110

续前

单位：t

定额编号				3-24-112	3-24-113	3-24-114	3-24-115
项目				水电解槽	再生回收		废酸液过滤装置
					废酸再生	电解液回收	
材料	密封填料综合	kg	16.82	0.300	–	0.010	0.330
	木材综合	m^3	1376.00	0.010	0.010	0.010	–
	氩弧焊丝	kg	11.25	0.750	–	–	–
	氩气	m^3	15.00	0.950	–	–	–
	钨极	kg	262.50	0.030	–	–	–
	其他材料费	元	–	4.660	5.970	2.080	1.560
机械	运输机械综合(三册)	台班	1104.41	0.017	0.043	0.017	0.017
	吊装机械综合(三册)	台班	1070.74	0.111	0.281	0.153	0.102
	焊接机械综合(三册)	台班	84.05	0.247	0.145	0.230	0.179
	电动空气压缩机 $10m^3/min$	台班	519.44	0.425	–	–	–
	氩弧焊机 500A	台班	116.61	0.196	–	–	–
	其他机械费	元	–	12.060	10.820	6.060	4.290

十二、轧钢车间辅助设备安装

单位：t

定额编号				3-24-116	3-24-117	3-24-118	3-24-119	3-24-120
项目				搅拌设备	扒渣除渣设备	切头氧化铁皮清除设备	包装材料制造设备	报警及灭火装置
基价（元）				**708.50**	**669.30**	**748.43**	**874.60**	**1174.45**
其中	人工费（元）			415.84	428.40	395.44	586.56	633.36
	材料费（元）			110.83	88.06	138.10	81.42	412.59
	机械费（元）			181.83	152.84	214.89	206.62	128.50
名称		单位	单价(元)	数量				
人工	综合工日	工日	80.00	5.198	5.355	4.943	7.332	7.917
材料	垫铁综合	kg	5.70	15.000	10.180	12.100	10.920	26.250
	普通焊条综合	kg	6.57	0.240	0.250	1.000	0.150	1.250
	氧气(含乙炔气)综合	m^3	11.99	0.220	0.600	3.000	0.200	12.500
	清洗油料综合	kg	6.29	0.300	0.370	0.600	1.100	6.000
	润滑油料综合	kg	9.92	0.200	0.210	0.250	0.300	1.250
	擦洗布料综合	kg	6.38	0.040	0.020	0.400	0.500	0.500
	密封填料综合	kg	16.82	–	0.020	–	0.020	2.350
	木材综合	m^3	1376.00	0.010	0.010	0.010	–	–
	其他材料费	元	–	3.230	2.560	4.020	2.370	12.020
机械	运输机械综合(三册)	台班	1104.41	0.026	0.017	0.026	–	0.026
	吊装机械综合(三册)	台班	1070.74	0.128	0.111	0.136	0.170	0.051
	焊接机械综合(三册)	台班	84.05	0.128	0.128	0.408	0.221	0.493
	其他机械费	元	–	5.300	4.450	6.260	6.020	3.740

单位：t

定额编号				3-24-121	3-24-122	3-24-123	3-24-124	3-24-125
项目				液压平衡装置	乳液喷射装置	给料喂进装置	自动对准装置	轧辊弯曲装置
基价（元）				**757.50**	**823.87**	**857.49**	**1037.11**	**603.93**
其中	人工费（元）			404.08	512.40	490.16	563.36	308.08
	材料费（元）			92.19	31.11	133.03	71.45	106.36
	机械费（元）			261.23	280.36	234.30	402.30	189.49
名称		单位	单价(元)	数量				
人工	综合工日	工日	80.00	5.051	6.405	6.127	7.042	3.851
材料	垫铁综合	kg	5.70	10.350	–	16.860	–	–
	普通焊条综合	kg	6.57	0.200	0.140	0.240	0.650	–
	氧气(含乙炔气)综合	m^3	11.99	0.300	0.340	0.550	2.600	–
	清洗油料综合	kg	6.29	0.720	0.700	0.700	1.370	0.400
	润滑油料综合	kg	9.92	0.540	0.600	0.330	0.830	0.300
	擦洗布料综合	kg	6.38	0.200	0.170	0.250	0.520	0.200
	密封填料综合	kg	16.82	0.040	–	0.110	–	0.010
	木材综合	m^3	1376.00	0.010	0.010	0.010	0.010	0.070
	其他材料费	元	–	2.690	0.910	3.870	2.080	3.100
机械	运输机械综合(三册)	台班	1104.41	0.026	0.017	0.034	0.077	0.026
	吊装机械综合(三册)	台班	1070.74	0.204	0.230	0.170	0.264	0.145
	焊接机械综合(三册)	台班	84.05	0.077	0.085	0.094	0.272	–
	其他机械费	元	–	7.610	8.170	6.820	11.720	5.520

单位:t

定额编号				3-24-126	3-24-127	3-24-128	3-24-129	3-24-130	3-24-131
项目				干燥机	洗净机	处理机	轧辊清洗机	轧辊喷水装置	轧辊磨床
基价(元)				**877.63**	**670.79**	**843.36**	**777.96**	**944.23**	**866.04**
其中	人工费(元)			506.48	436.08	489.12	456.40	566.96	350.96
	材料费(元)			106.98	56.61	88.60	133.16	98.76	120.80
	机械费(元)			264.17	178.10	265.64	188.40	278.51	394.28
	名称	单位	单价(元)	数量					
人工	综合工日	工日	80.00	6.331	5.451	6.114	5.705	7.087	4.387
材料	垫铁综合	kg	5.70	10.030	8.100	10.350	15.810	11.010	13.180
	普通焊条综合	kg	6.57	0.220	0.160	0.240	0.280	0.460	0.290
	氧气(含乙炔气)综合	m^3	11.99	0.600	0.210	0.760	1.000	0.600	0.700
	清洗油料综合	kg	6.29	1.920	0.460	1.100	0.800	0.600	0.810
	润滑油料综合	kg	9.92	0.940	0.100	0.660	0.450	0.300	0.970
	擦洗布料综合	kg	6.38	0.400	0.210	0.450	0.300	0.350	0.200
	密封填料综合	kg	16.82	0.020	–	–	0.010	0.010	0.050
	木材综合	m^3	1376.00	0.010	–	–	0.010	0.010	0.010
	二硫化钼	kg	62.90	–	–	–	–	–	0.020
	其他材料费	元	–	3.120	1.650	2.580	3.880	2.880	3.520
机械	运输机械综合(三册)	台班	1104.41	0.026	0.026	0.026	0.026	0.026	0.102
	吊装机械综合(三册)	台班	1070.74	0.204	0.128	0.204	0.136	0.213	0.230
	焊接机械综合(三册)	台班	84.05	0.111	0.085	0.128	0.102	0.162	0.179
	电动空气压缩机 10m^3/min	台班	519.44	–	–	–	–	–	0.017
	其他机械费	元	–	7.690	5.190	7.740	5.490	8.110	11.480

第二十五章　制氧设备安装

说　　明

一、本定额适用于 3200 ~ 72000m^3/h 制氧机设备的安装。

二、空气分馏塔做到气封试验合格为止,不包括冷冻及其后续工作。

三、设备安装不包括刷油等工作,可另套第八册《刷油、防腐、保温工程》定额。

四、解冻设备安装包括干燥器、加热器、消声器、空气过滤器等设备安装。

五、空分装置的空气分馏塔安装,不包括塔内的管道、管件、阀门、管道支架等安装工作,该部分可另套第十册《工艺管道安装工程》、第六册《金属结构件制作与安装工程》相应定额。

六、设备安装不含内填充物安装,填充物安装另套用本章中相应子目。

七、设备填充,瓷环的定额子目是按瓷环乱堆考虑的,如果瓷环有序排列,定额基价乘以系数 1.55。金属环填充,若是铝环,定额基价乘以系数 1.2。

一、空气压缩机、低温液体泵安装

单位:t

定额编号				3-25-1	3-25-2	3-25-3	3-25-4
项目				空气压缩机			低温液体泵
				离心式	螺杆式	活塞式	
基价(元)				**874.16**	**756.69**	**965.74**	**2154.00**
其中	人工费(元)			436.16	366.40	412.80	922.00
	材料费(元)			138.17	106.31	162.33	820.47
	机械费(元)			299.83	283.98	390.61	411.53
名称		单位	单价(元)	数量			
人工	综合工日	工日	80.00	5.452	4.580	5.160	11.525
材料	垫铁综合	kg	5.70	6.020	1.000	7.070	20.000
	普通焊条综合	kg	6.57	0.150	0.120	0.200	2.000
	氧气(含乙炔气)综合	m^3	11.99	0.444	0.780	0.600	6.000
	清洗油料综合	kg	6.29	1.200	0.720	3.000	2.000
	润滑油料综合	kg	9.92	0.520	0.720	0.300	1.050
	擦洗布料综合	kg	6.38	0.690	0.420	1.050	2.500
	密封填料综合	kg	16.82	0.410	0.320	0.600	–
	木材综合	m^3	1376.00	0.010	0.010	0.010	–
	二硫化钼	kg	62.90	0.030	–	0.040	–
	四氯化碳 95% 铁桶装	kg	17.96	3.000	3.000	3.000	30.000
	润滑油	kg	9.87	–	–	–	2.000
	其他材料费	元	–	4.020	3.100	4.730	23.900
机械	运输机械综合(三册)	台班	1104.41	0.065	0.083	0.101	0.086
	吊装机械综合(三册)	台班	1070.74	0.202	0.166	0.246	0.270
	焊接机械综合(三册)	台班	84.05	0.036	0.075	0.051	0.184
	其他机械费	元	–	8.730	8.270	11.380	11.990

二、氧气压缩机安装

单位：t

定额编号				3-25-5	3-25-6	3-25-7	3-25-8	3-25-9
项目				离心式(t/台)		活塞式	螺杆式	迷宫式
				50 以下	100 以下			
基价（元）				**1833.46**	**1560.53**	**1284.86**	**857.98**	**943.39**
其中	人工费（元）			1030.40	868.24	695.04	454.08	557.28
	材料费（元）			287.71	234.74	246.92	117.36	116.13
	机械费（元）			515.35	457.55	342.90	286.54	269.98
名称		单位	单价(元)	数量				
人工	综合工日	工日	80.00	12.880	10.853	8.688	5.676	6.966
材料	垫铁综合	kg	5.70	19.330	19.220	19.000	6.660	7.860
	普通焊条综合	kg	6.57	0.440	0.240	0.350	0.260	0.200
	氧气(含乙炔气)综合	m^3	11.99	1.670	0.960	1.710	0.960	1.050
	清洗油料综合	kg	6.29	2.500	1.800	3.000	1.100	0.900
	润滑油料综合	kg	9.92	0.750	0.640	0.920	1.000	0.110
	擦洗布料综合	kg	6.38	1.000	0.900	0.600	0.700	0.690
	密封填料综合	kg	16.82	1.190	0.620	0.880	0.540	0.380
	四氯化碳 95% 铁桶装	kg	17.96	3.500	3.000	1.710	0.270	0.500
	二硫化钼	kg	62.90	0.100	0.060	0.060	–	–
	木材综合	m^3	1376.00	0.020	0.010	0.020	0.020	0.020
	其他材料费	元	–	8.380	6.840	7.190	3.420	3.380
机械	运输机械综合(三册)	台班	1104.41	0.104	0.073	0.006	0.129	0.028
	吊装机械综合(三册)	台班	1070.74	0.348	0.330	0.299	0.120	0.212
	焊接机械综合(三册)	台班	84.05	0.153	0.122	0.073	0.086	0.050
	其他机械费	元	–	15.010	13.330	9.990	8.350	7.860

三、空气分馏塔安装

单位：t

定额编号				3-25-10	3-25-11	3-25-12	3-25-13	3-25-14
项目				空气分馏塔制氧机(m^3/h)				
				3200 以下	6000 以下	10000 以下	15000 以下	20000 以下
基价（元）				**5163.87**	**4976.10**	**4835.45**	**4707.12**	**4637.70**
其中	人工费（元）			1816.24	1790.00	1740.00	1736.72	1733.36
	材料费（元）			1570.22	1429.25	1387.45	1289.05	1232.72
	机械费（元）			1777.41	1756.85	1708.00	1681.35	1671.62
名称		单位	单价(元)	数量				
人工	综合工日	工日	80.00	22.703	22.375	21.750	21.709	21.667
材料	垫铁综合	kg	5.70	15.200	13.100	12.961	11.791	11.203
	普通焊条综合	kg	6.57	11.100	9.750	9.672	8.952	8.675
	氧气(含乙炔气)综合	m^3	11.99	20.050	19.050	18.614	17.670	17.178
	清洗油料综合	kg	6.29	0.860	0.770	0.743	0.665	0.605
	擦洗布料综合	kg	6.38	0.660	0.530	0.543	0.490	0.455
	密封填料综合	kg	16.82	1.850	1.710	1.629	1.467	1.341
	型钢综合	kg	4.00	17.505	15.912	14.904	14.850	14.121
	钨极	kg	262.50	0.210	0.200	0.189	0.173	0.164

续前 单位:t

定额编号				3-25-10	3-25-11	3-25-12	3-25-13	3-25-14
项目				空气分馏塔制氧机(m^3/h)				
				3200 以下	6000 以下	10000 以下	15000 以下	20000 以下
材料	铜氩弧焊丝	kg	38.00	0.100	0.010	0.058	0.063	0.061
	铝焊条 铝 109 φ4.0	kg	34.20	3.100	2.680	2.622	2.355	2.212
	氩气	m^3	15.00	38.000	35.000	33.802	31.096	29.728
	银焊条	kg	1680.00	0.010	0.010	0.010	0.010	0.010
	四氯化碳 95% 铁桶装	kg	17.96	6.960	6.000	6.045	5.629	5.447
	二硫化钼	kg	62.90	0.030	0.020	0.023	0.021	0.019
	硝酸	kg	2.90	0.450	0.360	0.360	0.321	0.286
	纯碱 99%	kg	1.60	3.000	2.000	1.589	1.281	1.134
	木材综合	m^3	1376.00	0.030	0.030	0.030	0.030	0.030
	氮气	m^3	5.39	16.280	14.652	13.187	11.868	10.681
	其他材料费	元	–	45.730	41.630	40.410	37.550	35.900
机械	运输机械综合(三册)	台班	1104.41	0.133	0.131	0.146	0.140	0.137
	吊装机械综合(三册)	台班	1070.74	0.513	0.523	0.546	0.546	0.546
	焊接机械综合(三册)	台班	84.05	1.810	1.799	1.857	1.628	1.555
	电动空气压缩机 $10m^3$/min	台班	519.44	1.689	1.636	1.456	1.456	1.456
	其他机械费	元	–	51.770	51.170	49.750	48.970	48.690

单位：t

定额编号				3-25-15	3-25-16	3-25-17	3-25-18	3-25-19	3-25-20
项目				空气分馏塔制氧机(m^3/h)					
				25000 以下	30000 以下	35000 以下	50000 以下	60000 以下	72000 以下
基价（元）				**4531.30**	**4450.97**	**4221.00**	**4128.06**	**4031.94**	**3927.99**
其中	人工费（元）			1692.72	1676.16	1627.44	1599.76	1551.28	1494.56
	材料费（元）			1176.87	1121.77	973.70	913.50	869.44	824.49
	机械费（元）			1661.71	1653.04	1619.86	1614.80	1611.22	1608.94
名称		单位	单价(元)	数量					
人工	综合工日	工日	80.00	21.159	20.952	20.343	19.997	19.391	18.682
材料	垫铁综合	kg	5.70	10.615	10.026	8.300	7.674	7.240	6.730
	普通焊条综合	kg	6.57	8.398	8.121	7.160	7.012	6.900	6.770
	氧气(含乙炔气)综合	m^3	11.99	16.685	16.193	14.780	14.223	13.840	13.390
	清洗油料综合	kg	6.29	0.545	0.485	0.350	0.246	0.180	0.090
	擦洗布料综合	kg	6.38	0.421	0.386	0.300	0.247	0.210	0.170
	密封填料综合	kg	16.82	1.216	1.091	0.800	0.589	0.450	0.280
	型钢综合	kg	4.00	13.392	12.664	10.962	9.748	8.937	7.965
	钨极	kg	262.50	0.154	0.145	0.120	0.108	0.100	0.090
	铜氩弧焊丝	kg	38.00	0.059	0.057	0.060	0.048	0.040	0.030

续前

单位:t

定额编号				3-25-15	3-25-16	3-25-17	3-25-18	3-25-19	3-25-20
项目				空气分馏塔制氧机(m^3/h)					
				25000 以下	30000 以下	35000 以下	50000 以下	60000 以下	72000 以下
材料	铝焊条 铝 109 φ4.0	kg	34.20	2.069	1.925	1.500	1.352	1.200	1.190
	氩气	m^3	15.00	28.360	26.992	23.000	21.520	20.500	19.300
	银焊条	kg	1680.00	0.010	0.010	0.010	0.010	0.010	0.010
	四氯化碳 95% 铁桶装	kg	17.96	5.265	5.083	4.500	4.355	4.250	4.130
	二硫化钼	kg	62.90	0.018	0.016	0.010	0.010	0.010	0.010
	硝酸	kg	2.90	0.250	0.215	0.130	0.073	0.020	0.010
	纯碱 99%	kg	1.60	0.987	0.840	0.250	0.252	0.240	0.250
	木材综合	m^3	1376.00	0.030	0.030	0.030	0.030	0.030	0.030
	氮气	m^3	5.39	9.613	8.652	7.787	7.008	6.307	5.676
	其他材料费	元	–	34.280	32.670	28.360	26.610	25.320	24.010
机械	运输机械综合(三册)	台班	1104.41	0.134	0.132	0.124	0.121	0.118	0.116
	吊装机械综合(三册)	台班	1070.74	0.546	0.546	0.546	0.546	0.546	0.546
	焊接机械综合(三册)	台班	84.05	1.480	1.406	1.128	1.109	1.107	1.107
	电动空气压缩机 $10m^3/min$	台班	519.44	1.456	1.456	1.456	1.456	1.456	1.456
	其他机械费	元	–	48.400	48.150	47.180	47.030	46.930	46.860

四、空气冷却塔安装

单位：t

定额编号				3-25-21	3-25-22	3-25-23	3-25-24	3-25-25
项目				空气冷却塔(m^3/h)				
				3200 以下	6000 以下	10000 以下	15000 以下	20000 以下
基价（元）				**920.86**	**910.90**	**901.34**	**887.35**	**875.17**
其中	人工费（元）			265.28	262.56	261.36	255.12	250.96
	材料费（元）			241.38	234.48	226.47	219.23	211.64
	机械费（元）			414.20	413.86	413.51	413.00	412.57
名称		单位	单价(元)	数量				
人工	综合工日	工日	80.00	3.316	3.282	3.267	3.189	3.137
材料	垫铁综合	kg	5.70	19.490	19.239	18.790	18.430	17.981
	普通焊条综合	kg	6.57	1.380	1.362	1.330	1.305	1.273
	氧气(含乙炔气)综合	m^3	11.99	1.240	1.224	1.200	1.173	1.145
	四氯化碳 95% 铁桶装	kg	17.96	5.530	5.254	4.991	4.741	4.504
	其他材料费	元	–	7.030	6.830	6.600	6.390	6.160
机械	运输机械综合(三册)	台班	1104.41	0.072	0.072	0.072	0.072	0.072
	吊装机械综合(三册)	台班	1070.74	0.282	0.282	0.282	0.282	0.282
	焊接机械综合(三册)	台班	84.05	0.246	0.242	0.238	0.232	0.227
	其他机械费	元	–	12.060	12.050	12.040	12.030	12.020

单位：t

定额编号				3-25-26	3-25-27	3-25-28	3-25-29	3-25-30	3-25-31
项目				空气冷却塔(m^3/h)					
				25000 以下	30000 以下	35000 以下	50000 以下	60000 以下	72000 以下
基价（元）				**863.19**	**851.44**	**828.88**	**815.62**	**798.44**	**783.45**
其中	人工费（元）			246.88	242.80	231.20	227.36	217.04	210.40
	材料费（元）			204.27	197.11	187.29	178.73	172.82	165.16
	机械费（元）			412.04	411.53	410.39	409.53	408.58	407.89
名称		单位	单价(元)	数量					
人工	综合工日	工日	80.00	3.086	3.035	2.890	2.842	2.713	2.630
材料	垫铁综合	kg	5.70	17.532	17.083	16.240	15.286	14.970	14.360
	普通焊条综合	kg	6.57	1.241	1.209	1.150	1.082	1.060	1.020
	氧气(含乙炔气)综合	m^3	11.99	1.116	1.088	1.030	0.974	0.940	0.900
	四氯化碳 95% 铁桶装	kg	17.96	4.279	4.065	3.862	3.764	3.576	3.397
	其他材料费	元	–	5.950	5.740	5.460	5.210	5.030	4.810
机械	运输机械综合(三册)	台班	1104.41	0.072	0.072	0.072	0.072	0.072	0.072
	吊装机械综合(三册)	台班	1070.74	0.282	0.282	0.282	0.282	0.282	0.282
	焊接机械综合(三册)	台班	84.05	0.221	0.215	0.202	0.192	0.181	0.173
	其他机械费	元	–	12.000	11.990	11.950	11.930	11.900	11.880

五、空气过滤器、消声器、排放系统安装

单位:t

定额编号				3-25-32	3-25-33	3-25-34	3-25-35	3-25-36
项目				空气过滤器	消声器(t/台)		液体排放系统	液压气体放出槽
					15 以下	30 以下		
基价(元)				**1148.19**	**679.22**	**605.96**	**1444.41**	**807.22**
其中	人工费(元)			632.88	379.44	335.68	598.00	293.92
	材料费(元)			147.89	78.77	67.82	462.89	203.79
	机械费(元)			367.42	221.01	202.46	383.52	309.51
名称		单位	单价(元)	数量				
人工	综合工日	工日	80.00	7.911	4.743	4.196	7.475	3.674
材料	垫铁综合	kg	5.70	10.000	7.180	5.950	46.160	24.000
	普通焊条综合	kg	6.57	1.000	1.000	0.830	3.080	0.400
	氧气(含乙炔气)综合	m^3	11.99	3.000	1.270	1.060	13.850	1.200
	密封填料综合	kg	16.82	1.800	–	–	–	1.800
	木材综合	m^3	1376.00	0.010	0.010	0.010	–	0.010
	其他材料费	元	–	4.310	2.290	1.980	13.480	5.940
机械	运输机械综合(三册)	台班	1104.41	0.126	0.072	0.072	0.034	0.072
	吊装机械综合(三册)	台班	1070.74	0.186	0.108	0.094	0.275	0.195
	焊接机械综合(三册)	台班	84.05	0.219	0.231	0.195	0.480	0.145
	其他机械费	元	–	10.700	6.440	5.900	11.170	9.010

六、液氧贮槽、蒸发器安装

单位：t

定额编号				3-25-37	3-25-38	3-25-39	3-25-40	3-25-41
项目				液氧贮槽(t/台)		仪表空气贮槽	放出液氧蒸发器	液氧蒸发器
				20 以下	60 以下			
基价（元）				**663.70**	**596.27**	**1169.04**	**1718.13**	**892.35**
其中	人工费（元）			288.00	280.00	484.40	760.40	345.04
	材料费（元）			128.86	111.76	216.67	464.46	81.13
	机械费（元）			246.84	204.51	467.97	493.27	466.18
名称		单位	单价(元)	数量				
人工	综合工日	工日	80.00	3.600	3.500	6.055	9.505	4.313
材料	垫铁综合	kg	5.70	7.280	6.070	22.230	58.830	8.760
	普通焊条综合	kg	6.57	0.120	0.100	0.560	1.480	0.360
	氧气(含乙炔气)综合	m^3	11.99	1.000	0.830	6.670	8.830	1.060
	清洗油料综合	kg	6.29	0.100	0.100	–	–	–
	润滑油料综合	kg	9.92	0.050	0.050	–	–	–
	擦洗布料综合	kg	6.38	0.100	0.100	–	–	–
	四氯化碳 95% 铁桶装	kg	17.96	3.080	2.660	–	–	–
	木材综合	m^3	1376.00	0.010	0.010	–	–	0.010
	其他材料费	元	–	3.750	3.260	6.310	13.530	2.360
机械	运输机械综合(三册)	台班	1104.41	0.072	0.051	0.188	0.209	0.123
	吊装机械综合(三册)	台班	1070.74	0.145	0.130	0.210	0.209	0.289
	焊接机械综合(三册)	台班	84.05	0.058	0.036	0.260	0.289	0.087
	其他机械费	元	–	7.190	5.960	13.630	14.370	13.580

七、干燥器、加热器、透平膨胀机安装

单位:t

定额编号				3-25-42	3-25-43	3-25-44	3-25-45
项目				干燥器(t/台)		全加热器	再生加热器
				30以下	50以下		
基价(元)				**815.95**	**761.87**	**654.51**	**781.11**
其中	人工费(元)			357.28	288.80	331.60	362.96
	材料费(元)			184.12	131.33	141.27	139.88
	机械费(元)			274.55	341.74	181.64	278.27
名称		单位	单价(元)	数量			
人工	综合工日	工日	80.00	4.466	3.610	4.145	4.537
材料	垫铁综合	kg	5.70	18.660	14.290	16.670	14.290
	普通焊条综合	kg	6.57	0.750	0.480	0.670	0.960
	氧气(含乙炔气)综合	m^3	11.99	4.480	2.430	2.000	2.860
	木材综合	m^3	1376.00	0.010	0.010	0.010	0.010
	其他材料费	元	–	5.360	3.830	4.110	4.070
机械	运输机械综合(三册)	台班	1104.41	0.087	0.079	0.007	0.087
	吊装机械综合(三册)	台班	1070.74	0.145	0.217	0.145	0.145
	焊接机械综合(三册)	台班	84.05	0.181	0.145	0.159	0.224
	其他机械费	元	–	8.000	9.950	5.290	8.100

单位：t

定额编号				3-25-46	3-25-47	3-25-48	3-25-49
项目				局部加热器	冷水塔	透平膨胀机(t/台)	
						10 以下	20 以下
基价(元)				**1313.83**	**1012.13**	**2248.03**	**1853.99**
其中	人工费(元)			627.60	270.16	1316.72	1135.60
	材料费(元)			253.58	264.21	270.24	227.10
	机械费(元)			432.65	477.76	661.07	491.29
名称		单位	单价(元)	数量			
人工	综合工日	工日	80.00	7.845	3.377	16.459	14.195
材料	垫铁综合	kg	5.70	25.000	25.940	14.340	11.950
	普通焊条综合	kg	6.57	–	0.650	0.740	0.620
	氧气(含乙炔气)综合	m^3	11.99	7.500	1.080	1.670	1.390
	清洗油料综合	kg	6.29	–	–	3.650	3.080
	润滑油料综合	kg	9.92	–	–	1.000	0.800
	擦洗布料综合	kg	6.38	–	–	2.700	2.260
	密封填料综合	kg	16.82	–	–	0.740	0.680
	白铅油	kg	5.90	–	–	0.190	0.160
	铜丝布	m	79.00	–	–	0.080	0.070
	四氯化碳 95% 铁桶装	kg	17.96	–	4.325	1.710	1.710
	木材综合	m^3	1376.00	0.010	0.010	0.040	0.030
	其他材料费	元	–	7.390	7.700	7.870	6.610
机械	运输机械综合(三册)	台班	1104.41	0.105	0.072	0.079	0.072
	吊装机械综合(三册)	台班	1070.74	0.284	0.347	0.506	0.361
	焊接机械综合(三册)	台班	84.05	–	0.152	0.152	0.130
	其他机械费	元	–	12.600	13.920	19.250	14.310

八、解冻设备、分子筛设备安装

单位：t

定额编号				3-25-50	3-25-51	3-25-52	3-25-53
项目				解冻设备(t/台)		氩精制机	分子筛设备
				10 以下	20 以下		
基价(元)				**1404.39**	**1027.59**	**2453.46**	**1089.00**
其中	人工费(元)			750.24	558.32	1102.08	482.80
	材料费(元)			286.35	174.84	738.16	138.23
	机械费(元)			367.80	294.43	613.22	467.97
名称		单位	单价(元)	数量			
人工	综合工日	工日	80.00	9.378	6.979	13.776	6.035
材料	垫铁综合	kg	5.70	21.670	11.840	6.500	9.260
	普通焊条综合	kg	6.57	0.840	0.360	3.750	0.220
	氧气(含乙炔气)综合	m^3	11.99	2.340	1.780	3.000	6.670
	清洗油料综合	kg	6.29	2.090	1.190	1.250	–
	润滑油料综合	kg	9.92	–	–	0.250	–
	擦洗布料综合	kg	6.38	0.840	0.650	0.650	–
	密封填料综合	kg	16.82	–	–	1.030	–
	型钢综合	kg	4.00	–	–	3.750	–

续前

单位:t

定额编号				3-25-50	3-25-51	3-25-52	3-25-53
项目				解冻设备(t/台)		氩精制机	分子筛设备
				10以下	20以下		
材料	钨极	kg	262.50	–	–	0.100	–
	铝焊条 铝109 ϕ4.0	kg	34.20	–	–	1.060	–
	氩气	m^3	15.00	–	–	20.000	–
	银焊条	kg	1680.00	–	–	0.020	–
	四氯化碳 95%铁桶装	kg	17.96	4.170	2.960	7.500	–
	二硫化钼	kg	62.90	–	–	0.050	–
	硝酸	kg	2.90	–	–	0.750	–
	纯碱 99%	kg	1.60	–	–	1.500	–
	工业酒精 0.995	kg	8.20	–	–	0.750	–
	木材综合	m^3	1376.00	0.020	0.010	0.020	–
	其他材料费	元	–	8.340	5.090	21.500	4.030
机械	运输机械综合(三册)	台班	1104.41	0.101	0.079	0.066	0.188
	吊装机械综合(三册)	台班	1070.74	0.217	0.173	0.329	0.210
	焊接机械综合(三册)	台班	84.05	0.157	0.159	0.657	0.260
	氩弧焊机 500A	台班	116.61	–	–	0.986	–
	其他机械费	元	–	10.710	8.580	17.860	13.630

九、设备填充

单位:见表

定额编号				3-25-54	3-25-55	3-25-56	3-25-57	3-25-58	3-25-59
项目				塔内填充物	珠光砂	分子筛	乱堆		
							塑料环	金属环	瓷环
单位				10m³		t			
基价(元)				**775.72**	**1055.06**	**933.68**	**849.69**	**578.33**	**760.77**
其中	人工费(元)			545.36	398.80	446.24	608.96	364.64	523.52
	材料费(元)			49.10	48.79	45.22	35.16	34.98	35.09
	机械费(元)			181.26	607.47	442.22	205.57	178.71	202.16
名称		单位	单价(元)	数量					
人工	综合工日	工日	80.00	6.817	4.985	5.578	7.612	4.558	6.544
材料	水	t	4.00	–	–	–	3.500	3.500	3.500
	道木	m^3	1600.00	0.025	0.025	0.010	0.010	0.010	0.010
	夹布胶管(耐油)$\phi50$	m	22.81	–	–	0.780	–	–	–
	钢丝绳 股丝 $6 \sim 7 \times 19$ $\phi = 14.1 \sim 15$	kg	6.57	0.036	0.035	0.942	–	–	–
	热轧中厚钢板 $\delta = 10 \sim 16$	kg	3.70	2.010	1.930	1.060	1.120	1.070	1.100
	其他材料费	元	–	1.430	1.420	1.320	1.020	1.020	1.020
机械	运输机械综合(三册)	台班	1104.41	0.043	0.153	0.035	0.077	0.076	0.077
	吊装机械综合(三册)	台班	1070.74	0.120	0.393	0.248	0.037	0.037	0.037
	真空泵 660m^3/h	台班	319.42	–	–	0.161	–	–	–
	轴流风机 30kW	台班	154.49	–	–	0.262	–	–	–
	电动卷扬机(单筒快速) 20kN	台班	165.39	–	–	0.201	0.453	0.302	0.433
	其他机械费	元	–	5.280	17.690	12.880	5.990	5.210	5.890

第二十六章　鼓风设备安装

说　　明

一、本章定额适用于透平鼓风机、大型电动鼓风机的安装。

二、透平鼓风机安装包括复水器、主气门、调整汽门、高低压加热器、复水泵、循环水泵、油泵、透平油泵、防震操作台、卫带关闭器、喷气器、排气阀、吸风挡板、风止回阀、自动放风门、滤风箱、油压自动调整器和冷却器安装。

三、透平鼓风机安装定额只包括冷调完毕具备试车条件为止的各项安装工作。试运转工作另行计算。

四、带有增速器的鼓风机按相应定额乘以系数1.2。

五、本章定额中的垫铁数量包括预埋到基础上的垫铁。

六、施工用的特殊工具如假轴和太平尺等制作,未列入本章定额中,如设备未带有时,可另行计算。

一、透平鼓风机安装

单位:t

定额编号				3-26-1	3-26-2	3-26-3	3-26-4	3-26-5	3-26-6
项目				透平鼓风机(t/台)					
				30 以下	60 以下	90 以下	120 以下	180 以下	330 以下
基价(元)				**1966.39**	**1610.43**	**1401.16**	**1207.83**	**1090.59**	**961.07**
其中	人工费(元)			1247.76	970.56	852.48	711.68	606.24	551.68
	材料费(元)			238.06	179.03	141.88	124.64	104.43	93.12
	机械费(元)			480.57	460.84	406.80	371.51	379.92	316.27
名称		单位	单价(元)	数量					
人工	综合工日	工日	80.00	15.597	12.132	10.656	8.896	7.578	6.896
材料	垫铁综合	kg	5.70	24.950	17.200	14.980	13.090	10.480	9.030
	普通焊条综合	kg	6.57	0.170	0.130	0.120	0.120	0.110	0.090
	氧气(含乙炔气)综合	m^3	11.99	0.870	0.670	0.560	0.510	0.450	0.390
	清洗油料综合	kg	6.29	3.120	2.500	1.860	1.530	1.420	1.380
	润滑油料综合	kg	9.92	0.970	0.670	0.560	0.480	0.450	0.400
	擦洗布料综合	kg	6.38	1.550	1.320	1.080	0.820	0.610	0.540
	密封填料综合	kg	16.82	0.530	0.430	0.360	0.310	0.240	0.200
	铜丝布 16 目	m^2	45.00	0.040	0.030	0.020	0.020	0.010	0.010
	木材综合	m^3	1376.00	0.020	0.020	0.010	0.010	0.010	0.010
	其他材料费	元	–	6.930	5.210	4.130	3.630	3.040	2.710
机械	运输机械综合(三册)	台班	1104.41	0.024	0.024	0.024	0.024	0.032	0.032
	吊装机械综合(三册)	台班	1070.74	0.404	0.388	0.339	0.307	0.307	0.250
	焊接机械综合(三册)	台班	84.05	0.089	0.065	0.065	0.065	0.057	0.048
	其他机械费	元	–	14.000	13.420	11.850	10.820	11.070	9.210

二、煤气鼓风机、大型离心鼓风机安装

单位:t

定额编号				3-26-7	3-26-8	3-26-9	3-26-10	3-26-11	3-26-12
项目				煤气鼓风机		大型离心鼓风机(t/台)			
				透平式	电动式	30 以下	50 以下	100 以下	140 以下
基价(元)				**2136.98**	**1329.92**	**1231.59**	**1178.75**	**1095.87**	**1005.30**
其中	人工费(元)			1436.96	788.08	760.96	767.84	703.28	656.80
	材料费(元)			201.95	178.19	140.88	125.96	114.16	98.43
	机械费(元)			498.07	363.65	329.75	284.95	278.43	250.07
名称		单位	单价(元)	数量					
人工	综合工日	工日	80.00	17.962	9.851	9.512	9.598	8.791	8.210
材料	垫铁综合	kg	5.70	21.470	17.260	15.050	13.230	12.040	10.010
	普通焊条综合	kg	6.57	0.150	0.150	0.200	0.170	0.150	0.120
	氧气(含乙炔气)综合	m^3	11.99	0.890	0.900	0.800	0.680	0.550	0.450
	清洗油料综合	kg	6.29	2.230	2.240	1.680	1.600	1.310	1.150
	润滑油料综合	kg	9.92	0.710	0.720	0.500	0.480	0.450	0.400
	擦洗布料综合	kg	6.38	1.000	1.100	0.480	0.430	0.400	0.380
	密封填料综合	kg	16.82	0.340	0.340	0.380	0.320	0.280	0.240
	铜丝布 16 目	m^2	45.00	0.030	0.030	0.030	0.020	0.020	0.020
	木材综合	m^3	1376.00	0.020	0.020	0.010	0.010	0.010	0.010
	其他材料费	元	–	5.880	5.190	4.100	3.670	3.330	2.870
机械	运输机械综合(三册)	台班	1104.41	0.040	0.032	0.024	0.024	0.025	0.025
	吊装机械综合(三册)	台班	1070.74	0.404	0.291	0.266	0.226	0.220	0.195
	焊接机械综合(三册)	台班	84.05	0.081	0.073	0.105	0.097	0.085	0.076
	其他机械费	元	–	14.510	10.590	9.600	8.300	8.110	7.280

第二十七章　余热锅炉及除尘器安装

说　明

一、余热锅炉设备安装定额适用于从烟道上回收各种加热炉排出的废气、余热而设置的余热锅炉设备安装,但不包括余热锅炉的试炉及砌筑工作。

二、除尘器安装定额适用于各种大小规格的除尘器安装。其工作内容包括壳体、结构、内部装置以及所属范围内的金属结构安装调校及气密试验。

三、电除尘器内部装置包括:阴阳极板、振打装置、排灰及螺旋输送装置。

一、余热锅炉设备安装

单位：t

定额编号				3-27-1	3-27-2	3-27-3	3-27-4	3-27-5	3-27-6
项目				设备重量(50t/台以下)					
				过热器	蒸发器	省煤器	钢骨架	汽化冷却	锅炉管道
基价（元）				**2807.29**	**2958.70**	**2466.40**	**2113.12**	**2744.85**	**5597.19**
其中	人工费（元）			1367.84	1750.16	1511.60	1051.60	1745.04	3572.00
	材料费（元）			892.45	585.44	374.46	524.17	394.11	1145.06
	机械费（元）			547.00	623.10	580.34	537.35	605.70	880.13
名称		单位	单价(元)	数量					
人工	综合工日	工日	80.00	17.098	21.877	18.895	13.145	21.813	44.650
材料	普通焊条综合	kg	6.57	5.750	5.750	5.000	15.630	3.500	16.860
	氧气(含乙炔气)综合	m^3	11.99	22.500	29.000	20.000	11.380	13.500	29.800
	擦洗布料综合	kg	6.38	0.630	0.630	0.630	–	0.630	6.570
	木材综合	m^3	1376.00	0.010	0.010	0.010	0.010	0.010	0.010
	胶皮管	kg	18.00	20.000	–	–	–	–	–

续前 单位：t

定额编号				3-27-1	3-27-2	3-27-3	3-27-4	3-27-5	3-27-6
项目				设备重量(50t/台以下)					
				过热器	蒸发器	省煤器	钢骨架	汽化冷却	锅炉管道
材料	木球	个	5.25	2.500	2.500	2.500	–	–	–
	型钢综合	kg	4.00	42.000	38.000	15.000	64.000	40.000	98.800
	清洗油料综合	kg	6.29	–	–	–	–	–	1.030
	六角螺栓 24×160	百个	553.68	–	–	–	–	0.020	0.200
	密封填料综合	kg	16.82	–	–	–	–	0.530	3.890
	润滑油料综合	kg	9.92	–	–	–	–	–	1.020
	其他材料费	元	–	25.990	17.050	10.910	15.270	11.480	33.350
机械	运输机械综合(三册)	台班	1104.41	0.055	0.055	0.055	0.055	0.055	0.145
	吊装机械综合(三册)	台班	1070.74	0.379	0.448	0.413	0.344	0.436	0.329
	焊接机械综合(三册)	台班	84.05	0.310	0.310	0.262	1.102	0.262	4.070
	电动单级离心清水泵 ϕ50mm	台班	185.79	0.207	0.207	0.207	–	0.207	–
	其他机械费	元	–	15.930	18.150	16.900	15.650	17.640	25.630

单位：t

定额编号				3-27-7	3-27-8	3-27-9	3-27-10
项目				设备重量(100t/台以下)			
				过热器	蒸发器	省煤器	钢骨架
基价(元)				**2265.67**	**2401.73**	**1942.57**	**1687.24**
其中	人工费(元)			1089.20	1394.00	1210.00	840.88
	材料费(元)			788.45	543.61	302.38	419.20
	机械费(元)			388.02	464.12	430.19	427.16
名称		单位	单价(元)	数量			
人工	综合工日	工日	80.00	13.615	17.425	15.125	10.511
材料	普通焊条综合	kg	6.57	4.600	4.600	4.000	12.500
	氧气(含乙炔气)综合	m^3	11.99	18.000	29.000	16.000	9.100
	擦洗布料综合	kg	6.38	0.500	0.500	0.500	–
	木材综合	m^3	1376.00	0.010	0.010	0.010	0.010
	胶皮管	kg	18.00	20.000	–	–	–
	木球	个	5.25	2.000	2.000	2.000	–
	型钢综合	kg	4.00	33.000	30.600	12.000	50.500
	其他材料费	元	–	22.960	15.830	8.810	12.210
机械	运输机械综合(三册)	台班	1104.41	0.034	0.034	0.034	0.034
	吊装机械综合(三册)	台班	1070.74	0.275	0.344	0.317	0.282
	焊接机械综合(三册)	台班	84.05	0.227	0.227	0.179	0.895
	电动单级离心清水泵 ϕ50mm	台班	185.79	0.138	0.138	0.138	–
	其他机械费	元	–	11.300	13.520	12.530	12.440

二、电除尘器

单位：t

定额编号				3-27-11	3-27-12	3-27-13
项目				电除尘器		
				壳体	内部装置	平台、梯子、栏杆
基价（元）				**1701.88**	**2158.98**	**829.08**
其中	人工费（元）			880.88	1028.88	450.96
	材料费（元）			148.22	152.58	74.77
	机械费（元）			672.78	977.52	303.35
名称		单位	单价（元）	数量		
人工	综合工日	工日	80.00	11.011	12.861	5.637
材料	垫铁综合	kg	5.70	1.200	1.500	–
	普通焊条综合	kg	6.57	14.990	3.740	4.880
	氧气（含乙炔气）综合	m^3	11.99	2.070	1.480	3.380
	清洗油料综合	kg	6.29	–	0.670	–
	润滑油料综合	kg	9.92	–	0.180	–
	擦洗布料综合	kg	6.38	–	0.140	–
	密封填料综合	kg	16.82	–	0.170	–
	木材综合	m^3	1376.00	0.010	0.020	–
	型钢综合	kg	4.00	–	15.000	–
	其他材料费	元	–	4.320	4.440	2.180
机械	运输机械综合（三册）	台班	1104.41	0.135	0.143	0.042
	吊装机械综合（三册）	台班	1070.74	0.270	0.658	0.172
	焊接机械综合（三册）	台班	84.05	2.323	1.030	0.761
	电动空气压缩机 $10m^3/min$	台班	519.44	0.038	–	–
	其他机械费	元	–	19.600	28.470	8.840

三、布袋除尘器安装

单位：t

定额编号				3-27-14	3-27-15	3-27-16	3-27-17	3-27-18	3-27-19
项目				布袋除尘器(t/台)					
				5 以下	10 以下	20 以下	50 以下	150 以下	150 以上
基价（元）				**1402.28**	**1223.73**	**1107.37**	**989.95**	**865.84**	**764.00**
其中	人工费（元）			710.80	614.80	573.68	531.84	480.80	431.12
	材料费（元）			254.39	221.43	158.17	100.58	79.38	65.34
	机械费（元）			437.09	387.50	375.52	357.53	305.66	267.54
名称		单位	单价(元)	数量					
人工	综合工日	工日	80.00	8.885	7.685	7.171	6.648	6.010	5.389
材料	垫铁综合	kg	5.70	7.480	6.560	4.600	2.990	2.530	1.840
	普通焊条综合	kg	6.57	2.750	2.300	1.620	0.920	0.580	0.460
	氧气(含乙炔气)综合	m^3	11.99	3.220	2.760	1.840	1.160	0.700	0.580
	清洗油料综合	kg	6.29	1.500	1.270	0.900	0.550	0.330	0.300
	润滑油料综合	kg	9.92	0.920	0.810	0.580	0.350	0.230	0.200
	擦洗布料综合	kg	6.38	0.580	0.460	0.350	0.230	0.140	0.120
	密封填料综合	kg	16.82	4.600	4.030	2.880	1.730	1.450	1.150
	型钢综合	kg	4.00	7.000	6.000	4.000	2.000	1.500	1.100
	黄铜皮 $\delta=0.08\sim0.3$	kg	69.74	0.090	0.070	0.040	0.020	0.015	0.012
	木材综合	m^3	1376.00	0.010	0.010	0.010	0.010	0.010	0.010
	其他材料费	元	–	7.410	6.450	4.610	2.930	2.310	1.900
机械	运输机械综合(三册)	台班	1104.41	0.069	0.062	0.061	0.068	0.056	0.043
	吊装机械综合(三册)	台班	1070.74	0.310	0.275	0.268	0.248	0.215	0.194
	焊接机械综合(三册)	台班	84.05	0.193	0.158	0.122	0.077	0.056	0.054
	其他机械费	元	–	12.730	11.290	10.940	10.410	8.900	7.790

四、多管除尘器安装

单位:t

定额编号				3-27-20	3-27-21	3-27-22	3-27-23	3-27-24	3-27-25	3-27-26
项目				多管除尘器(t/台)						
				5 以内	8 以内	10 以内	15 以内	20 以内	25 以内	50 以内
基价(元)				**1747.93**	**1471.08**	**1359.35**	**1233.28**	**1069.25**	**986.83**	**898.55**
其中	人工费(元)			1099.20	933.04	885.28	843.28	732.72	685.20	638.00
	材料费(元)			173.03	142.86	125.50	108.78	95.06	83.77	71.31
	机械费(元)			475.70	395.18	348.57	281.22	241.47	217.86	189.24
名称		单位	单价(元)	数量						
人工	综合工日	工日	80.00	13.740	11.663	11.066	10.541	9.159	8.565	7.975
材料	垫铁综合	kg	5.70	11.200	9.200	8.000	6.700	5.700	5.000	4.100
	普通焊条综合	kg	6.57	1.800	1.500	1.300	1.100	0.900	0.800	0.700
	氧气(含乙炔气)综合	m^3	11.99	1.600	1.400	1.100	0.900	0.800	0.700	0.600
	擦洗布料综合	kg	6.38	0.080	0.070	0.060	0.050	0.040	0.030	0.020
	密封填料综合	kg	16.82	3.500	2.700	2.400	2.100	1.800	1.500	1.200
	木材综合	m^3	1376.00	0.010	0.010	0.010	0.010	0.010	0.010	0.010
	其他材料费	元	–	5.040	4.160	3.660	3.170	2.770	2.440	2.080
机械	运输机械综合(三册)	台班	1104.41	0.054	0.046	0.038	0.031	0.023	0.023	0.017
	吊装机械综合(三册)	台班	1070.74	0.306	0.252	0.230	0.184	0.161	0.145	0.128
	焊接机械综合(三册)	台班	84.05	0.887	0.750	0.597	0.497	0.436	0.367	0.332
	其他机械费	元	–	13.860	11.510	10.150	8.190	7.030	6.350	5.510

五、旋风除尘器安装

单位：t

定额编号				3-27-27	3-27-28	3-27-29	3-27-30	3-27-31
项目				旋风除尘器(t/台)				
				2以内	5以内	10以内	15以内	25以内
基价（元）				**1361.58**	**970.31**	**882.87**	**772.38**	**734.47**
其中	人工费（元）			650.08	484.96	472.24	401.44	382.80
	材料费（元）			237.31	142.90	114.80	99.67	93.16
	机械费（元）			474.19	342.45	295.83	271.27	258.51
名称		单位	单价(元)	数量				
人工	综合工日	工日	80.00	8.126	6.062	5.903	5.018	4.785
材料	垫铁综合	kg	5.70	14.700	8.600	6.800	5.700	5.300
	普通焊条综合	kg	6.57	1.800	1.000	0.800	0.700	0.600
	氧气(含乙炔气)综合	m^3	11.99	2.210	1.200	0.900	0.800	0.700
	密封填料综合	kg	16.82	5.620	3.270	2.550	2.160	2.030
	木材综合	m^3	1376.00	0.010	0.010	0.010	0.010	0.010
	其他材料费	元	–	6.910	4.160	3.340	2.900	2.710
机械	运输机械综合(三册)	台班	1104.41	0.021	0.017	0.019	0.010	0.010
	吊装机械综合(三册)	台班	1070.74	0.351	0.252	0.213	0.203	0.193
	焊接机械综合(三册)	台班	84.05	0.730	0.522	0.454	0.416	0.396
	其他机械费	元	–	13.810	9.970	8.620	7.900	7.530

第二十八章　起重设备及皮带运输机安装

说　明

一、本章定额适用于冶金专用起重设备和皮带运输机的安装。

二、起重机定额包括设备带有的栏杆等结构件的安装，但不包括司机房的隔热、空调设备的安装工作，需要时另行计算。

三、皮带运输机安装定额适用于冶金工厂宽度2m以内的皮带机安装，包括机头、机尾、托辊、拉紧装置、传动装置等皮带机设备安装。

四、皮带接头胶接按50m长度一个接头计算，不满50m的按一个接头计算，两个超过50m不满100m的按两个接头计算，以此类推。本定额以热胶为准，如冷胶时，其定额乘以系数0.5，卡接时，定额乘以系数0.25。

五、钢芯皮带胶接按实际胶接的接头个数计算。

六、胶接的皮带，若为尼龙芯时，按钢芯皮带相应子目乘以系数0.7。

一、冶金起重设备安装

单位:t

定额编号				3-28-1	3-28-2	3-28-3	3-28-4
项目				铸锭起重机	磁力料箱起重机	脱模脱锭起重机	钳式起重机
基价(元)				**520.55**	**891.77**	**498.68**	**789.25**
其中	人工费(元)			273.28	414.40	264.88	448.00
	材料费(元)			46.88	50.76	49.91	48.56
	机械费(元)			200.39	426.61	183.89	292.69
名称		单位	单价(元)	数量			
人工	综合工日	工日	80.00	3.416	5.180	3.311	5.600
材料	垫铁综合	kg	5.70	0.040	–	0.050	0.080
	普通焊条综合	kg	6.57	0.200	0.380	0.150	0.200
	氧气(含乙炔气)综合	m^3	11.99	0.600	0.450	0.680	0.300
	清洗油料综合	kg	6.29	0.400	0.300	0.500	0.700
	润滑油料综合	kg	9.92	0.500	0.900	0.600	0.750
	擦洗布料综合	kg	6.38	0.200	0.400	0.300	0.300
	密封填料综合	kg	16.82	0.030	0.030	0.030	0.030
	木材综合	m^3	1376.00	0.020	0.020	0.020	0.020
	其他材料费	元	–	1.370	1.480	1.450	1.410
机械	运输机械综合(三册)	台班	1104.41	0.017	0.034	0.017	0.034
	吊装机械综合(三册)	台班	1070.74	0.145	0.315	0.128	0.213
	焊接机械综合(三册)	台班	84.05	0.034	0.153	0.060	0.060
	电动空气压缩机 $10m^3/min$	台班	519.44	0.034	0.051	0.034	0.026
	其他机械费	元	–	5.840	12.430	5.360	8.520

单位:t

定额编号				3-28-5	3-28-6	3-28-7	3-28-8
项目				耙式起重机	装料机（桥式、地式）	回杆起重机	旋转挂梁起重机
基价（元）				**665.65**	**631.40**	**873.60**	**713.57**
其中	人工费（元）			313.60	311.92	260.96	225.12
	材料费（元）			46.25	53.62	46.53	40.94
	机械费（元）			305.80	265.86	566.11	447.51
名称		单位	单价(元)	数量			
人工	综合工日	工日	80.00	3.920	3.899	3.262	2.814
材料	垫铁综合	kg	5.70	0.040	0.070	0.040	0.120
	普通焊条综合	kg	6.57	0.300	0.350	0.400	0.300
	氧气(含乙炔气)综合	m^3	11.99	0.360	0.400	0.300	0.440
	清洗油料综合	kg	6.29	0.500	0.700	0.420	0.240
	润滑油料综合	kg	9.92	0.480	0.900	0.500	0.200
	擦洗布料综合	kg	6.38	0.200	0.450	0.300	0.100
	密封填料综合	kg	16.82	0.100	0.050	0.100	0.010
	木材综合	m^3	1376.00	0.020	0.020	0.020	0.020
	其他材料费	元	–	1.350	1.560	1.360	1.190
机械	运输机械综合(三册)	台班	1104.41	0.034	0.017	0.026	0.026
	吊装机械综合(三册)	台班	1070.74	0.221	0.196	0.425	0.366
	焊接机械综合(三册)	台班	84.05	0.060	0.085	0.153	0.060
	电动空气压缩机 $10m^3/min$	台班	519.44	0.034	0.043	0.102	0.017
	其他机械费	元	–	8.910	7.740	16.490	13.030

二、皮带运输机安装及皮带接头胶结

单位:见表

定额编号				3-28-9	3-28-10	3-28-11	3-28-12	3-28-13
项目				皮带运输机(m)			皮带接头胶结	
				100 以下	250 以下	500 以下	皮带宽 1m 以内	皮带宽 2m 以内
单位				t			个	
基价(元)				**718.27**	**651.80**	**600.05**	**906.31**	**1187.55**
其中	人工费(元)			347.20	324.80	308.00	448.00	560.00
	材料费(元)			106.51	90.30	75.51	206.65	319.72
	机械费(元)			264.56	236.70	216.54	251.66	307.83
名称		单位	单价(元)	数量				
人工	综合工日	工日	80.00	4.340	4.060	3.850	5.600	7.000
材料	垫铁综合	kg	5.70	10.000	8.000	6.000	–	–
	普通焊条综合	kg	6.57	0.400	0.300	0.250	–	–
	氧气(含乙炔气)综合	m^3	11.99	0.600	0.500	0.400	–	–
	清洗油料综合	kg	6.29	0.960	0.900	0.850	–	–

续前

单位:见表

定额编号				3-28-9	3-28-10	3-28-11	3-28-12	3-28-13
项目				皮带运输机(m)			皮带接头胶结	
				100 以下	250 以下	500 以下	皮带宽 1m 以内	皮带宽 2m 以内
材料	润滑油料综合	kg	9.92	1.500	1.300	1.200	–	–
	擦洗布料综合	kg	6.38	0.300	0.280	0.260	–	–
	木材综合	m^3	1376.00	0.010	0.010	0.010	–	–
	生胶	kg	12.46	–	–	–	4.000	6.500
	熟胶	kg	7.88	–	–	–	6.500	10.160
	溶剂汽油 120 号	kg	5.01	–	–	–	19.875	29.813
	其他材料费	元	–	3.100	2.630	2.200	6.020	9.310
机械	运输机械综合(三册)	台班	1104.41	0.102	0.094	0.085	0.085	0.085
	吊装机械综合(三册)	台班	1070.74	0.128	0.111	0.102	0.085	0.085
	焊接机械综合(三册)	台班	84.05	0.085	0.085	0.085	–	–
	胶接机械 $B=1000$ 内	台班	174.82	–	–	–	0.340	–
	胶接机械 $B=2000$ 内	台班	268.18	–	–	–	–	0.425
	其他机械费	元	–	7.710	6.890	6.310	7.330	8.970

三、高炉无料钟炉顶主上料钢芯皮带机安装

工作内容:包括驱动装置、机架、中间架部分、拉紧装置等。

单位:t

定额编号				3-28-14
项目				皮带运输
基价(元)				**1271.79**
其中	人工费(元)			673.20
	材料费(元)			166.92
	机械费(元)			431.67
名称		单位	单价(元)	数量
人工	综合工日	工日	80.00	8.415
材料	垫铁综合	kg	5.70	14.700
	普通焊条综合	kg	6.57	1.760
	氧气(含乙炔气)综合	m^3	11.99	2.920
	清洗油料综合	kg	6.29	2.000
	润滑油料综合	kg	9.92	0.210
	擦洗布料综合	kg	6.38	0.460
	密封填料综合	kg	16.82	0.020
	木材综合	m^3	1376.00	0.010
	其他材料费	元	–	4.860
机械	运输机械综合(三册)	台班	1104.41	0.076
	吊装机械综合(三册)	台班	1070.74	0.220
	焊接机械综合(三册)	台班	84.05	1.185
	其他机械费	元	–	12.570

四、钢芯皮带胶接

单位：个

定额编号				3-28-15	3-28-16	3-28-17	3-28-18
项目				皮带宽(mm)			
				1800	1400	1200	1000
基价（元）				**9505.00**	**7507.36**	**6780.54**	**3766.33**
其中	人工费（元）			3645.60	3449.60	3253.60	1540.00
	材料费（元）			3596.16	2530.08	2299.01	1777.56
	机械费（元）			2263.24	1527.68	1227.93	448.77
名称		单位	单价(元)	数量			
人工	综合工日	工日	80.00	45.570	43.120	40.670	19.250
材料	覆盖胶	kg	23.30	91.000	60.000	54.000	38.000
	芯胶 不分型	kg	12.00	69.000	54.000	50.000	32.000
	溶剂汽油 120 号	kg	5.01	39.000	30.000	28.000	–
	擦洗布料综合	kg	6.38	20.600	10.000	8.000	2.000
	刀片	片	1.10	100.000	100.000	100.000	100.000
	刀架	把	6.25	6.000	5.000	5.000	2.000

续前

单位:个

定额编号				3-28-15	3-28-16	3-28-17	3-28-18
项目				皮带宽(mm)			
				1800	1400	1200	1000
材料	木材综合	m^3	1376.00	0.050	0.040	0.030	0.015
	二甲苯	kg	11.40	–	–	–	7.500
	镀锌铁皮 $\delta=0.8\sim1$	kg	5.89	–	–	–	9.000
	型钢综合	kg	4.00	–	–	–	20.170
	列克纳	瓶	81.30	–	–	–	1.000
	其他材料费	元	–	104.740	73.690	66.960	51.770
机械	运输机械综合(三册)	台班	1104.41	0.425	0.298	0.213	0.043
	吊装机械综合(三册)	台班	1070.74	1.020	0.765	0.595	0.085
	硫化机械 $B=1800$	台班	249.33	2.550	–	–	–
	硫化机械 $B=1400$	台班	197.03	–	1.700	–	–
	硫化机械 $B=1200$	台班	188.14	–	–	1.700	–
	硫化机械 $B=1000$	台班	174.82	–	–	–	1.700
	其他机械费	元	–	65.920	44.500	35.760	13.070

第二十九章　液压设备及液压管道安装

说　　明

一、本章定额适用于液压设备及液压管道安装。

二、液压管道安装不论管壁薄厚一律按管径大小套用相应子目，计算工程量按延长米重量计算。

三、液压管道定额内容包括：

1. 在线酸洗液压管道包括直管与附件安装，管支架及管夹安装(不含管支架单重100kg以上的落地支架安装)，水冲洗及水试漏，系统在线脱脂、水冲洗、酸洗、中和(碱洗)、钝化、水冲洗、管道吹扫，系统油冲洗，油压试验等工作。

2. 离线酸洗液压管道包括直管与附件安装(含二次安装、一次拆除)、管支架及管夹安装(不含管支架单重100kg以上的落地支架安装)，水冲洗及水试漏，管道槽式酸洗、碱洗、脱脂、水冲洗、钝化、水冲洗、管道吹扫，系统油冲洗，油压试验等工作。

四、液压站安装定额包括过滤器、油箱、蓄势罐、设备上管道及附件安装。

五、液压管道定额不包括冲洗用油、滤芯及酸洗、冲洗用的临时设施安装、拆除发生时，费用另计。但酸洗装置、油冲洗装置已编入定额内。

六、液压管道管材为不锈钢材质，定额基价乘以系数1.25。

七、液压管道低中压为不大于10MPa，高压为大于10MPa。

一、液压站、液压缸、电磁换向阀安装

单位:t

定额编号				3-29-1	3-29-2	3-29-3	3-29-4
项目				液压站油箱容积(m^3)			
				2 以下	5 以下	10 以下	20 以下
基价(元)				**4056.95**	**3586.28**	**3112.19**	**2792.19**
其中	人工费(元)			2500.80	2295.52	2090.88	1916.48
	材料费(元)			989.41	813.03	636.29	550.96
	机械费(元)			566.74	477.73	385.02	324.75
名称		单位	单价(元)	数量			
人工	综合工日	工日	80.00	31.260	28.694	26.136	23.956
材料	垫铁综合	kg	5.70	12.000	11.000	10.000	9.150
	普通焊条综合	kg	6.57	4.170	3.950	3.720	3.410
	氧气(含乙炔气)综合	m^3	11.99	8.930	8.450	7.960	7.290
	清洗油料综合	kg	6.29	5.360	5.070	4.780	4.380
	润滑油料综合	kg	9.92	1.800	1.550	1.300	1.190
	擦洗布料综合	kg	6.38	4.700	4.340	3.980	3.650

续前

单位:t

定额编号				3-29-1	3-29-2	3-29-3	3-29-4
项目				液压站油箱容积(m^3)			
				2 以下	5 以下	10 以下	20 以下
材料	密封填料综合	kg	16.82	2.820	2.230	1.630	1.490
	碳钢氩弧焊丝	kg	12.80	5.000	3.850	2.700	2.240
	钍钨棒	kg	420.00	0.190	0.150	0.110	0.090
	氩气	m^3	15.00	30.000	23.000	16.000	13.080
	盐酸	kg	0.95	10.000	7.500	5.000	4.150
	烧碱	kg	3.89	3.000	2.250	1.500	1.250
	木材综合	m^3	1376.00	0.010	0.010	0.010	0.010
	其他材料费	元	–	28.820	23.680	18.530	16.050
机械	运输机械综合(三册)	台班	1104.41	0.069	0.064	0.060	0.050
	吊装机械综合(三册)	台班	1070.74	0.165	0.142	0.115	0.096
	焊接机械综合(三册)	台班	84.05	0.422	0.372	0.317	0.262
	氩弧焊机 500A	台班	116.61	1.836	1.492	1.148	0.955
	电动空气压缩机 $10m^3/min$	台班	519.44	0.092	0.069	0.046	0.046
	其他机械费	元	–	16.510	13.910	11.210	9.460

单位:见表

定额编号				3-29-5	3-29-6	3-29-7	3-29-8
项目				液压站油箱容积(m^3)		液压缸	电磁换向阀
				30 以下	40 以下		
单位				t			个
基价(元)				**2557.10**	**2457.97**	**2383.40**	**318.43**
其中	人工费(元)			1737.12	1689.12	1440.08	255.36
	材料费(元)			511.21	485.45	447.12	52.51
	机械费(元)			308.77	283.40	496.20	10.56
名称		单位	单价(元)	数量			
人工	综合工日	工日	80.00	21.714	21.114	18.001	3.192
材料	垫铁综合	kg	5.70	8.300	7.000	35.000	–
	普通焊条综合	kg	6.57	3.090	3.000	1.230	0.500
	氧气(含乙炔气)综合	m^3	11.99	6.610	6.420	9.240	3.000
	清洗油料综合	kg	6.29	3.970	3.860	6.040	0.600
	润滑油料综合	kg	9.92	1.080	0.900	4.620	0.100
	擦洗布料综合	kg	6.38	3.310	3.100	1.000	0.300

续前 单位:见表

定额编号				3-29-5	3-29-6	3-29-7	3-29-8
项目				液压站油箱容积(m^3)		液压缸	电磁换向阀
				30 以下	40 以下		
材料	密封填料综合	kg	16.82	1.350	1.310	0.700	0.300
	碳钢氩弧焊丝	kg	12.80	2.120	2.000	–	–
	钍钨棒	kg	420.00	0.080	0.080	–	–
	氩气	m^3	15.00	12.640	12.000	–	–
	盐酸	kg	0.95	3.580	3.000	–	–
	烧碱	kg	3.89	0.630	1.000	–	–
	木材综合	m^3	1376.00	0.010	0.010	0.010	–
	其他材料费	元	–	14.890	14.140	13.020	1.530
机械	运输机械综合(三册)	台班	1104.41	0.050	0.046	0.077	–
	吊装机械综合(三册)	台班	1070.74	0.096	0.092	0.153	–
	焊接机械综合(三册)	台班	84.05	0.262	0.257	2.295	0.122
	氩弧焊机 500A	台班	116.61	0.822	0.689	–	–
	电动空气压缩机 $10m^3/min$	台班	519.44	0.046	0.046	0.077	–
	其他机械费	元	–	8.990	8.250	14.450	0.310

二、在线循环酸洗液压管道安装(碳钢低、中压)

工作内容:1. 切管。2. 管头清洗。3. 管道及附件安装、水试漏,管道循环酸洗、一次油冲洗、油压试验。 单位:t

定额编号				3-29-9	3-29-10	3-29-11	3-29-12	3-29-13
项目				Dg30	Dg50	Dg70	Dg100	Dg150
基价(元)				**12826.23**	**10276.39**	**7515.43**	**6375.13**	**5223.42**
其中	人工费(元)			8576.56	6695.68	4817.20	3664.08	2510.96
	材料费(元)			2374.51	2175.75	1772.87	1743.41	1674.21
	机械费(元)			1875.16	1404.96	925.36	967.64	1038.25
名称		单位	单价(元)	数			量	
人工	综合工日	工日	80.00	107.207	83.696	60.215	45.801	31.387
材料	氧气(含乙炔气)综合	m^3	11.99	3.240	1.350	1.520	2.330	3.080
	氩气	m^3	15.00	13.440	19.670	4.160	3.740	3.240
	钍钨棒	kg	420.00	0.236	0.164	0.092	0.075	0.056
	普通焊条综合	kg	6.57	11.080	10.080	9.170	8.260	6.440
	清洗油料综合	kg	6.29	3.380	2.650	2.340	2.260	2.130
	擦洗布料综合	kg	6.38	17.510	14.370	11.220	10.630	9.790
	密封填料综合	kg	16.82	6.610	3.450	2.320	2.280	2.200
	耐油胶管	m	38.00	3.700	3.190	2.680	2.480	2.230
	热轧中厚钢板 $\delta=4.5\sim10$	kg	3.90	43.430	32.810	22.190	16.690	10.790
	氨水	kg	1.20	8.470	5.820	16.830	11.090	5.090

续前

单位:t

定额编号				3-29-9	3-29-10	3-29-11	3-29-12	3-29-13
项目				Dg30	Dg50	Dg70	Dg100	Dg150
材料	亚硝酸钠	kg	3.10	41.360	29.070	25.740	25.620	25.430
	盐酸	kg	0.95	55.800	51.890	47.790	37.270	25.860
	乌洛托品	kg	12.78	3.990	3.590	3.180	2.480	1.720
	四氯化碳 95% 铁桶装	kg	17.96	48.830	44.820	40.800	39.170	36.620
	烧碱	kg	3.89	10.160	9.330	8.500	8.040	7.390
	氮气	m^3	5.39	6.160	8.910	13.230	17.550	21.870
	水	t	4.00	9.170	21.590	34.010	46.280	57.450
	木材综合	m^3	1376.00	0.080	0.060	0.050	0.050	0.050
	其他材料费	元	–	69.160	63.370	51.640	50.780	48.760
机械	运输机械综合(三册)	台班	1104.41	–	–	–	–	0.043
	吊装机械综合(三册)	台班	1070.74	–	–	–	0.187	0.366
	焊接机械综合(三册)	台班	84.05	0.442	0.400	0.366	0.332	0.255
	氩弧焊机 500A	台班	116.61	6.375	5.211	2.652	1.921	1.148
	电动空气压缩机 $10m^3/min$	台班	519.44	0.204	0.136	0.111	0.077	0.043
	油冲洗装置	台班	229.62	2.406	1.717	1.445	1.428	1.411
	酸洗装置	台班	171.34	2.227	1.505	0.986	0.697	0.391
	其他机械费	元	–	54.620	40.920	26.950	28.180	30.240

三、在线循环酸洗液压管道安装(碳钢高压)

工作内容:1. 切管。2. 管头清洗。3. 管道及附件安装,水试漏,管道循环酸洗、一次油冲洗、油压试验、刷油。　　单位:t

定额编号				3-29-14	3-29-15	3-29-16	3-29-17	3-29-18
项目				Dg30	Dg50	Dg70	Dg100	Dg150
基价(元)				**15314.19**	**12134.76**	**9380.25**	**7984.23**	**6574.31**
其中	人工费(元)			10978.16	8572.00	6170.96	4693.76	3216.56
	材料费(元)			2517.00	2249.76	1982.23	1877.84	1753.50
	机械费(元)			1819.03	1313.00	1227.06	1412.63	1604.25
名称		单位	单价(元)	数			量	
人工	综合工日	工日	80.00	137.227	107.150	77.137	58.672	40.207
材料	氧气(含乙炔气)综合	m^3	11.99	13.830	11.330	8.600	5.090	4.020
	氩气	m^3	15.00	7.520	5.350	2.550	2.290	1.970
	钍钨棒	kg	420.00	0.135	0.099	0.062	0.054	0.044
	普通焊条综合	kg	6.57	34.130	31.050	28.250	25.440	19.840
	清洗油料综合	kg	6.29	3.380	2.650	2.340	1.960	1.580
	擦洗布料综合	kg	6.38	17.510	14.370	11.220	10.630	9.790
	密封填料综合	kg	16.82	13.040	6.810	4.090	3.340	2.510
	耐油胶管	m	38.00	3.700	3.190	2.680	2.480	2.230
	热轧中厚钢板 $\delta=4.5\sim10$	kg	3.90	13.430	32.810	22.190	16.480	10.790
	氨水	kg	1.20	8.470	5.820	16.830	11.090	5.090

续前 单位:t

定额编号				3-29-14	3-29-15	3-29-16	3-29-17	3-29-18
项目				Dg30	Dg50	Dg70	Dg100	Dg150
材料	亚硝酸钠	kg	3.10	41.360	29.070	25.740	25.620	25.430
	盐酸	kg	0.95	55.800	51.890	47.790	37.270	25.860
	乌洛托品	kg	12.78	3.990	3.590	3.180	2.480	1.720
	四氯化碳 95% 铁桶装	kg	17.96	48.830	44.820	40.800	39.170	36.620
	烧碱	kg	3.89	10.160	9.330	8.500	8.040	7.390
	氮气	m^3	5.39	6.160	8.910	13.230	17.550	21.870
	水	t	4.00	9.170	21.590	34.010	46.280	57.450
	木材综合	m^3	1376.00	0.080	0.060	0.050	0.050	0.050
	其他材料费	元	–	73.310	65.530	57.730	54.690	51.070
机械	运输机械综合(三册)	台班	1104.41	–	–	–	–	0.043
	吊装机械综合(三册)	台班	1070.74	–	–	0.213	0.476	0.731
	焊接机械综合(三册)	台班	84.05	3.885	3.536	3.213	2.899	2.261
	氩弧焊机 500A	台班	116.61	3.426	2.185	1.156	1.122	1.063
	电动空气压缩机 $10m^3/min$	台班	519.44	0.204	0.136	0.111	0.077	0.043
	油冲洗装置	台班	229.62	2.406	1.717	1.445	1.428	1.411
	酸洗装置	台班	171.34	2.227	1.505	0.986	0.697	0.391
	其他机械费	元	–	52.980	38.240	35.740	41.140	46.730

四、离线酸洗液压管道安装(碳钢低、中压)

工作内容:1. 切管。2. 管头清洗。3. 管道及附件安装,水试漏,管道循环酸洗、一次油冲洗、油压试验、刷油。　　单位:t

定额编号				3-29-19	3-29-20	3-29-21	3-29-22	3-29-23
项目				Dg30	Dg50	Dg70	Dg100	Dg150
基价(元)				**13819.30**	**11262.57**	**8070.02**	**7109.26**	**6123.48**
其中	人工费(元)			9502.96	7420.40	5339.92	4061.20	2783.60
	材料费(元)			2381.84	2397.10	1779.25	1751.94	1682.44
	机械费(元)			1934.50	1445.07	950.85	1296.12	1657.44
名称		单位	单价(元)	数量				
人工	综合工日	工日	80.00	118.787	92.755	66.749	50.765	34.795
材料	氧气(含乙炔气)综合	m^3	11.99	3.560	1.490	1.670	2.560	3.390
	氩气	m^3	15.00	13.440	19.670	4.160	3.740	3.240
	钍钨棒	kg	420.00	0.236	0.664	0.092	0.075	0.056
	普通焊条综合	kg	6.57	11.580	10.570	9.840	9.100	7.090
	清洗油料综合	kg	6.29	3.380	2.650	2.340	2.260	2.130
	擦洗布料综合	kg	6.38	17.510	14.370	11.220	10.630	9.790
	密封填料综合	kg	16.82	6.610	3.450	2.320	2.280	2.200
	耐油胶管	m	38.00	3.700	3.190	2.680	2.480	2.230
	热轧中厚钢板 $\delta=4.5\sim10$	kg	3.90	43.430	32.810	22.190	16.690	10.790
	氨水	kg	1.20	8.470	5.820	16.830	11.090	5.090

续前

单位:t

定额编号				3-29-19	3-29-20	3-29-21	3-29-22	3-29-23
项目				Dg30	Dg50	Dg70	Dg100	Dg150
材料	亚硝酸钠	kg	3.10	41.360	29.070	25.740	25.620	25.430
	盐酸	kg	0.95	55.800	51.890	47.790	37.270	25.860
	乌洛托品	kg	12.78	3.990	3.590	3.180	2.480	1.720
	四氯化碳 95% 铁桶装	kg	17.96	48.830	44.820	40.800	39.170	36.620
	烧碱	kg	3.89	10.160	9.330	8.500	8.040	7.390
	氮气	m^3	5.39	6.160	8.910	13.230	17.550	21.870
	水	t	4.00	9.170	21.590	34.010	46.280	57.450
	木材综合	m^3	1376.00	0.080	0.060	0.050	0.050	0.050
	其他材料费	元	–	69.370	69.820	51.820	51.030	49.000
机械	运输机械综合(三册)	台班	1104.41	–	–	–	–	0.043
	吊装机械综合(三册)	台班	1070.74	–	–	–	0.468	0.918
	焊接机械综合(三册)	台班	84.05	0.442	0.400	0.357	0.332	0.255
	氩弧焊机 500A	台班	116.61	6.375	5.211	2.652	1.921	1.148
	电动空气压缩机 $10m^3/min$	台班	519.44	0.204	0.136	0.111	0.077	0.043
	油冲洗装置	台班	229.62	2.406	1.717	1.445	1.428	1.411
	耐腐蚀泵 ϕ40mm	台班	197.21	2.227	1.505	0.986	0.697	0.391
	其他机械费	元	–	56.340	42.090	27.690	37.750	48.270

五、离线酸洗液压管道安装(碳钢高压)

工作内容:1. 切管。2. 管头清洗。3. 管道及附件安装,水试漏,管道循环酸洗、一次油冲洗、油压试验、刷油。　　单位:t

定额编号				3-29-24	3-29-25	3-29-26	3-29-27	3-29-28
项目				Dg30	Dg50	Dg70	Dg100	Dg150
基价(元)				**16692.79**	**13188.61**	**10439.16**	**9422.87**	**8426.10**
其中	人工费(元)			12163.52	9497.92	6837.76	5201.28	3564.32
	材料费(元)			2623.72	2312.56	1969.77	1982.34	1934.91
	机械费(元)			1905.55	1378.13	1631.63	2239.25	2926.87
名称		单位	单价(元)	数				量
人工	综合工日	工日	80.00	152.044	118.724	85.472	65.016	44.554
材料	氧气(含乙炔气)综合	m^3	11.99	9.480	4.500	5.050	11.070	16.830
	氩气	m^3	15.00	7.520	12.550	2.550	2.290	1.970
	钍钨棒	kg	420.00	0.135	0.098	0.062	0.054	0.044
	普通焊条综合	kg	6.57	40.030	36.420	33.130	29.840	23.270
	清洗油料综合	kg	6.29	3.380	2.650	2.340	1.960	1.580
	擦洗布料综合	kg	6.38	17.510	14.370	11.220	10.630	9.790
	密封填料综合	kg	16.82	13.040	6.810	4.090	3.340	2.510
	耐油胶管	m	38.00	3.700	3.190	2.680	2.480	2.230
	热轧中厚钢板 $\delta=4.5\sim10$	kg	3.90	43.430	32.810	21.780	16.480	10.790
	氨水	kg	1.20	8.470	5.820	16.830	11.090	5.090

续前

单位:t

定额编号				3-29-24	3-29-25	3-29-26	3-29-27	3-29-28
项目				Dg30	Dg50	Dg70	Dg100	Dg150
材料	亚硝酸钠	kg	3.10	41.360	29.070	25.740	25.890	25.430
	盐酸	kg	0.95	55.800	51.890	47.790	37.270	25.860
	乌洛托品	kg	12.78	3.990	3.590	3.180	2.480	1.720
	四氯化碳 95% 铁桶装	kg	17.96	48.830	44.820	40.800	39.170	36.620
	烧碱	kg	3.89	10.160	9.330	8.500	8.040	7.390
	氮气	m^3	5.39	6.160	8.910	13.230	17.550	21.870
	水	t	4.00	9.170	21.590	34.010	46.280	57.450
	木材综合	m^3	1376.00	0.080	0.060	0.050	0.050	0.050
	其他材料费	元	–	76.420	67.360	57.370	57.740	56.360
机械	运输机械综合(三册)	台班	1104.41	–	–	–	–	0.111
	吊装机械综合(三册)	台班	1070.74	–	–	0.536	1.190	1.836
	焊接机械综合(三册)	台班	84.05	4.199	3.825	3.468	3.137	2.448
	氩弧焊机 500A	台班	116.61	3.426	2.185	1.156	1.122	1.063
	电动空气压缩机 $10m^3/min$	台班	519.44	0.204	0.136	0.111	0.077	0.043
	油冲洗装置	台班	229.62	2.406	1.717	1.445	1.428	1.411
	耐腐蚀泵 ϕ40mm	台班	197.21	2.227	1.505	0.986	0.697	0.391
	其他机械费	元	–	55.500	40.140	47.520	65.220	85.250

第三十章　润滑设备及管道安装

说　　明

一、本章定额适用于冶金润滑设备及润滑管道安装。

二、润滑管道安装不论管径大小、管壁薄厚，一律套用稀油管道、干油管道安装相应子目，计算工程量按直管重量计算。

三、车间稀油管道是指从油站至车间的进出管道；机体稀油管道是指从车间的进出管道引至设备各润滑部位的管道。

四、车间干油管道是指从油库油泵至各润滑设备的给油器的管道（不含给油器）；机体干油管道是指从给油器（含给油器）引至各设备润滑部分的管道；机体管道按给油点计算。

五、润滑管道的安装包括：管道附件及管支架安装，落地支架单重大于100kg的安装费用另计。

六、润滑站内设备包括：储油器、油泵、冷却器、过滤器及自动控制器的安装。

七、本定额已考虑了循环清洗用工，但不包括循环清洗用油，需另行计算。

八、润滑管道安装，如管材为不锈钢材质，定额基价乘以系数1.25。

一、稀油站及管道安装

单位:t

定额编号				3-30-1	3-30-2	3-30-3	3-30-4
项目				稀油站 油箱容积(m^3)			
				2 以下	5 以下	10 以下	15 以下
基价(元)				**4205.77**	**3620.29**	**2963.17**	**2456.25**
其中	人工费(元)			2678.96	2307.12	1995.44	1636.24
	材料费(元)			964.55	830.07	586.84	485.38
	机械费(元)			562.26	483.10	380.89	334.63
名称		单位	单价(元)	数量			
人工	综合工日	工日	80.00	33.487	28.839	24.943	20.453
材料	垫铁综合	kg	5.70	12.000	10.320	10.190	8.360
	普通焊条综合	kg	6.57	6.000	5.160	4.000	3.280
	氧气(含乙炔气)综合	m^3	11.99	6.000	5.160	4.000	3.280
	清洗油料综合	kg	6.29	3.000	2.580	2.010	1.910
	润滑油料综合	kg	9.92	2.800	2.410	1.300	1.070
	擦洗布料综合	kg	6.38	4.700	4.040	3.700	3.030
	密封填料综合	kg	16.82	2.940	2.530	2.500	2.050

续前

单位：t

定额编号				3-30-1	3-30-2	3-30-3	3-30-4
项目				稀油站 油箱容积(m^3)			
				2以下	5以下	10以下	15以下
材料	碳钢氩弧焊丝	kg	12.80	5.000	4.300	2.700	2.210
	钍钨棒	kg	420.00	0.190	0.160	0.110	0.090
	氩气	m^3	15.00	30.000	25.800	16.000	13.120
	玻璃腻子	kg	3.77	0.500	0.430	0.300	0.250
	盐酸	kg	0.95	10.000	8.600	5.000	4.100
	烧碱	kg	3.89	3.000	2.580	1.500	1.230
	木材综合	m^3	1376.00	0.010	0.010	0.010	0.010
	其他材料费	元	–	28.090	24.180	17.090	14.140
机械	运输机械综合(三册)	台班	1104.41	0.064	0.055	0.055	0.046
	吊装机械综合(三册)	台班	1070.74	0.165	0.142	0.115	0.096
	焊接机械综合(三册)	台班	84.05	0.436	0.376	0.335	0.275
	电动空气压缩机 $10m^3/min$	台班	519.44	0.092	0.078	0.046	0.041
	氩弧焊机 500A	台班	116.61	1.836	1.579	1.148	1.088
	其他机械费	元	–	16.380	14.070	11.090	9.750

单位:t

定额编号				3-30-5	3-30-6	3-30-7	3-30-8	3-30-9
项目				稀油站 油箱容积(m^3)		净油机	稀油管道	
				20 以下	20 以上		车间管道	机体管道
基价(元)				**1605.15**	**1694.82**	**1684.71**	**8535.30**	**13534.04**
其中	人工费(元)			921.36	1104.64	1144.00	4678.40	11574.96
	材料费(元)			418.28	362.11	244.67	2080.67	932.89
	机械费(元)			265.51	228.07	296.04	1776.23	1026.19
名称		单位	单价(元)	数量				
人工	综合工日	工日	80.00	11.517	13.808	14.300	58.480	144.687
材料	垫铁综合	kg	5.70	6.360	5.470	17.600	–	–
	普通焊条综合	kg	6.57	3.000	2.580	4.630	20.000	5.000
	氧气(含乙炔气)综合	m^3	11.99	2.500	2.150	–	14.000	8.000
	清洗油料综合	kg	6.29	1.800	1.550	5.560	13.000	21.000
	润滑油料综合	kg	9.92	0.700	0.600	3.060	13.000	22.000
	擦洗布料综合	kg	6.38	2.600	2.240	6.500	16.000	16.500
	密封填料综合	kg	16.82	1.500	1.290	–	12.500	17.500
	碳钢氩弧焊丝	kg	12.80	2.000	1.720	–	12.000	–

续前

单位:t

定额编号				3-30-5	3-30-6	3-30-7	3-30-8	3-30-9
项目				稀油站 油箱容积(m^3)		净油机	稀油管道	
				20 以下	20 以上		车间管道	机体管道
材料	钍钨棒	kg	420.00	0.080	0.070	–	0.400	–
	氩气	m^3	15.00	12.000	10.310	–	52.000	–
	玻璃腻子	kg	3.77	0.100	0.090	–	–	–
	盐酸	kg	0.95	3.000	2.580	–	25.000	–
	烧碱	kg	3.89	1.000	0.860	–	8.000	–
	软塑料板	kg	9.00	–	–	–	–	3.000
	木材综合	m^3	1376.00	0.010	0.010	–	0.030	–
	其他材料费	元	–	12.180	10.550	7.130	60.600	27.170
机械	运输机械综合(三册)	台班	1104.41	0.046	0.041	0.054	0.077	0.077
	吊装机械综合(三册)	台班	1070.74	0.083	0.069	0.092	0.153	0.153
	焊接机械综合(三册)	台班	84.05	0.165	0.142	1.538	4.338	1.798
	电动空气压缩机 $10m^3$/min	台班	519.44	0.046	0.041	–	0.765	1.148
	氩弧焊机 500A	台班	116.61	0.689	0.592	–	6.120	–
	其他机械费	元	–	7.730	6.640	8.620	51.730	29.890

二、干油站及管道安装

单位:t

定额编号				3-30-10	3-30-11	3-30-12	3-30-13
项目				手动干油站给油量 8～12cm³/min	自动干油站(cm³/min)		
					300 以下	500 以下	1000 以下
基价(元)				**4750.00**	**3629.67**	**3191.82**	**2644.86**
其中	人工费(元)			3060.56	2414.96	2101.04	1784.32
	材料费(元)			1632.65	1068.44	942.37	711.27
	机械费(元)			56.79	146.27	148.41	149.27
名称		单位	单价(元)	数量			
人工	综合工日	工日	80.00	38.257	30.187	26.263	22.304
材料	垫铁综合	kg	5.70	–	60.400	52.550	47.580
	普通焊条综合	kg	6.57	4.550	1.850	2.730	3.600
	氧气(含乙炔气)综合	m³	11.99	15.160	5.560	4.840	4.770
	清洗油料综合	kg	6.29	7.580	4.830	4.680	4.530
	润滑油料综合	kg	9.92	3.040	3.710	3.230	2.980
	擦洗布料综合	kg	6.38	16.440	14.870	12.940	12.060
	密封填料综合	kg	16.82	0.760	0.380	0.330	0.240
	紫铜管 ϕ4～13	kg	77.70	15.160	5.560	4.840	2.390
	木材综合	m³	1376.00	–	0.010	0.010	0.010
	其他材料费	元	–	47.550	31.120	27.450	20.720
机械	运输机械综合(三册)	台班	1104.41	–	0.023	0.028	0.028
	吊装机械综合(三册)	台班	1070.74	–	0.083	0.083	0.087
	焊接机械综合(三册)	台班	84.05	0.656	0.330	0.289	0.248
	其他机械费	元	–	1.650	4.260	4.320	4.350

单位:t

定额编号				3-30-14	3-30-15	3-30-16	3-30-17	3-30-18
项目				自动干油站(cm^3/min)			干油管道	
				1500 以下	2000 以下	2500 以下	车间管道	机体管道(每 10 个点)
基价(元)				**2322.23**	**2068.31**	**1835.83**	**11145.92**	**716.17**
其中	人工费(元)			1534.64	1278.08	1111.84	8559.44	581.52
	材料费(元)			641.32	620.80	541.75	1111.21	22.50
	机械费(元)			146.27	169.43	182.24	1475.27	112.15
名称		单位	单价(元)	数量				
人工	综合工日	工日	80.00	19.183	15.976	13.898	106.993	7.269
材料	垫铁综合	kg	5.70	40.920	39.670	34.510	-	-
	普通焊条综合	kg	6.57	3.100	3.600	3.130	12.000	0.200
	氧气(含乙炔气)综合	m^3	11.99	4.100	3.970	3.450	15.000	1.000
	清洗油料综合	kg	6.29	4.520	4.500	3.920	9.000	0.200
	润滑油料综合	kg	9.92	2.560	2.740	2.380	6.000	0.500
	擦洗布料综合	kg	6.38	10.370	8.600	7.480	15.500	0.100
	密封填料综合	kg	16.82	0.210	0.150	0.130	1.000	0.100

续前

单位:t

定额编号				3-30-14	3-30-15	3-30-16	3-30-17	3-30-18
项目				自动干油站(cm^3/min)			干油管道	
				1500 以下	2000 以下	2500 以下	车间管道	机体管道(每 10 个点)
材料	紫铜管 $\phi4\sim13$	kg	77.70	2.350	2.300	2.000	–	–
	碳钢氩弧焊丝	kg	12.80	–	–	–	4.000	–
	钍钨棒	kg	420.00	–	–	–	0.160	–
	氩气	m^3	15.00	–	–	–	24.000	–
	盐酸	kg	0.95	–	–	–	25.000	–
	烧碱	kg	3.89	–	–	–	8.000	–
	木材综合	m^3	1376.00	0.010	0.010	0.010	0.040	–
	其他材料费	元	–	18.680	18.080	15.780	32.370	0.660
机械	运输机械综合(三册)	台班	1104.41	0.023	0.037	0.041	0.153	–
	吊装机械综合(三册)	台班	1070.74	0.083	0.096	0.106	0.436	–
	焊接机械综合(三册)	台班	84.05	0.330	0.248	0.216	1.989	0.115
	电动空气压缩机 $10m^3/min$	台班	519.44	–	–	–	0.765	0.191
	氩弧焊机 500A	台班	116.61	–	–	–	1.989	–
	其他机械费	元	–	4.260	4.930	5.310	42.970	3.270

第三十一章　零星设备安装

说　　明

一、本章定额适用于冶金工厂各系统零散设备和各种小型设备安装。

二、设备单台重量大于1000kg时，定额乘以系数0.8。

三、成套供应的设备安装原则上不适用本定额，只有安装非成套供应的设备，并且其他各章节定额子目缺项时，才能执行本章定额。

一、小型设备和其他设备安装(在其他设备上)

单位:t

定额编号				3-31-1	3-31-2	3-31-3	3-31-4	3-31-5	3-31-6
项目				带传动装置 设备重量(t/台)					
				0.02 以内	0.05 以内	0.10 以内	0.30 以内	0.50 以内	1.0 以内
基价(元)				**2027.32**	**1814.63**	**1614.80**	**1428.28**	**1163.13**	**947.00**
其中	人工费(元)			1431.20	1212.72	950.80	868.00	697.04	551.20
	材料费(元)			237.01	184.17	155.71	126.29	105.12	83.60
	机械费(元)			359.11	417.74	508.29	433.99	360.97	312.20
名称		单位	单价(元)	数量					
人工	综合工日	工日	80.00	17.890	15.159	11.885	10.850	8.713	6.890
材料	垫铁综合	kg	5.70	12.000	9.000	6.000	3.500	2.500	1.500
	普通焊条综合	kg	6.57	3.700	2.900	2.300	1.900	1.600	1.400
	氧气(含乙炔气)综合	m^3	11.99	5.200	4.100	3.300	2.900	2.400	1.900
	清洗油料综合	kg	6.29	2.600	2.100	1.600	1.400	1.100	0.900
	润滑油料综合	kg	9.92	1.900	1.500	1.200	1.100	1.000	0.800
	擦洗布料综合	kg	6.38	1.500	1.200	1.000	0.800	0.700	0.500
	密封填料综合	kg	16.82	1.800	1.400	1.200	1.000	0.800	0.600
	木材综合	m^3	1376.00	–	–	0.010	0.010	0.010	0.010
	其他材料费	元	–	6.900	5.360	4.540	3.680	3.060	2.430
机械	运输机械综合(三册)	台班	1104.41	0.062	0.076	0.096	0.083	0.069	0.069
	吊装机械综合(三册)	台班	1070.74	0.213	0.262	0.330	0.282	0.234	0.193
	焊接机械综合(三册)	台班	84.05	0.620	0.489	0.406	0.330	0.282	0.241
	其他机械费	元	–	10.460	12.170	14.800	12.640	10.510	9.090

单位:t

定额编号				3-31-7	3-31-8	3-31-9	3-31-10	3-31-11	3-31-12
项目				不带传动装置 设备重量(t/台)					
				0.02 以内	0.05 以内	0.10 以内	0.30 以内	0.50 以内	1.0 以内
基价(元)				**1560.26**	**1423.40**	**1306.33**	**1148.98**	**940.37**	**760.88**
其中	人工费(元)			1041.44	882.56	692.32	631.60	510.08	400.72
	材料费(元)			159.71	123.10	105.72	83.39	69.32	55.92
	机械费(元)			359.11	417.74	508.29	433.99	360.97	304.24
名称		单位	单价(元)	数量					
人工	综合工日	工日	80.00	13.018	11.032	8.654	7.895	6.376	5.009
材料	垫铁综合	kg	5.70	12.000	9.000	6.000	3.500	2.500	1.500
	普通焊条综合	kg	6.57	3.700	2.900	2.300	1.900	1.600	1.400
	氧气(含乙炔气)综合	m^3	11.99	5.200	4.100	3.300	2.900	2.400	1.900
	木材综合	m^3	1376.00	–	–	0.010	0.010	0.010	0.010
	其他材料费	元	–	4.650	3.590	3.080	2.430	2.020	1.630
机械	运输机械综合(三册)	台班	1104.41	0.062	0.076	0.096	0.083	0.069	0.062
	吊装机械综合(三册)	台班	1070.74	0.213	0.262	0.330	0.282	0.234	0.193
	焊接机械综合(三册)	台班	84.05	0.620	0.489	0.406	0.330	0.282	0.241
	其他机械费	元	–	10.460	12.170	14.800	12.640	10.510	8.860

二、小型设备和其他设备安装(在设备基础上)

单位:t

定额编号				3-31-13	3-31-14	3-31-15	3-31-16	3-31-17	3-31-18
项目				带传动装置 设备重量(t/台)					
				0.02 以内	0.05 以内	0.10 以内	0.30 以内	0.50 以内	1.00 以内
基价(元)				**2322.61**	**2054.79**	**1815.93**	**1617.79**	**1321.72**	**1062.05**
其中	人工费(元)			1618.00	1370.88	1074.72	981.28	787.68	622.88
	材料费(元)			332.41	262.62	222.52	192.13	162.68	129.03
	机械费(元)			372.20	421.29	518.69	444.38	371.36	310.14
名称		单位	单价(元)	数量					
人工	综合工日	工日	80.00	20.225	17.136	13.434	12.266	9.846	7.786
材料	垫铁综合	kg	5.70	24.000	19.000	15.000	12.800	10.600	8.000
	普通焊条综合	kg	6.57	4.100	3.200	2.600	2.100	1.800	1.500
	氧气(含乙炔气)综合	m^3	11.99	5.800	4.600	3.700	3.200	2.700	2.100
	清洗油料综合	kg	6.29	2.600	2.100	1.600	1.400	1.100	0.900
	润滑油料综合	kg	9.92	1.900	1.500	1.200	1.100	1.000	0.800
	擦洗布料综合	kg	6.38	1.500	1.200	1.000	0.800	0.700	0.500
	密封填料综合	kg	16.82	1.800	1.400	1.200	1.000	0.800	0.600
	型钢综合	kg	4.00	3.600	2.800	1.700	1.500	1.200	1.000
	木材综合	m^3	1376.00	–	–	0.010	0.010	0.010	0.010
	其他材料费	元	–	9.680	7.650	6.480	5.600	4.740	3.760
机械	运输机械综合(三册)	台班	1104.41	0.062	0.076	0.103	0.090	0.076	0.062
	吊装机械综合(三册)	台班	1070.74	0.220	0.262	0.330	0.282	0.234	0.200
	焊接机械综合(三册)	台班	84.05	0.682	0.530	0.434	0.358	0.310	0.220
	其他机械费	元	–	10.840	12.270	15.110	12.940	10.820	9.030

单位:t

定额编号				3-31-19	3-31-20	3-31-21	3-31-22	3-31-23	3-31-24
项目				不带传动装置 设备重量(t/台)					
				0.02 以内	0.05 以内	0.10 以内	0.30 以内	0.50 以内	1.00 以内
基价(元)				**1831.41**	**1641.72**	**1493.07**	**1323.71**	**1086.14**	**874.19**
其中	人工费(元)			1228.00	1040.72	816.16	744.88	601.52	472.80
	材料费(元)			231.21	179.71	158.22	134.45	113.26	91.25
	机械费(元)			372.20	421.29	518.69	444.38	371.36	310.14
名称		单位	单价(元)	数量					
人工	综合工日	工日	80.00	15.350	13.009	10.202	9.311	7.519	5.910
材料	垫铁综合	kg	5.70	20.000	15.000	12.000	10.000	8.000	6.000
	普通焊条综合	kg	6.57	4.100	3.200	2.600	2.100	1.800	1.500
	氧气(含乙炔气)综合	m^3	11.99	5.800	4.600	3.700	3.200	2.700	2.100
	型钢综合	kg	4.00	3.500	3.200	2.500	1.900	1.600	1.400
	木材综合	m^3	1376.00	–	–	0.010	0.010	0.010	0.010
	其他材料费	元	–	6.730	5.230	4.610	3.920	3.300	2.660
机械	运输机械综合(三册)	台班	1104.41	0.062	0.076	0.103	0.090	0.076	0.062
	吊装机械综合(三册)	台班	1070.74	0.220	0.262	0.330	0.282	0.234	0.200
	焊接机械综合(三册)	台班	84.05	0.682	0.530	0.434	0.358	0.310	0.220
	其他机械费	元	–	10.840	12.270	15.110	12.940	10.820	9.030

三、设备支架、底座安装

单位：t

定额编号				3-31-25	3-31-26	3-31-27	3-31-28	3-31-29
项目				设备单件重量(t)				
				0.20 以下	0.50 以下	1.00 以下	5.00 以下	5.00 以上
基价（元）				869.47	789.29	685.12	621.36	536.55
其中	人工费（元）			413.76	359.84	325.12	293.84	233.84
	材料费（元）			104.96	89.71	53.59	42.57	30.31
	机械费（元）			350.75	339.74	306.41	284.95	272.40
名称		单位	单价(元)	数量				
人工	综合工日	工日	80.00	5.172	4.498	4.064	3.673	2.923
材料	垫铁综合	kg	5.70	6.700	5.100	2.400	1.500	1.100
	普通焊条综合	kg	6.57	5.500	5.000	3.100	2.800	1.700
	氧气(含乙炔气)综合	m^3	11.99	2.300	2.100	1.500	1.200	1.000
	其他材料费	元	–	3.060	2.610	1.560	1.240	0.880
机械	运输机械综合(三册)	台班	1104.41	0.031	0.031	0.031	0.031	0.031
	吊装机械综合(三册)	台班	1070.74	0.214	0.207	0.199	0.191	0.191
	焊接机械综合(三册)	台班	84.05	0.918	0.880	0.597	0.451	0.306
	其他机械费	元	–	10.220	9.900	8.920	8.300	7.930

四、座浆垫板安装

单位：墩

定额编号				3-31-30	3-31-31	3-31-32	3-31-33	3-31-34
项目				座浆垫板安装面积(mm^2)				
				150×80	200×110	280×160	360×180	500×220
基价（元）				**47.86**	**51.47**	**55.84**	**73.37**	**82.74**
其中	人工费（元）			11.68	15.12	19.20	28.24	32.80
	材料费（元）			2.47	2.64	2.93	3.39	3.92
	机械费（元）			33.71	33.71	33.71	41.74	46.02
名称		单位	单价(元)	数量				
人工	综合工日	工日	80.00	0.146	0.189	0.240	0.353	0.410
材料	无收缩混凝土	m^3	–	(0.005)	(0.007)	(0.010)	(0.020)	(0.031)
	草袋	m^2	5.00	0.040	0.040	0.040	0.050	0.050
	型钢综合	kg	4.00	0.460	0.500	0.570	0.670	0.770
	氧气(含乙炔气)综合	m^3	11.99	0.030	0.030	0.030	0.030	0.040
	其他材料费	元	–	0.070	0.080	0.090	0.100	0.110
机械	运输机械综合(三册)	台班	1104.41	0.008	0.008	0.008	0.008	0.008
	电动空气压缩机 $10m^3/min$	台班	519.44	0.046	0.046	0.046	0.061	0.069
	其他机械费	元	–	0.980	0.980	0.980	1.220	1.340

附　　录

附表一、主要消耗材料综合单价取定表

清洗油料

单位:元

材料代码	名称	单位	单价	权数(%)	权值
CY2000030	煤油	kg	4.20	50	2.10
CY1101580	汽油	kg	10.05	25	2.51
CY1101740	纱锭油	kg	6.70	25	1.68
综合单价		kg		100	6.29

润滑油料

单位:元

材料代码	名称	单位	单价	权数(%)	权值
CY1101680	机油	kg	8.80	10	0.88
CY1101880	黄干油	kg	9.78	80	7.82
CY1101660	液压油	kg	12.15	10	1.22
综合单价		kg		100	9.92

擦洗布料

单位:元

材料代码	名称	单位	单价	权数(%)	权值
CY2000590	棉纱头	kg	6.34	20	1.27
CY2000380	破布	kg	4.50	70	3.15
CY2000290	白布	kg	19.61	10	1.96
综合单价		kg		100	6.38

垫铁

单位:元

材料代码	名称	单位	单价	权数(%)	权值
CY1208750	加工垫铁	kg	6.17	50	3.09
CY1211190	碳钢平垫铁	kg	5.22	50	2.61
综合单价		kg		100	5.70

密封填料

单位:元

材料代码	名称	单位	单价	权数(%)	权值
CY0701490	石棉橡胶板	kg	13.20	17	2.24
CY0600670	耐油橡胶板	kg	16.00	10	1.60
CY0701440	石棉绳	kg	18.95	50	9.48
CY1102500	密封带	m	0.56	3	0.02
CY2000970	青壳纸	kg	22.00	10	2.20
CY1102750	密封膏	kg	11.60	5	0.58
CY0701200	铅粉石棉绳	kg	14.00	5	0.70
综合单价		kg		100	16.82

普通焊条

单位:元

材料代码	名称	单位	单价	权数(%)	权值
CY1210350	电焊条	kg	6.70	85	5.70
CY1210410	气焊条	kg	5.85	15	0.88
综合单价		kg		100	6.57

氧气(含乙炔气)

单位:元

材料代码	名称	单位	单价	权数(%)	权值
CY1102640	氧气	m^3	3.60	100	3.60
CY1102650	乙炔气	m^3	25.20	33.30	8.39
综合单价		m^3			11.99

木材

单位:元

材料代码	名称	单位	单价	权数(%)	权值
CY0200470	木材综合	m^3	1376.00	100	1376.00

附表二、主要施工机械综合单价取定表

吊装机械

序号	名称	规格(t)	单位	单价(元)	权数(%)	权值(元)
1	汽车吊	8 以内	台班	728.19	7	50.97
2	汽车吊	16 以内	台班	1071.52	10	107.15
3	汽车吊	32 以内	台班	1360.20	5	68.01
4	汽车吊	50 以内	台班	3709.18	2	74.18
5	汽车吊	75 以内	台班	5403.15	2	108.06
6	轮胎吊	8 以内	台班	665.16	3	19.95
7	轮胎吊	20 以内	台班	1097.81	7	76.85
8	轮胎吊	25 以内	台班	1167.71	6	70.06
9	轮胎吊	40 以内	台班	1489.85	6	89.39
10	轮胎吊	60 以内	台班	2162.57	1	21.63
11	履带吊	25 以内	台班	1086.59	4	43.46
12	履带吊	40 以内	台班	1959.33	2	39.19
13	桥式吊	10 以内	台班	356.89	7	24.98
14	桥式吊	30 以内	台班	663.39	13	86.24
15	桥式吊	50 以内	台班	838.70	10	83.87
16	桥式吊	75 以内	台班	1321.60	3	39.65
17	桥式吊	100 以内	台班	1486.11	1	14.86
18	桥式吊	200 以内	台班	2678.82	1	26.79
19	卷扬机	5 以内	台班	145.07	6	8.70
20	卷扬机	20 以内	台班	418.39	4	16.74
综合单价			台班		100	1070.74

运输机械

序号	名称	规格(t)	单位	单价(元)	权数(%)	权值(元)
1	载重汽车	6以内	台班	545.58	20	109.12
2	载重汽车	8以内	台班	619.25	15	92.89
3	载重汽车	10以内	台班	782.33	16	125.17
4	载重汽车	15以内	台班	1159.71	17	197.15
5	平板拖车组	20以内	台班	1264.92	7	88.54
6	平板拖车组	40以内	台班	1911.10	20	382.22
7	平板拖车组	60以内	台班	2186.44	5	109.32
综合单价			台班		100	1104.41

焊接机械(不含人工)

序号	名称	规格(kW)	单位	单价(元)	权数(%)	权值(元)
1	直流电焊机	21以下	台班	84.19	20	16.84
2	直流电焊机	30以下	台班	103.34	20	20.67
3	交流电焊机	21以下	台班	64.00	30	19.20
4	交流电焊机	30以下	台班	91.14	30	27.34
综合单价			台班		100	84.05